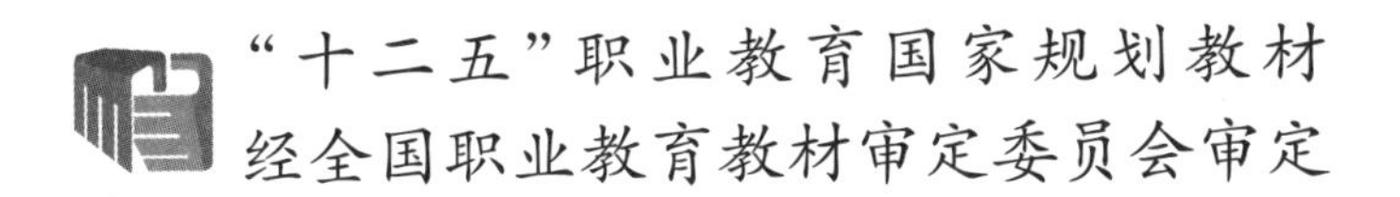

Gonglu Huanjing Baohu Gongcheng

公路环境保护工程

(第三版)

田　平　钟建民　钱晓鸥　主编

李　昶[东南大学]
刘中林[河北省交通运输厅]　主审

人民交通出版社股份有限公司
China Communications Press Co.,Ltd.

内 容 提 要

本书为"十二五"职业教育国家规划教材。全书由10个项目组成,主要内容包括:基本知识,公路生态环境的保护,公路声环境建设,公路景观环境设计,公路空气环境建设,公路的其他环境建设,公路环境影响评价,公路环保监理与监测,公路环境管理,公路环境建设经济分析。

本书可作为高等职业院校道路桥梁工程技术专业及其他土建类专业教材,也可供相关工程技术人员培训参考使用。

图书在版编目(CIP)数据

公路环境保护工程/田平,钟建民,钱晓鸥主编.—3版.—北京:人民交通出版社股份有限公司,2016.5

ISBN 978-7-114-12828-8

Ⅰ.①公… Ⅱ.①田… ②钟… ③钱… Ⅲ.①公路—环境保护—高等职业教育—教材 Ⅳ.①X322

中国版本图书馆CIP数据核字(2016)第034450号

"十二五"职业教育国家规划教材

书　　名:**公路环境保护工程**(第三版)
著 作 者:田　平　钟建民　钱晓鸥
责任编辑:任雪莲　李学会
出版发行:人民交通出版社股份有限公司
地　　址:(100011)北京市朝阳区安定门外外馆斜街3号
网　　址:http://www.ccpcl.com.cn
销售电话:(010)59757973
总 经 销:人民交通出版社股份有限公司发行部
经　　销:各地新华书店
印　　刷:中国电影出版社印刷厂
开　　本:787×1092　1/16
印　　张:13.75
字　　数:350千
版　　次:2004年2月　第1版
2008年7月　第2版
2016年5月　第3版
印　　次:2023年12月　第3版　第8次印刷　总第15次印刷
书　　号:ISBN 978-7-114-12828-8
定　　价:55.00元

第三版前言

DISANBANQIANYAN

根据2013年8月教育部《关于“十二五”职业教育国家规划教材选题立项的函》(教职成司函〔2013〕184号),本教材获得“十二五”职业教育国家规划教材选题立项。

本教材编写人员在认真学习领会《教育部关于“十二五”职业教育教材建设的若干意见》(教职成〔2012〕9号)、《高等职业学校专业教学标准(试行)》、《关于开展“十二五”职业教育国家规划教材选题立项工作的通知》(教职成司函〔2012〕237号)等有关文件的基础上,结合当前高等职业教育发展和公路行业发展的实际情况,对第二版作了全面修订,形成了本教材第三版。本书于2014年8月,被教育部评定为“十二五”职业教育国家规划教材。

本书第三版主要在如下几个方面作了修订或完善:

(1)全面吸收职业教育课程改革的精华,取消“篇章节”的编排形式,全书以“项目驱动、任务引领”的形式重新编写。

(2)依据交通运输部最新标准规范,对原第二版有关内容作了补充或完善。

(3)调整或增加了典型环保工程实例。

(4)本书第三版继续聘请东南大学李昶教授和河北省交通运输厅副厅长刘中林教授级高工担任主审,使本教材在理论性和实用性方面更加突出。

本书第三版仍由原第二版编写人员参与编写工作,即河北交通职业技术学院田平教授、山西交通职业技术学院钟建民教授、青海交通职业技术学院钱晓鸥教授共同主编。

本书在编写中,得到了人民交通出版社股份有限公司公路职业教育出版中心主任卢仲贤、副主任丁润铎和编辑任雪莲,以及交通运输部公路科学研究院副院长(正厅级)常行宪教授级高工的帮助,尤其得到了河北交通职业技术学院教授史恩静、马彦芹和副教授翟晓静的大力帮助,在此表示衷心感谢!

由于编者水平所限,书中错误和疏漏在所难免,敬请读者批评指正,不胜感谢。

编　者

2015年12月

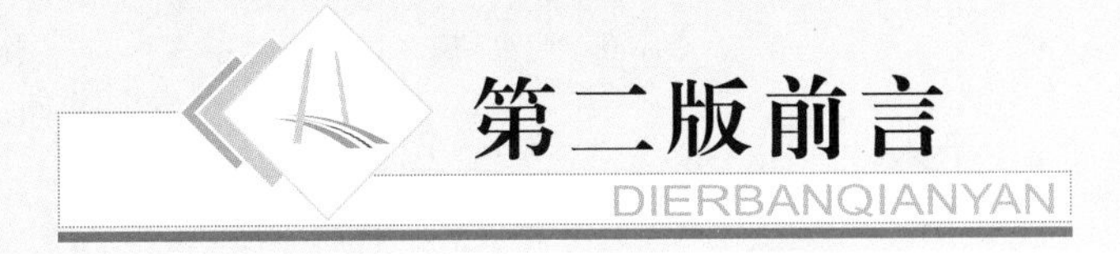

第二版前言

DIERBANQIANYAN

全国交通土建高职高专规划教材《公路环境保护工程》(第一版为《公路环境建设与管理》)一书,于2006年6月被教育部评为"普通高等教育'十一五'国家级规划教材",充分肯定了这本教材的必要性、重要性和适用性,同时也对教材的再版编写和使用提出了更高的要求与标准。

全国交通土建高职高专规划教材编审委员会,非常重视教材的再版编写情况,2007年4月在湖南召开了规划教材再版编写工作会议,与会者一致认为,再版规划教材一定要贯彻教育部"**工学结合**"的精神,编出更加适合时代特色的教材,从而为培养更多的知识型、专业型和技能型人才,奠定良好的教材基础。

本教材的再版编写,全面贯彻会议精神,编写人员反复研讨和广泛征求全国交通土建高职高专院校对本教材的意见,以更大程度满足读者的要求。本版教材做了如下几个方面的修改:

1. 书名由《公路环境建设与管理》改为《公路环境保护工程》,以求突出在公路建设中环境保护的重要性;

2. 原书的十二章内容在新版中分为两篇(即公路环境建设篇和公路环境管理篇),以求满足教学的不同需要,教材使用中可只讲其中一篇,也可两篇都讲;

3. 原书的部分黑白图片更换为彩色图片(详见封二、封三),使教材更加耳目一新,生动活泼,从而使读者感到环境会带给人们美的感受;

4. 增加了典型环保实例和个案,通过举例剖析,使学生掌握环保的技术要点和方法;

5. 两名主审,一名是来自高校的知名教授,一名是来自生产实践第一线的专业技术人员,使书的适用性和实用性更强;

6. 紧密结合教育部国家示范院校重点建设专业的要求,使教材更有科学性和发展性。

本教材由河北交通职业技术学院田平教授、山西交通职业技术学院钟建民副教授和青海交通职业技术学院钱晓鸥副教授任主编,全书由东南大学李昶教授和河北省交通厅总工程师潘晓东教授级高工任主审。第一章、第二章、第三章、第四章由河北交通职业技术学院田平编写;第五章、第六章和第十章由青海交通职业技术学院钱晓鸥编写;第七章、第八章、第九章由山西交通职业技术学院钟建民编写;第十一章由山东交通职业学院卞贵建编写;第十二章由江西交通职业技术学院刘芳编写。

本教材在再版编写中,得到了人民交通出版社韩敏、沈鸿雁、卢仲贤,西藏交通厅副厅长常行宪，编委会主任、副主任和委员们以及各兄弟院校的帮助，尤其得到了河北交通职业技术学院兼职教授杨国华、王志强、王万福等人的大力支持和帮助，在此一并表示诚挚的感谢。

由于编写人员水平所限，书中错误和疏漏在所难免，敬请读者批评指导，不胜感激。

编　者

2008 年 5 月

第一版前言

DIYIBANQIANYAN

根据全国交通职业技术教育教学委员会路桥工程学科委员会三届一次和路桥工程专业委员会六届一次2002年8月青海会议安排,《公路环境建设与管理》一书,经过编审人员的辛勤努力和出版单位的大力支持,跟大家见面了。

《公路环境建设与管理》一书由河北交通职业技术学院田平主编;山西交通职业技术学院钟建民和河北交通职业技术学院赵玉肖为副主编;重庆交通学院职业技术学院刘天玉主审。

作为交通高等职业技术教育系列的新编教材,对公路建设中的社会环境、生态环境影响,以及污染问题、公路景观环境问题及应对措施作了较为全面的阐述及讲解,对公路建设中环境影响的评价、公路环保监理与监测、公路环境管理、公路环境建设经济分析、公路涉及的环境标准及相关法规作了阐述,是公路建设及相关专业学生结合专业需要,学习环境保护知识与技能的一本较为全面的教材,符合可持续发展战略,满足培养专业和环保复合型人才的需求。

《公路环境建设与管理》审稿会,在全国路桥工程学科委员会的指导下,于2003年11月21日至23日在山西交通职业技术学院召开,参加审稿会的有人民交通出版社卢仲贤、王霞,河北交通职业技术学院田平、赵玉肖,山西交通职业技术学院钟建民、裴成娥、张美珍,浙江交通职业技术学院郭发忠,陕西交通职业技术学院程兴新,南京交通职业技术学院杨卫红,重庆交通学院职业技术学院刘天玉和宁夏交通学校孙元桃。与会老师们对书稿进行了认真审议和充分讨论,大家一致认为该书符合交通高职高专层次教学特点,内容涵盖面宽,章节设置紧扣主题,立题新颖。为使该书稿更加完善,与会老师们还提出了宝贵的修改意见,在此向诸位老师表示诚挚的谢意。

本书在编写过程中,得到了人民交通出版社编审卢仲贤,西藏交通厅副厅长常行宪,河北省交通厅公路局局长、高级工程师杨国华,河北交通勘察设计研究院副院长、高级工程师赵彦东,青银高速公路河北建管处处长、博士刘中林,河北新洲公路工程有限公司董事长、博士杨新洲以及各位同行们的支持、帮助和指导,在此一并感谢。

《公路环境建设与管理》为选修课，教学时数建议为60学时，安排在第三学年讲授。

鉴于编者水平有限，书中难免有错误和疏漏之处，敬请各位同仁批评指正，多提宝贵意见。

编　者

2003年12月6日

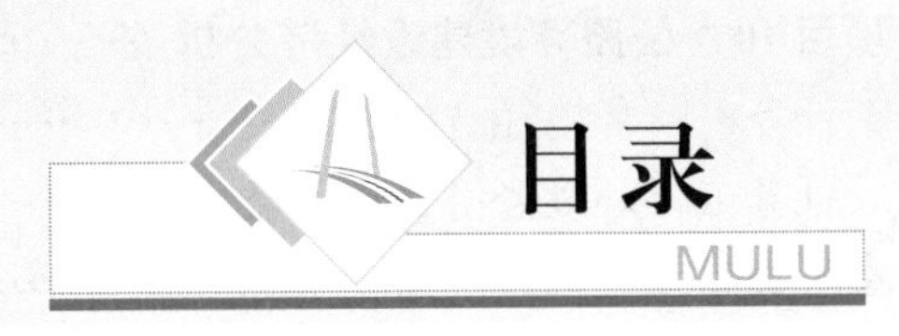
目录
MULU

项目1 基本知识

1. 掌握环境的概念及分类；
2. 了解环境保护的内容、意义和基本任务；
3. 会分析建设公路的生态效应；
4. 掌握公路环境工程的基本任务和公路环境的主要问题；
5. 能够根据公路所在地区的实际情况分析可能产生的环境问题；
6. 掌握公路环境的敏感区和环境敏感点的概念；
7. 能够根据公路建设项目所经地区的实际情况确定环境敏感点；
8. 能够准确描述公路建设各阶段的环境保护基本措施。

生态环境是国际社会普遍关注的重大问题，环境保护与可持续发展已成为当今社会的一个热门话题。公路建设对环境的影响越来越受到社会的关注，可持续发展战略对公路环境保护提出了紧迫要求。因此，明确公路环境保护的内容与任务，公路环境保护的原则与基本措施，将"环保优先""设计先行"的理念落实到公路建设与运营过程之中具有重要的现实意义。

任务一 认识环境与生态环境

一、环境

环境是指周围所存在的条件，总是相对于某一中心事物而言。对不同的对象和科学学科来说，环境的内容也不同。通常情况下，环境是指人类和生物生存的空间。对于人类来说，环境是指可以直接和间接影响人类生存、生活和发展的空间以及各种自然因素和社会因素的总体。

《中华人民共和国环境保护法》中将"环境"定义为影响人类生存和发展的各种天然因素和经过人工改造的自然因素的总体，包括大气、水、海洋、土地、矿藏、森林、草原、湿地野生生物、自然遗迹、人文遗迹、自然保护区、风景名胜区、城市和乡村等。

按照环境的自然和社会属性分类，环境分为自然环境和社会环境。

(一)自然环境

自然环境是指可以直接和间接地影响人类生存和发展的一切自然形成的物质和能量的

总体。它是人类赖以生存和发展的物质基础。自然环境的分类比较多，按照其主要的环境组成要素，自然环境可分为大气环境、水环境、土壤环境、声环境等。

1. 大气环境

大气是自然环境的重要组成部分，是人类生存所必需的物质。在自然状态下，大气由混合气体、水气和杂质组成。除去水气和杂质的空气称为干洁空气。干洁空气中的三种主要气体氮(N_2)、氧(O_2)、氩(Ar)的体积占大气总体积的99.96%，其他各种气体含量合计不到0.1%。在地球表面向上，大约85km以内的大气层里，这些气体组分的含量几乎可认为是不变的，称为恒定组分。

在大气中还存在不定组分。一是来自自然方面(自然源)，如火山爆发、森林火灾、海啸、地震等灾害形成的污染物，如尘埃、硫、硫化氢、硫氧化物、碳氧化物等；二是来自人类活动方面(人为源)，如人类的生活消费、交通、工农业生产排放的废气等。

洁净的大气对生命至关重要。大气中超过洁净空气组成物质应有的浓度称为大气污染。大气污染使得大气质量恶化，对人类的生活、工作、健康及生态环境等都产生破坏。

2. 水环境

水是人类生存的基本物质，是社会经济发展的重要资源。水环境一般指河流、湖泊、沼泽、水库、地下水、冰川、海洋等地表储水体中的水本身及水体中的物质和生物。

地球上约有97.3%的水是海水，人类生命活动和生产活动所必需的淡水水量有限，不到总水量的3%，可较容易地使用和开发的淡水量则更少，仅占总水量的0.3%，而且这部分淡水在时空的分布又很不均衡。

由于人类活动的加剧以及一些自然原因，水污染已成为当今世界一个突出的环境问题。造成污染的原因是水体受到了人类或自然因素的影响，使水的感观性状、物理化学性能、化学成分、生物组成及底质状况恶化，其中人为污染是最严重的。人为污染是指人类在生产和生活中产生的“三废”对水源的污染。水污染及其所带来的危害更加剧了水资源的紧张，对人类的健康和生存产生威胁。防治水污染、保护水资源已成为当今人类的迫切任务。

3. 土壤环境

在地球陆地地表有多种自然体存在，其中土壤作为一个重要的独立的自然体发挥着不可替代的作用，是一个非常重要的环境要素。土壤环境是指土壤系统的组成、结构和功能特性及其所处的状态。土壤由矿物质、有机质、水分和空气等物质组成，是一个非常复杂的系统。土壤系统具有的独特结构和功能，不仅为人类和其他生物提供资源，而且对环境的自净能力和容量有着重大贡献。

土壤也是人类排放各种废弃物的场所，当进入土壤系统的各种物质数量超过了它本身所能承受的能力时，就会破坏土壤系统原有的平衡，造成土壤污染。同时土壤污染又会使大气、水体等进一步受到污染。

一些开发建设项目对土壤环境也可能产生诸如土壤侵蚀、土壤酸化、次生盐渍化等多方面的土壤污染影响。所以在社会经济发展的同时，注意保护土壤环境，协调两者的关系，加强土壤环境管理具有十分重要的意义。

4. 声环境

声音是充满自然界的一种物理现象。声是由物体振动而产生的，所以把振动的固体、液体和气体称为声源。声能通过固体、液体和气体介质向外界传播，并且被感受目标所接受。声学中把声源、介质、接收器称为声的三要素。

生物的生存需要声音。对于人类来说,良好的声环境有利于正常的生活和工作,也有利于人们的健康。但是不良的甚至是恶劣的声环境会直接影响人们的活动,对人类产生危害。这些不需要的声音,称为环境噪声。噪声污染的危害在于它直接对人体的生理和心理产生影响,诱发疾病,进而影响到人们的生活和工作,同时噪声对其他动物也存在不良影响。

环境噪声的来源,按污染种类可分为交通噪声、工厂噪声、施工噪声、社会生活噪声和自然噪声等。其中交通噪声是由各种交通运输工具在行驶中产生的。交通噪声大,影响区域分布广,受危害的人数众多。对于噪声进行控制,保护良好的声环境是保护环境和人类健康的重要任务。

(二)社会环境

社会环境是人类在利用和改造自然环境中创造出来的人工环境以及人类在生活和生产活动中所形成的人与人之间关系的总体。

1. 社会环境的广义概念

从广义上来说,社会环境是在自然环境的基础上,人类通过有意识的长期的劳动,加工和改造了的自然物质,形成的人造物质,创造的物质生产体系,积累的物质文化,产生的精神文化的综合体,是人类活动的必然产物。

社会环境包括了除自然环境以外的众多内容,如自然条件的利用、土地使用、基础设施、社会结构、经济发展、文化宗教、医疗教育、生活条件、文物古迹、旅游景观、环境美学和环境经济等内容,在一些特殊场合也包括政治、军事等。可以说,社会环境是人类精神文明和物质文明发展的标志,又随着人类文明的演进而不断地丰富和发展,所以也有人把社会环境称为文化—社会环境。

根据社会环境的广义概念,社会环境包括以下三个方面的基本内容,反映社会环境的结构、功能和外貌。

(1)社群环境。反映社会群体的特征和结构。

①社会构成:包括性别、年龄、民族、种族、职业、家庭、宗教、社会团体和机构等。

②社会状况:包括健康水平、文化程度、居住环境、社会关系、生活习俗、就业与失业、娱乐、福利等。

③社会约束与控制系统:包括行政、法律、宗教、舆论等。

(2)经济与生活环境。反映生产、生活环境及其结构。

①第一、第二产业:包括农业、工业等,相应的技术、设施、条件等称为生产环境。

②第三产业:绝大多数第三产业为生活服务,属生活环境。

(3)社会外观环境。包括自然与人文景观,即自然和人文的有形体与环境氛围协调配合的系统。

2. 社会环境的狭义概念

从狭义的角度来说,社会环境仅指人类生活的直接环境。有些文献对社会环境作了这样的解释:社会环境是指人类的生活环境条件,如居住、交通、绿地、噪声、饮食、文化娱乐、商业和服务业。有的文献认为社会环境是与人类基本生活条件有关的环境,包括居住环境、交通、文化教育、商业服务以及绿化等要素,实际上是指居民的衣食住行等方面;一个开发行动或一项拟建工程项目产生的社会环境影响表现在人体健康水平、劳动和休息条件、生态平衡、自然景观和文物古迹保护等方面。有些文献认为社会环境是城市居民环境,是人为环境，并提出了社会环境质量的三原则，即舒适原则、清洁原则和美学原则。这些解释实质上是对社会环境狭义概念的解释。

3. 其他几种提法

(1)社会经济环境

由于经济发展和生产力的提高直接促进着社会的发展和进步，一些文献习惯于用社会经济环境的提法，或是把经济环境与社会环境作为同一层次上两个不同的概念，以强调经济发展的重要性。我国是一个以经济建设为中心的发展中国家，所以强调经济发展的重要性是必然的。实质上，经济环境隶属于社会环境。

(2)工程环境

有的文献提出工程环境的概念，把环境分类为自然环境、工程环境和社会环境。认为工程环境是在自然环境的基础上，由人类的工业、农业、建筑、交通、通信等工程所构成的人工环境。这种提法是在表明人类技术因素对自然的作用，同时强调工程环境与自然环境相互作用，形成“工程—自然”统一的系统。工程环境的概念和意义很重要，但在环境概念分类中它也隶属于社会环境。

(三)环境质量

环境素质的好坏及人类活动对环境的影响程度称为环境质量。环境质量包括自然环境质量和社会环境质量。自然环境质量包括物理的、化学的和生物的质量等。根据自然环境的构成要素，自然环境质量可分为大气、水、土壤、声、生态等环境质量。

社会环境质量是人类精神文明和物质文明的标志。社会环境质量包括人口、经济、文化、美学等多方面的质量。各地区的基本条件不同、社会经济发展水平不同、人口密度不同、科学技术和文化水平也不同，所以社会环境质量存在着明显的差异。衡量社会环境质量的标准是：是否适宜于人类健康地生存、生活和工作，是否具有良好的社会经济效益。

二、生态环境

(一)生态系统与生态平衡

1. 生态系统

“生态系统”是英国生态学家坦斯利(A. G. Tansley)于1935年提出来的，是指任何一个生物群落与其周围非生物环境所构成的综合体。按照现代生态学的观点，生态系统就是生命系统和环境系统在特定空间的组合。在生态系统中，各种生物彼此间以及生物与非生物的环境因素之间相互作用、相互制约，不断进行着能量流动、物质循环和信息传递。

生态系统的类型是多种多样的，下面介绍其一般分类。

按主体特征分，有森林、草原、荒漠、冻原、河流、湖泊、沼泽、海洋、农村、城市等生态系统。

按地域特征分，有全球最大的生态系统——生物圈生态系统、陆地生态系统、海洋生态系统，还有山地、平原、岛屿等生态系统。

按性质分，有自然生态系统和人工生态系统。农田、农村、城市、水库等生态系统都属于人工生态系统。

任何一个生态系统，不论范围大小，简单还是复杂，都具有一定的结构。一个完整的生态系统由非生物的物质和能量、生产者、消费者和分解者四部分组成。

(1)非生物的物质和能量。包括太阳辐射能、水、CO_2、O_2、N_2、矿物盐类及其他元素和化合物。它们是生物赖以生存的环境条件。

(2)生产者。包括所有的绿色植物。它们通过光合作用把从环境中摄取的无机物质合成为有机物质,并将太阳能转化为化学能储存在有机物质中。它们是有机物质的最初制造者(为自养生物),为地球上其他一切生物提供得以生存的食物。

(3)消费者。动物为异养生物,是消费者有机体。以植物为食的称植食动物,如牛、马、羊等,以动物为食的称肉食动物,如虎、狮等,在食物链中它们可依次称为初级消费者、次级消费者和三级消费者或更高级消费者。

(4)分解者。主要指细菌、真菌和一些原生动物等营腐生性的生物,也是异养生物。它们依靠分解动植物的排泄物和死亡的有机残体取得能量和营养物质,同时把复杂的有机物降解为简单的无机化合物归还到环境中,使生态系统中的物质得以循环。

2. 生态平衡

生态系统是一个开放系统,非生物的物质和能量、生产者、消费者和分解者之间,不停地进行着能量交换、物质循环与信息传递(图1-1)。任何一个生态系统都需经过由低级向高级,由简单向复杂的发展过程而达到相对稳定的状态。当生态系统处于相对稳定状态时,生物之间和生物与环境之间出现高度的相互适应,其动、植物数量上也相对保持稳定,生产与消费和分解之间,即能量和物质的输入与输出之间接近平衡,以及结构与功能之间相互适应并获得最优化的协调关系,这种状态就叫作生态平衡。

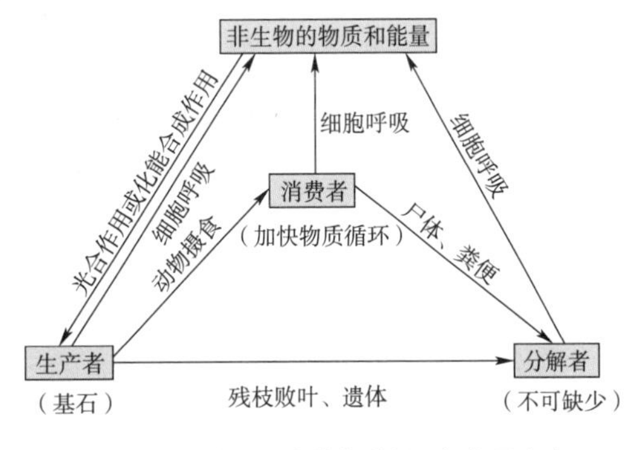

图1-1 生态系统中的物质循环与能量流动

生态平衡具有以下重要特点:

(1)达到生态平衡的生态系统,其有机体个体数目、生物量、生产力均最大。

(2)生态平衡是一种动态平衡,任何内部或外部因素的变化都可能使这种平衡发生变化。生态系统具有自动调节能力,以保持平衡稳定。系统越成熟、组成种类越多、营养结构越复杂,对外界压力、冲击的抵抗能力就越大,受到某些破坏可以自我恢复。但是,系统的这种调节能力是有限度的,其界限称阈值,稳定系统的阈值较高。当外界干扰造成的破坏超过系统的自我恢复能力或阈值时,系统平衡被破坏,食物链关系失常,生物个体数变少,生物量下降,生产力衰退,系统的结构与功能失调,系统内物质循环及能量流动中断,最终导致生态系统的崩溃瓦解。

(3)人类是生态系统中最积极活跃的因素,人类的活动对生态平衡影响很大。一方面,过度开发与环境污染,使生态系统遭到严重破坏,甚至崩溃。另一方面,人类可以按照客观规律,用更合理的人工生态系统来替代旧的自然生态系统,建立生产力更高的良性生态平衡。

(二)生态环境

生态环境是与自然环境在含义上十分相近的两个概念。生态环境并不等同于自然环境。自然环境的外延比较广,各种天然因素的总体都可以说是自然环境,但仅有非生物因素组成的整体,虽然可以称为自然环境,但并不能叫作生态环境。生态环境是具有一定生态关系构成的系统整体。生态环境仅是自然环境的一种,二者具有包含关系。

环境科学所指的生态环境是人类的生态环境,它是人类生存的自然环境和社会环境的综合体(图1-2)。

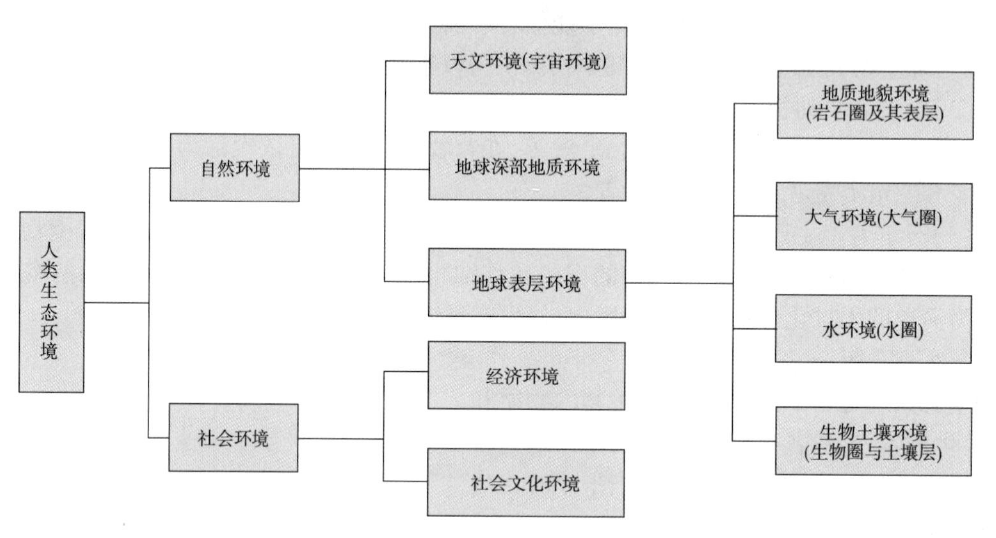

图1-2　人类生态环境系统

1. 自然环境

自然环境是人类赖以生存和发展的所有物质、能量因素和外界条件的综合体。也就是环绕着人群的空间中可以直接、间接影响人类生产、生活的一切自然形成的物质、能量的总体。构成自然环境的物质、能量的种类很多,大体可以分为以下六大类:

(1)地质因素。包括地质构造分区、地层、构造、岩石类型及其力学特征与抗风化性能,环境地质问题,地质灾害与地震烈度等。

(2)地貌因素。包括地貌类型,地表起伏,破碎程度,剥蚀、侵蚀、堆积特征等。

(3)气候因素。包括气候类型、气温、降水、风力、风向、灾害天气等。

(4)水文因素。包括河流、湖泊、沼泽等地表水体的主要特征,地下水特征,海滨地带的海洋影响等。

(5)生物因素。包括植被类型、野生动植物及其生态系统等。

(6)土壤因素。包括土壤类型、荒漠化与水土流失等。

2. 社会环境

社会环境是指在自然环境的基础上,人类通过长期有意识的社会劳动,加工和改造了的自然物质,创造的物质生产体系,积累的物质文化等所形成的环境体系。所以,社会环境是人类生存及活动范围内的社会物质、精神条件的总和。从广义上讲,社会环境包括整个社会经济文化体系,如生产力、生产关系、社会制度、社会意识和社会文化。从狭义上讲,社会环境指人类生活的直接环境,如家庭、劳动组织、学习条件和其他集体性社团等。区域社会环境,一般包括社区基本特征、经济因素与社会文化因素。

3. 自然资源

自然资源是在一定的发展状况下,能被人类所利用的,存在于自然环境中的部分自然物质和自然能量,如阳光、空气、矿物、土壤、水与水能、野生动植物、森林、草场等,它们是人类赖以生存和发展的物质与能量基础。

(1)自然资源的类型

自然资源有多种分类方法,目前较常用的且与环境保护关系密切的是根据资源的再生性等特征的分类,见图1-3。

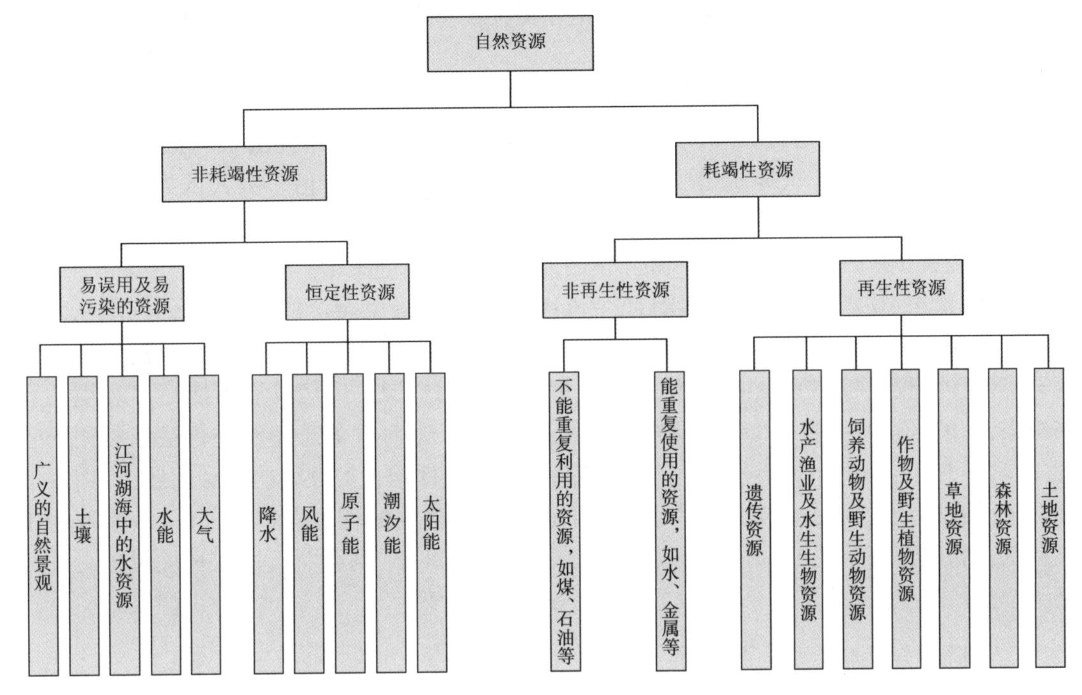

图1-3　自然资源分类系统

(2)自然资源的主要特征

自然资源具有整体性、有限性、地域性、变动性与稳定性、层次性、多用性、国际性等特点。随着科学技术的进步与社会经济的发展,自然环境中更多的物质和能量,都将成为可被人类利用的自然资源。因而自然资源的类型、数量都将随着社会发展而不断增加。

对自然资源的开发利用必须坚持科学规划、合理开发、有效保护、永续利用的原则。资源开发不当或过度开发,对资源及环境的影响是多方面的。以森林资源为例,大面积森林破坏造成的恶果如下:

①森林资源减少以至枯竭。

②多种林下植物大量减少或消失。

③多种林内动物大量减少或消失。

④水土流失加重,洪水、泥石流、滑坡等灾害增多。

⑤森林防风沙及保护环境功能减弱或消失。

⑥森林景观消失。

⑦释氧量减少,森林保健功能减弱或消失。

⑧小气候变劣等。

三、环境保护

1962年美国生物学家蕾切尔·卡逊出版了一本名为《寂静的春天》的书,书中阐释了农药杀虫剂DDT对环境的污染和破坏作用，由于该书的警示，美国政府开始对剧毒杀虫剂进行调查，并于1970年成立了环境保护局，各州也相继通过禁止生产和使用剧毒杀虫剂的法律。因此，该书被认为是20世纪环境生态学的标志性起点。

1972年6月5日至16日由联合国发起，在瑞典斯德哥尔摩召开"第一届联合国人类环境会议"，提出了著名的《人类环境宣言》，是环境保护事业正式引起世界各国政府重视的开端，中国政府也参加了该会议。

中华人民共和国的环境保护事业是从1972年起步的。

20世纪50年代以后，由于环境污染日趋严重，我国在1956年提出了"综合利用"工业废物方针，20世纪60年代末提出"三废"处理和回收利用的概念，但多数人认为环境保护只是对大气污染、水污染等进行治理，对固体废弃物进行处理和利用，即所谓"三废"治理及排除噪声干扰等技术性管理工作，目的是消除公害，保护人类健康。

自20世纪70年代起，随着环境科学的问世及世界性环境会议的召开，人们逐渐从发展与环境的对立统一关系来认识环境保护的含义，改用"环境保护"这一比较科学的概念。认为环境保护不仅是控制污染，更重要的是合理开发利用资源。经济发展不能超出环境的容许极限，有的环境专家提出"环境保护从某种意义上讲，是对人类总资源进行最佳利用的管理工作"。所以，环境保护不仅是治理污染的技术问题、保护人类健康的福利问题，更重要的是经济问题和政治问题。1973年我国成立下设在国家建委的环境保护办公室，后来改为由国务院直属的部级单位——国家环境保护总局。在2008年"两会"后，国家环境保护总局升格为"环保部"，并对全国的环境保护实施统一的监督管理。

（一）环境保护的概念

环境保护（简称环保）是指人类为解决现实的或潜在的环境问题，协调人类与环境的关系，保障经济社会的持续发展而采取的各种行动的总称。其方法和手段有工程技术的、行政管理的，也有法律的、经济的、宣传教育的等。

环境保护涉及的范围广、综合性强，它不仅涉及自然科学和社会科学的许多领域，还有其独特的研究对象。

（二）环境保护的意义

环境是人类生存和发展的基本前提。环境为人类生存和发展提供了必需的资源和条件。

随着社会经济的发展，环境问题已经作为一个不可回避的重要问题提上了各国政府的议事日程。保护环境，减轻环境污染，遏制生态恶化趋势，成为政府社会管理的重要任务。对于我国，保护环境是我国的一项基本国策，解决全国突出的环境问题，促进经济、社会与环境协调发展和实施可持续发展战略，是政府面临的重要而又艰巨的任务。

环境保护至少包含以下三个层面的意思：

1. 自然环境的保护

为了防止自然环境的恶化，对青山、绿水、蓝天、大海进行保护，就涉及不能私采（矿）滥伐（树）、不能乱排（污水）乱放（污气）、不能过度放牧、不能过度开荒、不能过度开发自然资源、不能破坏自然界的生态平衡等。这个层面属于宏观的，主要依靠各级政府行使自己的职能、进行调控来解决。

2. 地球生物的保护

地球生物的保护包括物种的保全，植物植被的养护，动物的回归，维护生物多样性，转基因的合理、慎用，濒临灭绝生物的特殊保护，灭绝物种的恢复，栖息地的扩大，人类与生物的和谐共处，不伤害其他物种等。

3. 人类生活环境的保护

人类生活环境的保护目的是使环境更适合人类工作和劳动的需要。这就涉及人们的衣、食、住、行、玩的方方面面，都要符合科学、卫生、健康、绿色的要求。这个层面属于微观的，既要靠公民的自觉行动，又要依靠政府的政策法规作保证，依靠社区的组织教育来引导，要工、农、兵、学、商各行各业齐抓共管，才能解决。

（三）环境保护的内容

环境保护的内容世界各国不尽相同，同一个国家在不同时期的内容也有所不同。一般地，环境保护的内容大致包括两个方面：一是保护和改善环境质量，保护人们身心健康，防止机体在环境污染影响下产生遗传变异和退化；二是合理开发利用资源，保护自然环境，加强生物多样性保护，以求维护生态平衡和生物资源的生产能力，恢复和扩大自然资源的再生产，保障人类社会的可持续发展。

环境保护的主要内容包括以下几点：

1. 防治生产和生活的污染

防治生产和生活的污染包括防治工业生产排放的“三废”（废水、废气、废渣）、粉尘、放射性物质以及产生的噪声、振动、恶臭和电磁微波辐射，交通运输活动产生的有害气体、液体、噪声，海上船舶运输排出的污染物，工农业生产和人民生活使用的有毒有害化学品，城镇生活排放的烟尘、污水和垃圾等造成的污染。

2. 防止建设和开发的破坏

防止建设和开发的破坏包括防止由大型水利工程、铁路、公路干线、大型港口码头、机场和大型工业项目等工程建设对环境造成的污染和破坏，农垦和围湖造田活动、海上油田、海岸带和沼泽地的开发、森林和矿产资源的开发对环境的破坏和影响，新工业区、新城镇的设置和建设等对环境的破坏、污染和影响。

3. 保护有价值的自然环境

保护有价值的自然环境包括对珍稀物种及其生活环境、特殊的自然发展史遗迹、地质现象、地貌景观等提供有效的保护。另外，城乡规划，控制水土流失和沙漠化、植树造林、控制人口的增长和分布、合理配置生产力等，也都属于环境保护的内容。环境保护已成为当今世界各国政府和人民的共同行动和主要任务之一。我国则把环境保护作为一项基本国策，并制定和颁布了一系列有关环境保护的法律、法规，以保证这一基本国策的贯彻执行。

（四）环境保护的基本任务

我国环境保护工作从20世纪70年代起步，1973年第一次全国环境保护会议确定了“全面规划、合理布局、综合利用、化害为利、依靠群众、大家动手、保护环境、造福人民”的环境保护32字方针。1983年在第二次全国环境保护会议上，制定了我国环境保护事业的大政方针：一是提出“环境保护是我国的一项基本国策”；二是确定了“经济建设、城乡建设与环境建设同步规划、同步实施、同步发展，实现经济效益、社会效益与环境效益统一”的战略方针；

三是把强化环境管理作为环境保护的中心环节。1989 年的第三次全国环境保护会议，提出了努力开拓具有中国特色的环境保护道路的号召，促使我国环保工作迈上新台阶。

1989 年我国颁布了《中华人民共和国环境保护法》，明确提出了环境保护的基本任务是“保护和改善生活环境与生态环境，防治污染和其他公害，保障人体健康，促进社会主义现代化建设和发展。”

1. 什么是环境？
2. 什么是自然环境、社会环境、生态环境？三者的关系是怎样的？
3. 什么是环境保护？环境保护有什么意义？

任务二　公路环境与公路环境保护

一、公路环境

公路环境是指与公路建设活动相关的影响人类生存和发展的各种天然的和经过人工改造的自然因素的总体(图 1-4)。

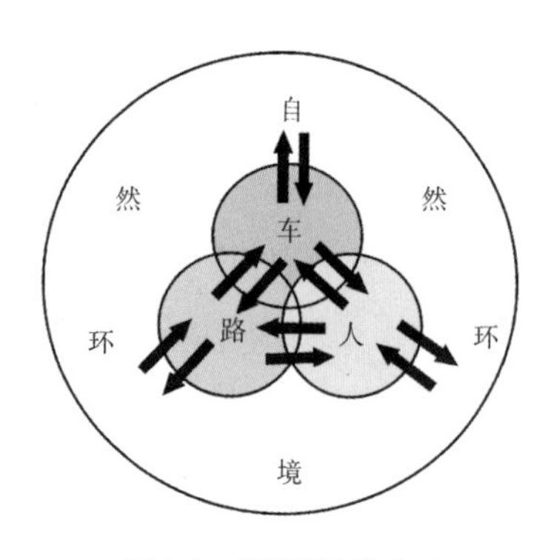

图 1-4　公路环境结构图

与其他建设项目相比，公路项目具有点线结合，以线为主的特点。一条公路往往跨越几个省、市、地区，途经环境千差万别。由于这个特点，决定了公路环境包括环境保护法所定义的所有环境因素，包括大气、水、海洋、土地、矿藏、森林、草原、野生生物、自然遗迹、人文遗迹、自然保护区、风景名胜区、城市和乡村等。

二、公路交通的生态学效应

(一)阻隔效应

公路是连接城市与城市的道路，是人类互相连接的走廊。但是，对生物来说，尤其是对地面的动物来说，它却是一道屏障，起着分割与阻隔的作用。

阻隔效应亦称为廊道效应。一方面，四通八达的道路网将均质的景观单元分割成众多的岛状斑块，在一定程度上影响景观的连通性，阻碍生态系统间物质和能量的交换，导致物质和能量的时空分异，增加景观的异质性。另一方面，公路在增加景观破碎度的同时，也可促进景观间的物质和能量交换，使系统更为开放，起着通道作用。公路的通道作用最明显地表现在公路的运输功能上。这种物质与能量的时空位移对大尺度生态系统的发展演变及生态平衡的影响是极其巨大的(图 1-5)。

公路的分割使景观破碎，将自然生态环境切割成孤立的块状，即生态环境区域化。公路对生态系统的分割包括地面上的机械分割和空间上的噪声分割。机械分割是由于公路路基工程和交通隔离工程对生态系统物质流的阻截、屏障作用，使生长在其中的生物变得脆弱

(生物不能在更大的范围内求偶与觅食),如果隔离延续若干世代以后,则有可能发生种内分化,不利于生物多样性保护。噪声分隔是汽车噪声、振动等对生态系统信息流的阻隔、误导作用。据荷兰学者 Deijnen 在“交通噪声与鸟类繁殖密度关系研究”一文中所述,经过对 43 种鸟类的观察研究得出,交通噪声可能影响鸟类的繁殖率,噪声级的大小是影响鸟类繁殖密度的主要因素。

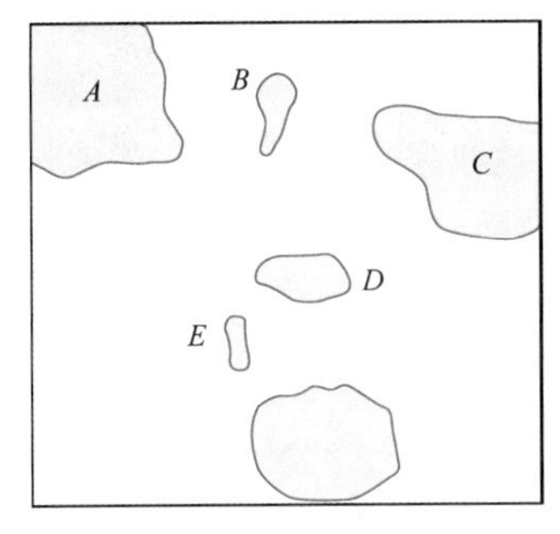

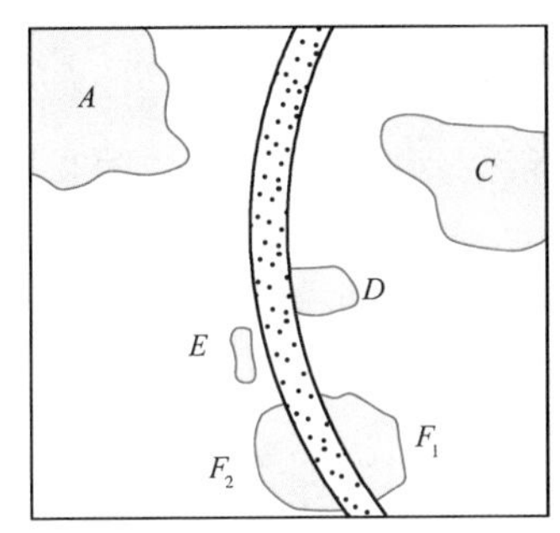

图 1-5　公路的阻隔效应

(二)接近效应

公路的开通使沿线地区的人流和物流强度增加,速度加快,同时也扩大了人类活动的范围,使许多原先人类难以到达或难以进入的地区变得可达和易于进入。这对自然保护和珍稀资源的保护构成巨大威胁。接近效应是公路的一种间接影响。

(三)城镇化效应

公路可以改变某一城市或乡村发展和扩大的方式,这种改变表现出的主要特征之一为:当一条公路建成不久,在公路走廊地带的某些区域,会有新的工业、商业及民用建筑的大量涌现。公路为出行提供的交通便捷性是工商业建筑和民用住宅倾向于建筑在公路两侧不远区域的主要原因,公路刺激城市区域的扩展以及农村向城镇的发展,导致公路沿线街道化、城镇化,从而间接地造成城镇景观代替农村景观或自然景观的巨变。

(四)小气候效应

公路小气候主要是由下垫面性质和大气成分所决定的。由于公路路面的组成材料往往与周围地区地表不同,大量水泥、沥青路面和路基的植入,改变了地表地下水环境。下垫面性质不同,其对太阳辐射的吸收和反射作用也不同。裸露的沥青和水泥路面热容量小,反射率大,蒸发耗热几乎为零,近地面温度高,升温快,灰尘和二氧化碳含量高,形成一条“热浪带”,使局部的小气候恶化。

由于公路的小气候环境效应,在公路周围会逐渐形成一个温度、热量、湿度、风及土壤条件等均与周围环境有所差别的独特小气候环境。经过一定时间的演变,在公路周围景观元素有可能产生局地分异,出现新的适生生物群落和边缘物种,而呈现出一定的过渡性。例如,在公路两旁通常会出现野草、灌丛、鸟类和昆虫等物种。

(五)公路交通环境污染效应

公路交通排放的汽车废气、交通噪声、路面雨天径流以及危险品运输交通事故,给公路两侧环境质量带来严重影响。这种影响不仅表现在人类活动区域环境质量的下降,也使公路两侧自然生态系统中生物的生存环境质量下降,影响了生态系统的稳定。

案　例

九寨沟生态破坏体现出的公路交通生态学效应

“包括世界自然保护联盟高级督察桑塞尔博士在内的国外一些专家的观点是,九寨沟20年后可能会消失。”南京大学城市与资源学系旅游研究所所长张捷教授在接受记者采访时这样表示,他的语气中透露着担忧。这些年来,他一直在做关于九寨沟的一个国家自然基金项目。按他的话说,他致力于九寨沟的生态环境研究已经整整20年了。

在1987年以后,尤其是1990年左右,九寨沟的旅游进入了快速增长期——游客数量成倍增加,而其发展模式仍然沿袭了早期的粗放型模式。旅游者蜂拥而至,九寨沟内忙着修葺旧屋,平地起新楼,几百户人家都成了客栈,有的还建起了带“星”的宾馆,整个沟里竟然有5 000多张旅客床位。水泥、石灰、瓷砖、马赛克、卫星接收器等城市化的设施遍布九寨沟。虽然有关部门早就要求九寨沟要“沟内游,沟外住”,但是很长时间九寨沟都处于“屋满为患”的状态。不讲规划的房屋大批出现,废弃的建筑材料随意堆置,土质和植被被伤害。宾馆饭店四周污水横流,垃圾丛生。水质也很差,水是九寨沟的灵魂,素有‘九寨归来不看水’之说。但九寨沟管理局的监测结果表明,九寨沟的水体已经有富营养化的趋势,湖泊有沼泽化倾向。”(**小气候效应**)

到了2000年以后,每年游客量都超过100万人次。出现了“黄金周”里游客塞满九寨沟,车队排成了长龙,有的游客在沟外排队排到夜里也没能进来,沟内沟外的旅馆均爆满,不少人睡在车上的情形。(**接近效应**)游客对于九寨沟的破坏主要有三个方面:首先,游客进入森林后,对林区土地的践踏,对树木的触摸等,这些是对景区生态环境最直接的破坏影响;其次,大量的游客到达九寨沟后,食、住、行所产生的废水、废气和生活垃圾,以及当地居民为了接待游客而过度地消耗当地自然资源,这些是间接的破坏影响;除此以外,还有噪声等其他因素,也会对九寨沟的动植物正常生长有所影响。

尽管景区的环保工作十分出色,但由于各种无法预料或者控制的因素,九寨沟的环保不能说没有一点问题。人行栈道的修建,确实在很大程度上保护了林区,但由于九寨沟内人行栈道的建设,使原本是一个整体的两栖动物觅食、繁殖地被一块块分割开,破坏了动物原来的生存地,造成很多个体动物无法正常觅食、繁殖,进而使大量个体死亡或迁徙。另外,涂有涂料的人行栈道紧贴地面,这些涂料可能形成化学隔离带,影响周围爬行类动物的活动。(**阻隔效应**)而且有个别素质不高的游客,无视景区规定,私自离开栈道,进入林区,这就让我们的辛苦白费了。还有一些游客将喝剩的饮料倒入湖水中,直接影响了水质。为此,当地部门曾经在湖泊周围设了铁丝网,就是为了防止游客向湖泊内投掷鱼食、垃圾等物,影响水质。但由于这些铁丝网网眼过小,动物无法穿越铁丝网到湖泊中饮水,有迁徙习惯的动物也因铁丝网的阻碍无法顺利迁徙,这给青蛙等两栖动物的生存和繁衍造成一定隐患。

“绿色环球21”中国代表处的首席代表诸葛仁博士分析了九寨沟现状的形成原因:“巨大的游客数量和不良旅游行为对九寨沟生态环境破坏构成直接威胁。九寨沟所在的漳扎镇,沿着白河岸边十几公里,依山傍河的酒店鳞次栉比,有的楼间距不超过两米。2002年和2003年九寨沟的进沟游客人数分别为125万和110万(受非典疫情的影响),而2004年的游客数量达到200万。为了保护好这块珍贵的人类自然遗产,限制进入人数将是首选方案,目前,九寨沟旅游管理局已经实行100%旅行团网上预订,用以限制游客数量,当前的日进沟游客限量在13 000左右,而九寨沟的日最佳进沟游览人数应为6 000人。这样的数字到了‘黄金周’就无法限制。而这一困惑,使包括九寨沟在内的许多地方都感到棘手。”诸葛仁说:“作为缓冲区的漳扎镇,承担着九寨沟绝大多数游客食宿、娱乐的接待压力。大多数人知道九寨沟因为它是著名的风景旅游区,为了更方便游客到达,提供更完善的服务设施,从进入九寨沟的公路到整个漳扎镇,到处是如火如荼的建设景象。公路上驶来了只有现代文明才能生产出来的豪华大巴。坐在这现代与原始的结合点上,现代文明与原始风貌形成巨大反差……形成巨大反差的决不仅仅是这些,九寨沟到处是保护环境、追求自然与原始的宣传和沟里沟外的基建工地;盆景滩边施工用的柴油机的轰鸣声与镜海的恬静;中巴车为了环保改为天然气作燃料后,景区内的洒水车和基建用的载重货车依旧喷出来的浓重的柴油车尾气,都形成了巨大反差。**(交通环境污染效应)**我们可以闭上眼睛想象一下,旅途的周折没有了,宽阔平坦的柏油马路一直通向那个被誉为‘天堂’的童话世界——九寨沟。整齐优美的城市环境,功能齐备的服务设施,卡拉OK、大商场、洗脚屋、电玩屋……你可以享受到在任何一个现代城市所能享受到的一切……”**(城镇化效应)**

三、公路环境工程

公路环境工程是近年来人们针对公路环境污染治理、利用和保护自然资源、改善生态环境而产生的一门技术环境学科,是环境工程学的组成部分。由于该学科产生的时间较短,尚未形成成熟的学科体系。

(一)公路环境工程的内容

目前,一般认为公路交通环境工程研究的主要内容为:公路环境问题的特征、规律,环境污染防治技术与方法,保护和合理利用自然资源、改善生态环境的技术措施,环境影响评价等。公路环境工程的内容、技术、方法等,还有待不断研究与完善。

(二)公路环境工程的基本任务

公路环境工程的基本任务是采取工程技术措施来消除和控制交通环境问题,重点是治理和控制环境污染,合理利用与保护自然资源,利用公路工程、环境工程和系统工程等综合方法,寻求解决公路环境问题的最佳方案,使公路交通建设与环境建设相协调,达到社会经济可持续发展的目标。

(三)公路环境中的主要问题

坚持资源节约、环境友好是现代交通运输业发展的基本要求,在转变交通运输发展方式和促进产业升级的过程中,交通运输环境保护工作的意义更加重大。2009年中国政府向全世界庄严承诺,到2020年单位国内生产总值二氧化碳排放比2005年下降40% ~45%。我国在《国民经济和社会发展第十三个五年规划纲要》中指出:改革环境治理基础制度,建立覆盖所有固定污染源的企业排放许可制,实行省以下环保机构监测监察执法垂直管理制度;建立全国统一的实时在线环境监控系统;健全环境信息公布制度;探索建立跨地区环保机构;开展环保督察巡视,严格环保执法。

公路环境存在的主要问题如下:

1. 占用土地资源

目前,我国各种开发区的建设、城市的不断扩大、交通运输网的建设、农村乡镇经济的发展及各种自然因素的破坏等，使耕地面积不断减少。土地，尤其是耕地，是极其宝贵的自然资源。我国耕地面积约占世界耕地面积的8.7%，人口约是世界人口的20%，因此，土地问题已成为我国经济发展的严重制约因素。

公路建设对土地资源的影响主要：一是公路永久性占用土地数量大，填挖高差大，特别是高速公路。据统计，四车道高速公路及一级公路建设，每公里占用土地约80亩（1亩 = 666.6m^2），一般耕地占70%～90%，六车道高速公路则占地更多。除公路本身长期占地外，在建设中的土场、临时设施等也将在一定阶段内占用大量土地。二是公路开通后的城镇化效应使公路两侧的土地改作他用，特别是在高速公路互通区附近，大量的农田被规划开发为工业园区。三是公路交通环境污染效应可能使公路两侧的农田土壤质量下降。因此，在公路设计、施工等各个环节中，必须珍惜每寸土地，合理利用每寸土地。

2. 改变当地生态环境

公路是一种线形、带状的三维立体空间结构物。公路建设中势必会对其沿线所经过的路域环境产生影响和改变，尽管公路路域环境在沿线环境系统中所占面积的宽度不大，但长度却很长，因而产生的影响非常大。一般有植被破坏、局部地貌破坏（如高填、深挖、大切坡等）、土壤侵蚀、自然资源（土地、水、草场、森林、野生生物等）影响、景观影响及生态敏感区（著名历史遗产、自然保护区、风景名胜区和水源保护区）影响等。公路建设不仅本身破坏路域生态，造成水土流失而引发公路病害，而且对整个生态的影响也是相当严重的。每条公路涉及的具体生态问题各不相同，主要取决于其所经地域的自然环境、生态环境及地貌状况等。

3. 环境污染

公路运输还会带来噪声、水、空气、土壤污染等，影响人类的生活环境和自然环境（图1-6）。如噪声扰民，汽车尾气污染空气，服务区污水及路面径流对水环境的污染等，其中噪声影响最为突出，已成为居民投诉的热点问题，机动车的尾气则是城市空气污染的主要来源（图1-7）。

4. 资源消耗量大

公路建设需要消耗大量如钢铁、水泥、沥青及电子产品、通信器材等原材料。例如，修筑20cm厚、7m宽的水泥混凝土面层，每公里需耗费水泥400～500t，水约250t，还不包括养生在内的用水。

公路运输也需要消耗大量的能源，发达国家交通运输消耗的能源已占到能源消费总量的1/3左右。随着我国经济的发展及人民生活水平的提高，家用轿车数量激增，对能源的需求和消耗也将会持续增长。

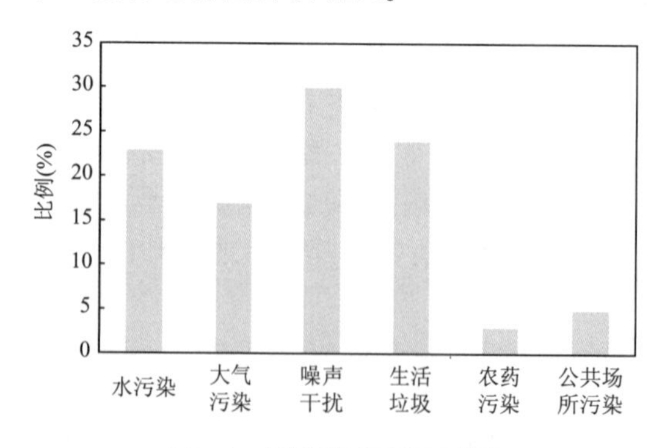

图1-6 主要环境问题调查结果

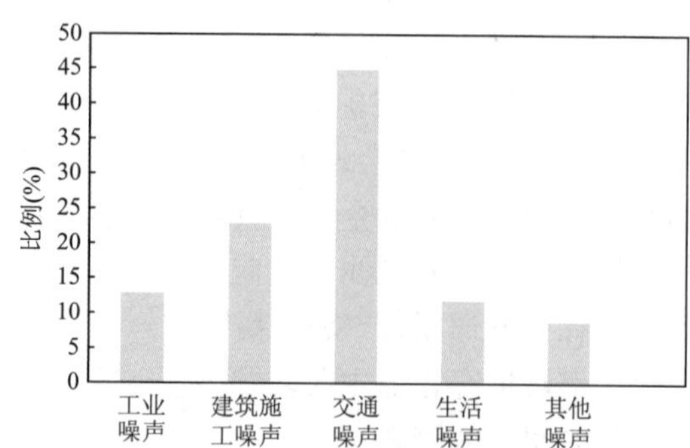

图1-7 影响最大的噪声源调查结果

四、公路环境保护

公路环境保护是基于生态可持续发展原则调节与控制“公路工程与路域环境”对立统一关系的发生与发展。

（一）公路环境保护的原则

公路交通环境保护应执行国家环境保护法规及有关规范。为使环境保护工作取得成效，应遵循下列原则：

1. 以防为主、防治结合

公路交通环境保护最有效的措施是路网规划和路线布设时考虑环境因素，通过全面规划和合理布局，将环境影响降至最低程度。在此基础上，采取必要的环境治理措施，实现环境保护目标。

2. 执行环境影响评价制度

编制环境影响报告书或环境影响报告表是国家对建设项目（包括新建、改扩建）实行强制性环境保护管理的制度，是对建设项目从环境方面作可行性研究报告，对建设项目具有一票否决权的作用。环境影响报告书或报告表是建设项目工程设计中的环保工程设计、环境保护设计、施工期和营运期的污染防治措施及环境管理的依据。为更好地执行环境影响评价制度，2006 年 2 月原交通部颁发了《公路建设项目环境影响评价规范》，但由于交通行业环境影响评价工作开展时间较短，关于公路项目环境影响评价的技术方法、工作内容及其管理等正在研究完善之中。

3. 综合治理

环境综合治理有两层含意：一是必须采取法律的、行政的、技术的、经济的综合措施来实现环境保护；二是为防治环境污染，改善环境质量应考虑多种技术措施综合治理，以达到环境保护最佳效果。

4. 技术、经济合理

实施环境保护措施时，应作多方案分析论证，以达到技术可靠、经济合理，使环境效益和社会效益最佳。此外，还应使环保措施可能产生的负面影响最小，或为防止负面影响的投资最少。

5. 实行“三同时”原则

根据国家《建设项目环境保护管理办法》的规定，经环境影响评价及有关部门审批确定的环境保护措施，如管理处、生活服务区、收费站等的污水处理设施及其他环保设施，应与主体工程同时设计、同时施工、同时投入营运。由于公路交通噪声对环境的影响与交通量有关，根据环境影响预测评价，噪声防治设施可采取分期实施方案。

6. 加强环境管理

管理工作是环境保护的关键。在我国，由于公路交通环境保护工作开展较晚，环境管理亟待加强。首先，应建立和健全各级环境保护机构，明确职责；其次，应制定相关环境管理法规，明确公路交通建设各环节的环境管理要求与目标，使环境保护工作切实有效。

（二）公路环境保护的内容

公路主要分布在我国城市之间广大田野以及山岭、丘陵地区。对环境的影响集中表现在公路交通沿线两侧地带范围内的各类敏感点，如学校、医院、疗养院、居民点、饮用水源、各类自然保护区、地质不良地段及需要保护的野生动植物、农牧业生态环境等。

公路环境保护由两项基本工作组成：一是分析因修建公路而对环境产生的各种影响及其影响的程度和范围，根据需要采取专门的环境保护措施，积极开展环境保护的有关工作；二是在公路的设计、施工及运营管理过程中，注意突显公路各组成部分的环保功能，使公路在发挥运输功能的同时，对沿线环境的负面影响最小。

1. 环境敏感区的概念

环境敏感区，是指依法设立的各级各类自然、文化保护地，以及对建设项目的某类污染因子或者生态影响因子特别敏感的区域，主要包括：

(1)自然保护区、风景名胜区、世界文化和自然遗产地、饮用水水源保护区。

(2)基本农田保护区、基本草原、森林公园、地质公园、重要湿地、天然林、珍稀濒危野生动植物天然集中分布区、重要水生生物的自然产卵场及索饵场、越冬场和洄游通道、天然渔场、资源性缺水地区、水土流失重点防治区、沙化土地封禁保护区、封闭及半封闭海域、富营养化水域。

(3)以居住、医疗卫生、文化教育、科研、行政办公等为主要功能的区域，文物保护单位，具有特殊历史、文化、科学、民族意义的保护地。

除以上所述地区以外的具有一般环境条件的地区，属于非环境敏感地区。

2. 环境敏感点

环境敏感点是针对具体目标而言的，通常分为声环境、环境空气、生态环境、水环境、社会环境等各类环境敏感点。

(1)声环境敏感点。指学校教室、医院病房、疗养院、城乡居民点和有特殊要求的地方。

(2)环境空气敏感点。指省级以上政府部门批准的自然保护区、风景名胜区、人文遗迹以及学校、医院、疗养院、城乡居民点和有特殊要求的地区。

(3)生态环境敏感点。主要是指各类自然保护区、野生保护动物及栖息地、野生保护植物及生长地、水土流失重点防治区、基本农田保护区、森林公园以及成片林地与草原等。

(4)水环境敏感点。主要是指河流源头、饮用水源、城镇居民集中饮水取水点、瀑布上游、温泉地区、养殖水体等。

(5)社会环境敏感点。主要是指与城市规划的协调，重要的农田水利设施、规模大的拆迁点、文物、遗址保护点等。

(三)公路环境保护的基本措施

1. 规划、设计阶段采取的措施

(1)依法做好公路规划环境影响评价工作，严格公路建设项目准入条件。交通主管部门根据本地区经济社会发展需要，在组织编制公路规划时，应结合生态功能区划、土地利用总体规划及其他相关规划，按照“统筹规划、合理布局、保护生态、有序发展”的原则，从优化交通资源配置，完善网络结构等方面出发，科学合理地确定公路建设布局、规模和技术标准，并按规定程序审批。在组织编制或修编国、省道公路网规划时，应当编制环境影响报告书，对规划实施后可能造成的环境影响进行分析、预测和评估，提出预防或减缓不利环境影响的对策措施。对未进行环境影响评价的公路网规划，规划审批机关不予审批，对未进行环境影响评价的公路网规划所包含的建设项目，交通主管部门不予预审，环保主管部门不予审批其环境影响评价文件。

(2)进行局部路线方案比较时,应考虑环境影响因素,妥善处理好主体工程与环境保护之间的关系。公路工程线长面广,对环境的影响自然不可忽视。路线方案的确定应以保护沿线自然环境、维护生态平衡、防治水土流失、降低环境污染为宗旨,以环境敏感点为主,点、线、面相结合,充分研究工程与环境的相互影响,论证不同公路路线方案给沿线环境带来的不同影响。尽可能从路线方案、指标的运用上合理取舍,而不是过多地依赖环境保护设施来弥补。当公路工程对局部环境造成较大影响时,应进行主体工程方案与采取环保措施间的多方案比选。

(3)高速公路、一级公路、二级公路和有特殊要求的公路工程项目必须依据《公路环境保护设计规范》(JTG B04—2010)进行环境保护设计,其他等级的公路可参照执行。

(4)处理好公路与城镇关系。公路对于城镇具有双重作用,一方面公路服务于城镇,另一方面公路也会干扰城镇,对人们的社会环境产生直接和间接影响。如占地拆迁、交通量增加所致的汽车排放的尾气污染空气环境、噪声超标等。因此,要正确处理好公路与城镇的关系。一般原则如下:

①高等级公路应尽量避免直穿城镇工矿区和居民密集区,必要时可考虑支线联系。布线时,应与城镇规划相结合。

②一般公路,经地方政府同意可以穿过城镇,但要注意在保证线形设计要求的前提下,尽量少占地、少拆迁,设置必要的交通服务设施,以保证行人、行车的安全要求和环保要求。

(5)处理好新线路与旧线路的关系。虽然另辟新线较容易达到高标准的线形,施工干扰较少。但另辟新线会造成二次占地,对路线周边的路域环境进行再一次分割,产生新的环境影响。因此,公路建设应该尽量做到“充分利用老路”。当利用老路的工程量较大且拆迁严重时,则需要和另辟新线对比分析,综合考虑工程造价及对路域环境的影响以确定最优方案。一般可考虑以下做法:

①合理利用老路的几何线形。采用曲线形法,依据控制测量所得的精确基础资料,运用复合曲线技术,使老路更加合理的利用,从而构成流畅多变的以曲线为主的平面线形,同时亦能更好地控制造价。

②对于线形流畅、顺直的路段应充分利用,尽量保证利用半幅老路。

③在受房屋、河流和其他地形地物限制的路段,主线尽量在不受限制或限制较小的一侧加宽。

④在进行纵断面设计时,在保证路面结构厚度及加固厚度的前提下,尽量控制老路面以上的填土高度,避免破坏老路因运营多年而形成的硬壳层。

⑤对利用老路困难的路段,在满足安全运营的前提下,对圆曲线最小半径、圆曲线和缓和曲线最小长度、最大纵坡、最小坡长、最大坡长、竖曲线最小半径、竖曲线最小长度中的部分指标采用降低一级设计车速时的技术指标。

(6)进行线形设计时,应与地形、自然环境相协调。高等级公路设计应采用与自然地形相协调的几何线形,使之顺适自然,与周围景观有机融为一体。对以平、纵、横为主体的公路线形,应采用匀顺的曲线和低缓的纵坡吻合周围地形景观,组成协调流畅的线形及优美的三维空间。

(7)在公路横断面几何构造物上采取的措施。高等级公路在几何构造上应结合自然地形、调整平面纵断面线形,选择适当的横断面。在横断面的路基设计上应充分听取地质勘察人员的设计意见,在保护好地下水的原则下,确定公路横断面尺寸,以保护自然生态环境不被破坏。

2. 在管理和运营上采取的措施

(1)对公路环境的管理。在公路环境管理上,从环境决策、环境规划、环境立法、环境监督和环境管理体制等方面采取相应措施，使公路环境保护有法可依，有管理体制，有健全的机构，有科学的规划，有科学的决策。

(2)对机动车辆排放的废气采取控制和改进措施。合理利用沿线土地，建立缓冲建筑物，把废气污染严重地区的机关、事业单位，以及居民迁移到合适地区；改善公路环境，采取在高等级公路两侧设置设施带、绿化带等办法建立缓冲区域；改进机动车发动机结构，削减废气排放量，加强交通管理系统，控制好交通流量。

(3)采取减少振动的措施。一方面从振动源和传播路线上采取措施；另一方面对受振动物体采取防护措施，如修筑防振沟、墙，改善路面、改良地基等。

(4)采取措施减少噪声。通过改进机动车结构、改进车辆运行状况的办法对噪声源进行控制；通过控制交通量，调整公路网，诱导交通流，采取合理的物资流通对策，对交通流进行控制；通过在公路两侧设置隔音墙、绿化带、改进路面结构的办法对公路结构进行改进；通过对噪声超限的学校、医院、居民区等设置防噪声屏障、防声沟，控制高等级公路沿线开发中与环境保护相冲突的各类设施。

能力训练

分析图1-8中道路所经地区的环境敏感点。

图1-8　能力训练图

巩固练习

1. 什么是公路环境？公路环境中存在哪些问题？
2. 公路交通有哪些生态学效应？
3. 公路环境保护应遵循的原则和主要内容是什么？
4. 什么是环境敏感区？环境敏感点有哪些？
5. 公路环境保护的基本措施有哪些？

项目2 公路生态环境的保护

1. 能够根据公路所经地区的环境特点分析公路建设对生态环境产生的影响；
2. 掌握公路建设各阶段生态环境的保护措施；
3. 能够针对公路所经地区的环境特点提出对沿线植被的保护措施；
4. 能够针对公路所经地区的环境特点提出对沿线动物的保护措施；
5. 能够针对公路所经地区的环境特点提出如何防治水土流失；
6. 能够针对不同阶段的泥石流采取合适的措施；
7. 能够准确描述在公路施工阶段如何保护施工区的生态环境。

公路是长距离带状人工构造物，它改变了所经区域的生态环境特征。公路建设与运营过程中会在沿线一定范围内引发山体崩塌、滑坡、泥石流等地质灾害，造成坡面土壤侵蚀、水土流失、地表动植物生态平衡被破坏等环境污染问题。

按照“坚持预防为主，保护优先，防治结合”的公路环境保护方针，在设计中从路线方案的选择上应采用地质生态选线，避开大型不良地质地带，对无法避免的不良地质路段，设置合理的防治措施。适量增加隧道、桥梁设施，避免大填大挖，最大限度地减少公路建设对自然地形、地貌和植被的破坏。在施工中应将对自然环境的扰动、破坏努力控制在最小限度内，充分认识生态环境的脆弱性，采取切实可行的地质灾害防治措施，应用环保技术，做好取、弃土场的环保设计，落实水土保持方案，并对公路建设影响范围内的动植物采取必要的保护措施。

任务一　公路建设对生态环境的影响

一、公路建设对重要生态系统及自然资源的影响

公路交通自身所具有的跨越一切地域或环境要素的特点，使得公路建设不可避免地占用土地，穿过森林，跨越河流、湖泊和穿越各种生态系统，其中会涉及如热带森林、原始森林、湿地、自然保护区和水源区等一些特殊的、敏感的生态目标，有的公路建设要穿越上述各类特殊地区，对这些区域的自然生态系统或自然资源产生不利影响。因此，对于此类生态敏感目标，关键要加强识别，根据道路的生态效应分析其可能受到的影响，并按照生态敏感目标

的具体特点，考虑应采取的保护措施。例如，一条公路必须穿越一片河口湿地，那么用桥梁跨越的生态影响就比填筑路基小得多，因为桥梁能基本保持河口湿地的水文状态，而路基则会使河口封闭和湿地水文状态发生巨变。

（一）对重要生态系统的影响

在地球上，有一些生态系统孕育的生物物种特别丰富，这类生态系统的损失会导致较多的生物物种灭绝或面临灭绝威胁，还有一些生态系统是法律规定的或科学研究确定的需要特别保护的珍稀濒危物种。这些生态系统都是需要作为重点保护的对象。

1. 热带森林

单位面积的热带雨林所赋存的植物和动物物种最多。例如，亚马逊热带雨林中，$1hm^2$雨林就有胸径100m以上的树种87~300种之多。我国的热带森林较少，主要分布在海南和云南西双版纳地区。同世界热带森林一样，我国热带森林也是物种最丰富的地区。目前，这些地区已受到游耕农业、采薪伐木和商业性采伐的威胁，开发建设和农业开垦也是构成威胁的重要因素。如果公路穿过热带森林，则可能通过各种生态效应（阻隔效应、接近效应、小气候效应及污染效应）的综合作用，对热带森林产生危害。

2. 原始森林

我国残存的原始森林已经很少，因而显得格外珍贵。目前，残存的原始森林大多在峡谷深处、峻岭之巅。这些森林不仅是重要的物种保护库，而且是科学研究的基地。原始森林面临的最大威胁是商业性砍伐和人类活动干扰。公路交通通过各种生态效应的综合作用，对原始森林造成危害。如公路交通的建设使许多原先人迹难至的地方通车，就是导致这些森林消失的因素之一。

3. 湿地生态系统

湿地是开放水体与陆地之间过渡带的生态系统，具有特殊的生态结构和功能属性。按照《国际重要湿地特别是水禽栖息地公约》的定义，湿地是指沼泽地、沼原、泥炭地或水域（无论是天然的或人工的、永久的或暂时的，其水体是静止的或流动的，是淡水、半咸水或咸水），还包括落潮时深度不超过6m的海域。这个定义过于广泛而不易把握。美国1956年发布的《39号通告》，将湿地定义为："被间歇的或永久的浅水层所覆盖的低地"，并将湿地分为四大类，即内陆淡水湿地、内陆咸水湿地、海岸淡水湿地和海岸咸水湿地。

湿地是许多种喜水植物的生长地，也是很多水鸟、水禽的栖息地，并且是许多鱼、虾、贝类的产卵地和索饵场。湿地是生产力很高的自然生态系统，也是一些毛皮动物如海狸、鼠、貉、水貂和水獭的生息之地。湿地有多种生态环境功能，如储蓄水资源、改善地区小气候、消纳废物、净化水质等。

湿地生态环境中目前研究较多且受到高度重视的是红树林湿地。红树林的生态功能包括防风防潮、保护海岸免遭侵蚀，提供木材和化工原料，为许多鱼、虾、贝类提供繁殖、育肥基地。如美国佛罗里达州，80%有商业价值或娱乐价值的海生生物，在它们生命周期的某个阶段要依靠红树林生态系统。此外，红树林还提供旅游等商业机会。

目前，对湿地的生态特点和环境功能尚未进行充分研究，因而对湿地的开发利用需要特别谨慎。一般而言，大多数湿地的直接使用价值远低于其间接价值，因而往往有"废地"的错误判断。在马来半岛，由于人们对沼泽的重要性，特别是对沼泽作为该地区淡水资源的重要性认识不足，使许多沼泽被疏干开辟为稻田，结果却因淡水缺乏而影响该地区的农业生产。

公路交通通过各种生态效应(主要是接近效应、小气候效应及污染效应)的综合作用,对湿地生态系统造成影响。如果对湿地生态系统的重视程度不够,公路以路基形式通过湿地,公路占用、阻隔湿地,则会严重影响湿地生态系统。

4. 自然保护区

自然保护区是国家或地方政府根据某一地域的重要价值及其在国内外的影响划定的必须保护的区域,是重要的自然生态系统。在我国,自然保护区分为国家级自然保护区和地方级自然保护区两级。自然保护区内部一般分为核心区、缓冲区和实验区三部分。核心区是保护区的精华所在,是保护对象最集中、特点最明显的地段,需要严格保护,属于绝对保护区。缓冲区是为保护核心区而设置的缓冲地带,在核心区外围,一般只允许进行科研观测活动。实验区在缓冲区的外围,可以在不破坏生态环境与自然资源的前提下,进行科研、教学实习和生态旅游与优势动植物资源的开发工作。

自然保护区的保护对象包括以下几个方面:

(1)典型的自然地理区域、有代表性的自然生态系统区域以及已经遭受破坏但经保护能够恢复的自然生态系统区域。

(2)珍稀、濒危野生动植物物种的天然集中分布区域。

(3)具有特殊保护价值的海域、海岸、湿地、内陆水域、森林、草原和荒漠。

(4)具有重大科学文化价值的地质构造、著名溶洞、化石分布区及冰川、火山、温泉等自然遗迹。

(5)需要予以特殊保护的其他自然区域。

我国颁布的《自然保护区条例》(以下简称《条例》)明确规定:“禁止在自然保护区内进行砍伐、放牧、狩猎、采药、开垦、烧荒、开矿、采石、挖沙等活动,但是,法律、行政法规另有规定的除外。”《条例》还规定:“在自然保护区的核心区和缓冲区内,不得建设任何生产设施。在自然保护区的实验区内不得建设污染环境、破坏资源或者景观的生产设施;建设其他项目,其污染物排放不得超过国家和地方规定的污染物排放标准。”

公路交通对自然保护区的影响,除各种生态效应外,在野生动物保护区内,野生动物穿越公路时发生交通事故引起的伤亡也是主要影响之一。

(二)重要自然资源的影响

1. 土地资源

土地是最基本的资源,是不可替代的生产要素。土地是矿物质的储存所,它能生长草木和粮食,也是野生动物和家畜等的栖息所,是重要的生命保障系统。因此,土地资源的合理利用与保护就成了各种资源保护的中心。土地资源是指土地总量中,现在和可预见的将来,能为人们所利用,在一定的条件下能够产生经济价值的土地。土地资源是农业的基本生产资料,是人类生产和生活活动的场所。

公路建设对土地资源的占用已是不争的事实。但任何发展活动都必然伴随着负面的效应,这是客观存在的规律。公路多修建在平坦的土地上,因为平坦的土地有利于公路的建设,但这些平坦的土地大部分又同时是优质的农用土地。公路建设与耕地的矛盾一直是我国可持续发展过程中的一道难题。

公路建设对土地资源的影响主要有以下几个方面。

(1)公路永久性占地面积大,占地会加速本已不多的耕地资源的减少,加剧对剩余耕地的压力。

(2)施工期临时用地,包括施工便道、拌和场、施工占地、预制场等。因施工作业土地的农业功能暂时受到限制,所以一般要求在公路施工完成后,对临时占地复土还耕。

(3)公路的开通所具有的城镇化效应,常使公路两侧的大片优质农田改作他用,这是公路建设对土地资源的间接影响。

(4)公路交通环境污染效应可使公路两侧的农田土壤质量下降,可能使农作物污染物含量超标,从而间接地使土地资源减少。

2. 水资源及其潜在影响

公路建设对水资源的影响包括对地表水的影响和地下水的影响。

(1)对地表水的影响

公路工程会改变地表径流的自然状态。公路的阻隔作用使地表径流汇水流域发生改变,加快水流速度,导致土壤侵蚀加剧以及下游河段淤塞,甚至会导致洪水的发生。这是公路设计中需要统筹考虑的问题之一。此外,路面会降低土壤的可渗透性,从而增加该地区地表径流量,产生上述类似的环境影响。

公路工程建设对地表水体的水文条件也会产生影响。弃渣侵占河道、沿河而建的公路或跨越河流湖泊的公路桥梁都会影响河流的过水断面、流量和流速等。冲刷动能增大,是造成河岸侵蚀和发生洪水的因素之一。有些公路建设项目还可能使河流改道,池塘、湖泊、水库被毁,对地表水资源、水环境产生危害。这种影响一般在公路建成后 2 ~ 3 年内不会明显被觉察到。

(2)对地下水的影响

挖方路基破坏地表植被,使得土地可蚀性增加,导致水土流失,甚至滑坡等产生,进而破坏生态平衡,破坏景观。在填方路段,路基会使地下水上游水位抬高,下游水位降低,最终导致上述类似的结果。公路隧道的渗水有时也会产生上述类似的后果,这种现象及其后果在我国的公路建设中已不少见。

(3)对水质的影响

公路建设对水质的影响包括生活污水、路面径流对河流湖泊水质的污染以及施工阶段的水土流失导致的河流湖泊水质浑浊、悬浮物浓度增高等,特别是在水源地路段这种影响会更加严重。

二、公路建设对动植物的影响

公路交通对野生动植物的影响包括以下几个方面。

(一)阻隔作用

对地面的动物来讲,公路是一道屏障,起着分离与阻隔作用,使动物活动范围受到限制,使生态环境岛屿化,生存在其中的生物将变得脆弱,并有可能发生种内分化。因此,公路阻隔效应对动物的潜在影响是巨大的。

(二)接近效应

公路交通使许多原先人类难以到达或难以进入的地区变得可达或易于进入,这对野生动植物构成巨大威胁。

（三）生态环境破坏

(1)公路建设过程中产生大量的水土流失，这些流失的土壤将在下游的地表水体（如河流、湖泊）中沉积，沉积物将覆盖水生生物的产卵和繁殖场所。

(2)因公路建设而使河流改道或水文条件发生变化，使生物的生存环境变化，有可能导致一些生物的消失。

(3)公路施工中大量的弃渣对生长在公路两侧的动植物的活动场所产生影响。

（四）污染作用

公路交通排放的废气、交通噪声、振动和路面径流污染物等对动植物生存环境的污染，降低了动植物的生存环境质量（即污染效应）。

（五）交通事故

野生动物穿越公路时因与快速行驶的车辆相撞引起伤亡。

（六）对地表植物的直接破坏作用

(1)公路工程永久性征用土地，使公路沿线的地表植被遭受损失或损坏。

(2)施工期临时用地，包括施工便道、拌和场、施工营地和预制场等，因施工作业的影响，地表植被遭受损失。

(3)取、弃土石方作业，使原有地表植被遭到破坏。

(4)施工期由于筑路材料运输、机械碾压及施工人员践踏，在施工作业区周围土地的部分植被被破坏。

三、公路建设对沿线地质、土质的影响

公路建设与营运过程中，对沿线一定范围内的地质、土质会产生不同程度的影响。

(1)路基开挖或堆填会改变局部地貌。在地质构造脆弱地带易引起崩塌、滑坡等地质灾害，在石灰岩地区易引起岩溶塌陷，在高寒山区易引起雪崩等灾害。

(2)开挖路基有时会影响河流的稳定性。例如大量弃土倾入河谷、河道，使河床变窄，易引发山洪、泥石流等灾害。

(3)公路建设占用大量土地，尤其是高速公路工程量大、施工期长，其施工场地、运输便道、生活设施等用地面积更大。路面对植被造成长期破坏，路基两侧对植被也造成一定影响，在生态系统脆弱的地区，植被破坏会加剧荒漠化或水土流失。

山区公路建设与营运中易发生崩塌、滑坡、泥石流等地质灾害，往往会造成严重的生态破坏与居民生命财产的巨大损失。这些地质灾害的产生，不仅与自然条件有关，而且与人为因素有关。因而，在丘陵山区、黄土高原、岩溶高原等地表起伏较大地区修建公路时，应采取多种措施，避免或减少地质灾害对公路交通的影响以及对沿线生态环境的破坏。

地质灾害通常指由于地质作用引起的人民生命财产损失的灾害。地质灾害可划分为30多种类型。由降雨、融雪、地震等因素诱发的称为自然地质灾害，由工程开挖、堆载、爆破、弃土等引发的称为人为地质灾害。根据2004年国务院颁发的《地质灾害防治条例》规定，常见的地质灾害主要指危害人民生命和财产安全的崩塌、滑坡、泥石流、地面塌陷、地裂缝、地面

沉降六种与地质作用有关的灾害。

(一)崩塌、滑坡

1. 崩塌

(1)崩塌的危害与主要类型

在比较陡峻的斜坡上,大块岩体或碎屑在重力作用下突然落下,并在坡脚形成倒石堆(又称岩屑堆)的现象称为崩塌。倒石堆是一种倾卸式的急剧堆积,一般是松散、杂乱、多孔隙、大小混杂且无层理。崩塌的运动速度很快,崩塌的体积可由小于1m³到数亿立方米。大规模的崩塌能摧毁铁路、公路、隧道、桥梁,破坏工厂、矿山、城镇、村庄和农田,甚至危及人民的生命安全,造成巨大灾害,在工程建设中被视为"山区病害"之一。甬台温高速公路乐清段山体崩塌见图2-1。

图2-1 甬台温高速公路乐清段山体崩塌

崩塌有下列主要类型:

①落石。指悬崖陡坡上块石崩落。一般规模不大,可分为散落、坠落、翻落三种形式。

②山崩。指发生在山区规模巨大的崩塌。例如,由于地震影响,陕西秦岭中的翠华山曾发生山崩,产生的巨大角砾(粒径可超过50cm)遍布山坡,形成"砾海"。巨大的崩积体(倒石堆)堵塞山谷,积水成湖,形成景色优美的翠华山天池。

③塌岸。指发生在河岸、湖岸、海岸的崩塌。

④塌陷。指由地下溶洞、潜蚀穴或采空区所引起的崩塌。

(2)崩塌易发地段的评价

①地貌条件。地貌是引起崩塌的基本因素。一定的坡度和高差是崩塌发生的基本条件。据调查,由坚硬岩石组成的斜坡,坡度大于50°或60°、高差大于50m时,才可能发生崩塌。由松散物质组成的坡地,当坡度超过它的休止角时可能出现崩塌,一般坡度大于45°、高差大于25m时可能出现小型崩塌,高差大于45m时可能出现大型崩塌。黄土地区,坡度在50°以上才可能发生崩塌。高山峡谷、悬崖陡岸多数是崩塌易发地段。

②地质条件。岩性与地质构造也是崩塌发生的重要条件。结构致密又无裂隙的完整基岩,即使在坡度很陡的情况下也不发生崩塌。反之,结构疏松、破碎的岩石易发生崩塌。当坚硬岩层与松软岩层成互层出现时,由于差异风化,使坚硬岩层突出,临空面增大,易引起崩塌。大量节理或断层存在,会加速岩石的风化解体过程,是崩塌发生的重要条件。岩层构造(包括断层面、节理面、层面、片理面等)及其组合方式是发生崩塌的又一个重要条件。当岩层层面或解理面的倾向与坡向一致、倾角较大又有临空面的情况下,沿构造面最容易发生崩塌。就区域新构造运动特点而言,构造运动比较强烈、地层挤压破碎、地震频繁的地区,是崩塌的多发区。

③气候条件。强烈的物理风化是崩塌发生的基础性条件。由于干旱、半干旱地区温差大,高寒山区冻融过程强烈,因此在这些地区岩石风化强烈,悬崖陡坡最易出现崩塌。暴雨、连日阴雨及冰雪融化等往往是崩塌的触发因素,岩体和土体中水分的大量渗入,大大增加了负荷,同时还影响岩体内部结构,导致崩塌发生。另外,暴雨、连日阴雨还易引起

洪水,导致大范围塌岸,造成严重灾害。山区公路往往沿河岸路段较长,塌岸对公路交通威胁很大。

④人为因素。公路建设或改造中,因过分开挖山体边坡,或在坡脚大量采石取土,使坡脚支持力减弱而引起崩塌。另外,在岩体较破碎地带,大爆破也会引起崩塌。

在公路设计、建设与营运过程中,要根据上述条件,综合分析,确定崩塌易发地段和时段,采取相应的防治措施,以保证施工与营运安全,保护生态环境。

2. 滑坡

(1)滑坡及其危害

滑坡是山区公路建设中经常遇到的一种地质灾害。坡面上大量土体、岩体或其他碎屑堆积,在重力和水的作用下,沿一定的滑动面整体下滑的现象称为滑坡。滑坡一般由三大部分组成,即滑坡壁、滑动面和滑坡体。大型滑坡体的结构比较复杂,其前端为滑坡舌和滑坡鼓丘。滑坡体上有滑坡阶地、滑坡洼地、滑坡湖、滑坡裂缝等。图2-2所示为赣定高速公路龙回段山体滑坡。

图2-2　赣定高速公路龙回段山体滑坡

滑坡的规模不同,其危害程度也不同,大型滑坡的危害是相当严重的。如1955年8月18日,陇海铁路宝鸡附近发生的卧龙寺大滑坡,把铁路向南推出110m。该滑坡南北长645m,滑坡体最大厚度为88.6m,滑坡体体积约2 000万m^3,滑动面积为33万m^2,迫使陇海铁路在这里改线。又如1983年3月7日,甘肃省东乡县洒勒山南坡,在第四纪黄土与下伏第三纪红土层中发生的大型滑坡,南北长1 600m,东西宽约800m,滑坡体达5 000多万立方米,滑坡影响面积为150万m^2,滑坡快速滑动仅2min,滑动距离达800~1 000m,最大速度为46.1m/s,因而破坏性极大。该滑坡使公路毁坏,河道堵塞,水库淤积,附近4个生产队71户被掩埋,220人死亡,200多公顷农田被毁。

(2)滑坡易发地段的评价

①地质条件。滑坡主要出现在松散沉积层。松散沉积物,尤其是黏土及黄土浸水后,黏聚力骤降,大大增加其可滑性。基岩区的滑坡常和页岩、黏土岩、泥灰岩、板岩、千枚岩、片岩等软弱岩层有关。当组成斜坡的岩石性质不一,特别是上覆松散堆积层,下伏坚硬岩石时,易产生滑坡。

滑坡的滑动面多数是构造软弱面,如层面、断层面、断层破碎带、解理面、不整合面等。另外,岩层的倾向与斜坡坡向一致时,也有助于滑坡发育。

②地貌条件。就地貌特征而言,一般坡度不大,起伏平缓,而且植被覆盖较好的山坡,比较稳定,不易发生滑坡。高陡的山坡或陡崖,使斜坡上部的软弱面形成临空状态,上部土体或岩体处于不稳定状态,容易产生滑坡。据观测,基岩沿软弱结构面滑动时,要求坡度为30°~40°;松散堆积层沿层面滑动时,要求坡度在20°以上。此外,河水侵蚀强烈的凹岸陡坎是滑坡易发地段。在黄土地区的河谷两岸,往往会出现巨大的滑坡带。

③降水和地下水条件。降水和冰雪融水往往是滑坡的触发条件。大多数滑坡发生在降雨时期,一般是大雨大滑,小雨小滑,无雨不滑。地下水也是促使滑坡发生的重要原因,绝大多数滑坡都是沿饱含地下水的岩体软弱面产生的。

④地震。地震是滑坡重要的触发条件。

⑤人为因素。人为因素对滑坡的影响主要表现在以下四个方面：

a. 开挖坡脚，破坏了自然斜坡的稳定状态。

b. 在坡顶上堆积弃土、盖房，加大了坡顶荷载。

c. 不适当的大爆破施工。

d. 排水不当等。

（二）泥石流

1. 泥石流的危害与类型

泥石流是一种含有大量泥沙、石块等固体物质，突然爆发，历时短暂，来势凶猛，具有强大破坏力的洪流。泥石流爆发时，山谷雷鸣，地面振动，几十万甚至几百万立方米的沙石混杂着水体，依仗陡峻的山势，沿着峡谷深涧，前推后拥，猛冲下来。它掩埋村庄，摧毁城镇，破坏交通和一切建筑物，往往造成巨大的灾害。泥石流之所以危害巨大，主要是它的剥蚀、搬运和沉积作用极为强烈，对地表改变很大。泥石流可以搬运大量的粗碎屑和巨砾，并以高速运动，带着强大的能量，对沟道产生强烈的下切和侧蚀。泥石流冲出峡谷后，在较开阔地面沉积下来，形成巨大的锥形或扇形堆积体。典型泥石流示意图见图2-3。

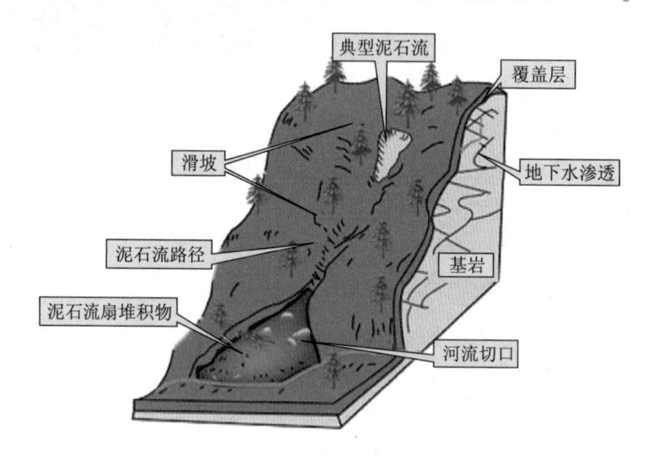

图2-3 典型泥石流示意图

泥石流主要有两类：一是黏性泥石流，指固体物质总量占40%以上的泥石流；二是稀性泥石流，指固体物质总量占40%以下的泥石流。

2. 泥石流易发地区的评价

泥石流的发生取决于三个条件：一是要有丰富的固体碎屑；二是要有大量水体，水既是泥石流的组成部分，又是重要的动力条件；三是要有适宜的地貌条件。所以，典型的泥石流流域可分为三个区：上游形成区，是一个三面环山，一面出口的盆地，是组成泥石流固体碎屑和水源的主要汇集区；中游流通区，它是泥石流外泄的通道，地形上为比降较大的深切沟谷；下游堆积区，是泥石流物质的停积地区。

总之，构造变动复杂或新构造运动强烈，而且岩性脆弱的地区，一般是泥石流的易发区。形成泥石流的水源主要来自暴雨或冰雪融水。暴雨中心往往是泥石流的分布区，暴雨量越大，泥石流规模也越大。另外，人为因素对泥石流的影响不可低估，如采矿废渣和修路废弃土石方不合理大量堆积，森林植被严重破坏，工程建筑物不合理布局等，都有可能为泥石流的发生提供条件。

（三）水土流失

我国是世界上水土流失较为严重的国家之一。20 世纪 80 年代末期，遥感调查显示，全国轻度以上水力侵蚀面积 179 万 km^2，轻度以上风力侵蚀面积 188 万 km^2。公布水土流失面积达 367 万 km^2，占国土总面积的 38% 以上。

水土流失在我国也称为土壤侵蚀，是地球陆面上的土壤、成土母质和岩屑，受水力、风力、冻融、重力等外营力作用，发生磨损、结构破坏、分散、移动和沉积等的过程与后果。

1. 土壤侵蚀及其危害

（1）土壤侵蚀类型

根据侵蚀营力，可将土壤侵蚀分为水力侵蚀（水蚀）、风力侵蚀（风蚀）、重力侵蚀和泥石流等类型。

按照侵蚀方式，水力侵蚀又可分为：面蚀，包括溅蚀、片蚀、细沟状面蚀等；沟蚀，是最重要的侵蚀方式，可形成浅沟、切沟、冲沟及河沟等（它们是沟谷发育的不同阶段）；潜蚀等。

考虑人类的影响，还可将土壤侵蚀分为自然侵蚀与加速侵蚀。自然侵蚀是由自然因素引起的不断进行土壤更新作用，即因侵蚀而消失的表土层同时由风化产生的新土层所补偿，消失和补偿基本维持平衡，因而土壤侵蚀速度缓慢，一般危害不大，故又将此称为正常侵蚀。加速侵蚀，是由人类活动引起的，可使正常侵蚀条件下需千百年才能损失的表土，在极短时间内流失殆尽，其危害严重。在我国，现代侵蚀就是加速侵蚀。

（2）土壤侵蚀的危害

①破坏土地资源。一方面，土壤侵蚀可使土壤中的有机物质和无机养分大量流失，导致土壤肥力降低，质量变差，土地生产力下降。另一方面，土壤侵蚀使大量耕地遭到蚕食，可利用土地面积减小。

②淤积水库河道，加剧洪水灾害。土壤侵蚀所产生的大量泥沙淤积水库、渠道、河流，是破坏水利设施，加剧洪水灾害的根源之一。

黄土高原是世界上水土流失最严重的地区之一。黄河是世界上泥沙含量最高的河流之一。水土流失不仅使黄土高原地区的生态环境遭到严重破坏，而且对黄河下游地区构成巨大威胁。目前，黄河下游河床因泥沙淤积每年升高 10～20cm，下游大堤不得不逐年加高，已形成“越险越加高，越加高越险”的恶性循环，决堤的威胁有逐年加重的趋势。黄河之所以难治，关键在泥沙，“泥沙不治，河无宁日”。水土流失致使河床淤积如图 2-4 所示。

泥沙的长期淤积，已使洞庭湖基本丧失了调节长江水量的功能，导致长江中下游地区洪水灾害加重。

③生态环境恶化。由于人类不合理的经济活动加剧了土壤侵蚀，出现了“越垦越穷，越穷越垦”的恶性循环。水土流失严重地区，生态环境恶化，自然灾害增多，直接影响着区域社会经济的发展。目前，全国多数贫困地区位于水土流失和荒漠化严重地区。水土流失造成生态环境恶化如图 2-5 所示。

图 2-4　水土流失致使河床淤积

图 2-5　水土流失造成生态环境恶化

2. 影响土壤侵蚀的因素

土壤侵蚀是多种因素综合作用的产物。影响土壤侵蚀的因素可分为自然因素和人为因素两大类。

(1)自然因素

自然因素主要包括地质、地貌、气候、植被等。

①地质。一般情况下,新构造运动活跃,地表物质较疏松的地区,水蚀、风蚀、重力侵蚀等均较强烈。例如黄土高原地区,地表广覆厚层黄土。由于黄土是一种未被充分胶结的黏土粉砂岩,其结构疏松,垂直节理发育,因此,极易遭受侵蚀。

②地貌。地貌是土壤侵蚀产生的空间条件,其中坡度和坡长对土壤侵蚀的影响最大。有关研究表明,在黄土地区,坡度在 0° ~25°(或 28°)之间,土壤侵蚀量随坡度的变大而增大;当坡度超过 25°(或 28°)时,土壤侵蚀量反而减小。坡长对土壤侵蚀的影响比较复杂,在一些条件下,土壤侵蚀量随坡长的增加而增加。

③气候。气候条件是土壤侵蚀的主要外动力条件。降雨,特别是暴雨对土壤侵蚀影响很大。一些地区,一年或几年中,少数几次暴雨所产生的侵蚀量,往往占总侵蚀量的主要部分。1956 年 8 月 8 日,绥德县韭园沟一带,150min 降雨 49.3mm,当时一试验区内的侵蚀量占当年总侵蚀量的 81.2%。另外,暴雨还是崩塌、滑坡、泥石流等地质灾害的触发因素。风蚀主要发生在多风季节,是导致沙质荒漠化的主要原因之一。

④植被。植被有保护地面免受雨滴直接打击,削减地表径流,减缓流速,提高土壤抗蚀力和改良生态环境等综合作用。所以,植被永远是防治水土流失的积极因素。植被覆盖率越大,保持水土的功能就越显著。在黄土高原地区,灌丛的防蚀效果最好,草地次之,然后是林地。土壤侵蚀往往从地表植被破坏开始。

(2)人为因素

人类活动对土壤侵蚀的影响具有两面性。一方面,人类不合理地利用土地资源,特别是掠夺式利用土地资源,超过了其承载能力,破坏了自然生态平衡,使侵蚀过程由自然侵蚀逐渐成为强烈的加速侵蚀。另一方面,人类合理利用和保护土地资源,使土壤侵蚀速度减慢,即通过人为努力防治土壤侵蚀。近几十年来,加速侵蚀日益强烈的主要原因如下:

①陡坡耕种面积扩大。这在短期内很难大幅度减小。

②林地面积减小。2014 年统计数据显示,我国的森林覆盖率为 21.63%,远低于世界 31% 的平均水平,人均森林面积仅为世界的 1/4。

③过度放牧与滥伐。

④工矿、交通、水利和基本农用建设等工程,不注重水土保持措施。

近年来,一些重点水土流失区,边治理边破坏的现象严重,有的地区破坏的速度甚至大于治理的速度。所以,减少人为破坏和加强水土保持,任重而道远。

3. 公路建设水土流失与水土保持的概念

公路建设水土流失,是在区域自然地理因素即水土流失类型区的支配和制约下,由于各种自然因素，包括气候、地质、地形地貌、土壤植被等的潜在影响，通过人为生产建设活动的诱发、引发、触发作用而产生的一种特殊的水土流失类型。它既具有水土流失的共性，也具有自身的特性。

因为公路建设是线性项目，对地面的扰动特点表现为多种多样，因此施工过程中对水资源和土地资源的破坏是多方面的。公路施工过程中要开挖山体、削坡、修隧道、架桥，高处要削低，低地要填高，因此对土地资源的破坏不仅仅是表层土壤，往往破坏至深层土壤，深者可达几十米。水土流失形式表现为岩石、土壤、固体废弃物的混合搬运。从这一点看，公路建设水土保持和其他一般性的人为水土流失是有区别的。公路建设水土流失应根据其自身的特点确定水土流失防治范围。

水土保持（Water and Soil Conservation）是防治水土流失，保持、改良与合理利用山区、丘陵区和风沙区水土资源，维护和提高土地生产力，以利于充分发挥水土资源的经济效益和社会效益，建立良好生态环境的综合性科学技术。

公路建设水土保持，是在公路施工过程中公路主体工程、取弃土场、临时工程等范围内，预防和治理水土流失的综合性技术。公路建设工程量大，引起的水土流失也较为严重。这不仅影响公路自身的安全运行和周边环境、沿线城镇、村庄、农田及公共设施，而且影响水土资源和生态环境。公路建设水土保持，主要是在工程措施和生物措施等方面把水土保持和公路建设充分考虑进来，处理好局部治理和全线治理、单项治理措施和综合治理措施的关系，相互协调，使施工及营运过程中造成的水土流失减小到最低程度，从而保证工程建设的顺利进行，促进项目区的社会、经济和环境协调统一发展。它涉及公路防护工程、绿化工程、土地复垦、排水工程、固沙工程等多种水土保持技术，是一门与土壤、地质、生态、环保、土地复垦等多学科密切相关的交叉学科。因此，公路建设水土保持总体上看是环境恢复和整治问题，它属于公路建设与区域环境保护和水土保持的交叉范畴。

4. 公路建设水土流失特点

（1）破坏公路用地范围内的地表植被，产生新的裸露坡面，诱发新增的水土流失量。公路建设是一条线，公路建设对地面扰动、破坏类型多。公路建设中修建路基工程将对公路征地范围内的原地面进行填筑或挖方，造成地表的植被破坏，使土壤表层裸露，原地表坡度、坡长改变，从而使它的抗蚀能力降低，诱发新的水土流失。

（2）取土、弃土、弃渣产生的水土流失。工程建设过程中所产生的大量取土或弃土、弃渣，尤其是弃土、弃渣，由于受地形及运输条件的限制，可能被就近倾倒于沟谷、河坎岸坡上。这些松散的岩土，孔隙大、结构疏松，若不采取有效的防治措施，就会导致新的水土流失及生态环境的恶化，并可能影响高速公路的安全运营。

（3）临时占地及土石渣料的水土流失。在公路施工过程中，施工区内的临时施工便道以及土石渣料，缺少必要的水土保持措施，一遇暴雨或大风将不可避免地产生水土流失。

5. 公路建设与水土保持方案

（1）公路建设必须重视水土保持

水土保持是用农、林、牧、水利等工程措施防治水土流失，保护水土，充分利用水土资源的统称。《中华人民共和国水土保持法》规定："一切单位和个人都有保护水土资源、防治水土流失的义务，并有权对破坏水土资源、造成水土流失的单位和个人进行检举。""修建铁路、公路和水工程，应当尽量减少破坏植被；废弃的砂、石、土必须运至规定的专门存放地堆放，不得向江河、湖泊、水库和专门存放地以外的沟渠倾倒；在铁路、公路两侧地界以内的山坡地，必须修建护坡或者采取其他土地整治措施；工程竣工后，取土场、开挖面和废弃的砂、石、土存放地的裸露土地，必须植树种草，防止水土流失。”“在崩塌、滑坡危险区和泥石流易发区禁止取土、挖砂、采石。”“企业事业单位在建设和生产过程中必须采取水土保持措施，对造成的水土流失负责治理。”

公路建设必须依法防治水土流失，搞好公路沿线的水土保持工作。

（2）公路建设的水土保持方案

①法律依据。《中华人民共和国水土保持法》规定：“在山区、丘陵区、风沙区修建铁路、公路、水工程……在建设项目环境影响报告书中，必须有水行政主管部门同意的水土保持方案。”“建设项目中的水土保持设施，必须与主体工程同时设计、同时施工、同时投产使用。建设工程竣工验收时，应当同时验收水土保持设施，并有水行政主管部门参加。”

国务院和有关部委还发布了一些文件，进一步对水土保持方案的编制内容、审批、管理等作了具体规定。

②水土保持方案防治范围。合理划定公路建设项目水土保持方案的防治范围，对保证公路建设的安全施工，公路的安全营运和保护沿线生态环境均具有重要意义。方案的防治范围可划分为施工区、影响区和预防保护区。

a. 施工区。指公路主体工程及配套设施工程占地涉及的范围。包括工程基建开挖区、采石取土开挖区、工程扰动的地表及堆积弃土石渣的场地等。该区是引起人为水土流失及风蚀沙质荒漠化的主要物质源地。

b. 影响区。指公路施工直接影响和可能造成损坏或灾害的地区。包括地表松散物、沟坡及弃土石渣在暴雨径流、洪水、风力作用下可能危及的范围，可能导致崩塌、滑坡、泥石流等灾害的地段。

c. 预防保护区。指公路影响区以外，可能对施工或公路营运构成严重威胁的主要分布区。如威胁公路的流动沙丘、危险河段等的所在地。

③水土保持方案的主要内容。

a. 水土保持方案防治目标。

a）人为新增水土流失得到基本控制。除工程占地、生活区占地外，土地复垦及恢复植被面积必须占破坏地表面积的90%以上。采用各类设施阻拦的弃土石渣量要占弃土石渣总量的80%以上。

b）原有地面水土流失应得到有效治理。使防治范围的植被覆盖率达40%以上，治理程度达50%以上，原有水土流失量减少60%以上。

c）公路施工和营运安全应得到保证。

d）方案实施为沿线地区实现可持续发展创造有利条件。

b. 水土保持方案的防治重点及对策。防治人为新增水土流失及土地沙质荒漠化为方案的防治重点。总的防治对策为：控制影响公路施工与营运的洪水、风口动力源；固定施工区的物质源，实现新增水土流失和自然水土流失二者兼治。

a）公路施工区为重点设防、重点监督区。工程基建开挖和采石取土场开挖，应尽量减少破坏植被。不得将废弃土石渣向河道、水库、行洪滩地或农田倾倒，应选择适宜地方作为固定弃渣场，并布设拦渣、护渣及导流设施。对崩塌、滑坡多发区的高陡边坡，要采取削坡开级、砌护、导流等措施进行边坡治理。施工中被破坏、扰动的地面，应逐步恢复植被或复垦。在公路沿线还应布设必要的绿化，起到美化和生物防护功能。

b)直接影响区为重点治理区。在公路沿线，根据需要布设护路、护河(湖)、护田、护村(镇)等工程措施，还应造林种草，修建梯地、坝地。达到保护土地资源，减少水土流失，提高防洪、防风沙能力，减少向大江大河输送泥沙的目的。

c)预防保护区以控制原来地面水土流失及风蚀沙化为主，开展综合治理(图2-6)。

能力训练

某地区拟建一条一级公路，请根据图2-7分析该公路在途经此地区时可能对生态环境产生的影响。

图2-6　防治水土流失

图2-7　能力训练图

巩固练习

1. 公路建设对重要生态系统和重要自然资源有哪些影响？
2. 公路建设对土地资源的影响主要有几个方面？
3. 公路建设对水资源的影响有哪些？
4. 公路交通对野生动植物的影响包括几个方面？
5. 公路建设与营运过程中，对沿线地质、土质会产生哪些影响？
6. 怎样评价泥石流易发地区？
7. 公路建设水土流失的特点有哪些？

任务二　公路生态环境的保护

一、公路规划设计阶段的生态保护

(一)防治地表植物被破坏的措施

(1)在选线、定线以及局部路线方案比较时应考虑环境影响因素。由于公路等级的提高，特别是高速公路路幅较宽，平、纵线形标准较高，开挖路基土石方工程量较大，如果线路过于靠近山体，容易破坏山体稳定，造成山坡土石松动，地面、地下水系统紊乱，导致山体滑坡，水土流失，破坏农田、森林植被，使自然生态失衡。因此，应通过不同方案比较，作出对环境影响的评价，选出经济效益和环境效益均较好的方案。

（2）处理好新线路与旧线路的关系。在生态环境相对脆弱的地区，应尽量利用老路，避免对地表植物的再次破坏。

（3）在进行线形设计时，应与地形、自然环境相协调。高等级公路设计应采用与自然地形相协调的几何线形，使之顺适自然，与周围景观有机融为一体。对以平、纵、横为主体的公路线形，应采用匀顺的曲线和低缓的纵坡吻合周围地形景观，组成协调流畅的线形及优美的三维空间。

（4）在公路横断面几何构造物上采取的措施。高等级公路在几何构造上采取措施保护环境应结合自然地形调整平面纵断线形，选择适当的横断面。在横断面的路基设计上，应充分听取地质勘察人员的设计意见，沿线也要在保护好地下水的原则下，确定公路横断面尺寸，避免高填深挖，以保护自然生态环境不被破坏。

（5）对公路施工过程中已经破坏或不能避免破坏的植被采取工程措施进行合理的补救方案设计。尽可能早地予以恢复或补偿。

（二）陆生生物的保护措施

公路建设中应采用一些动植物保护措施。对于低等级公路（两侧无隔离栅），动物穿越公路时与行驶车辆相撞是造成动物伤害的主要原因。以下为适用于低等级公路的动物防护措施。

1. 设置动物标志，减速行驶

在野生动物频繁出没的路段设置动物标志，提醒驾驶人减速行驶，避免动物与车辆相撞引起的伤亡［图2-8a）］。

a）

b）

图2-8　青海共玉高速公路设置动物标志和动物通道

2. 设置灯光反射装置

在路旁设置一些灯光反射装置，如反光灯等，以便夜间车辆行驶时吓退公路两侧的动物，使其不敢穿越公路。

3. 设置保护栅

在公路两侧修建栅栏或植物屏障，以减少动物与车辆碰撞。这些屏障可改变动物的迁徙路线，通过改变迁徙路线避免相撞事件发生。

4. 设置动物通道

在野生动物保护区、自然保护区等有野生动物特别是濒临灭绝的珍稀野生动物活动的地区,可考虑修建动物通道来保护动物的栖息环境。动物通道分上跨式和下穿式两种。下穿式通道的设计可与涵洞或其他水利设施结合起来[图 2-8b)]。由于设置动物通道所需的费用较高,所以,对采用这种措施的场合应先论证所保护动物种群的重要性和通过的需要性。

为使动物通道发挥其应有的作用,通道两侧及上跨式通道的桥面上要实施适当的绿化,以增加隐蔽感。

对于普通级公路来讲,修建动物通道必须与修建隔离栅相结合,目的是通过改变动物迁徙路线来减少穿越公路的动物与车辆相撞。而对于高公路,修建动物通道的目的则是为动物的迁徙提供方便。

5. 用隧道、桥梁取代大开挖或高路基

用隧道取代大开挖或用桥梁取代高路基的做法,是基于生态设计的角度考虑,避免破坏野生动物的栖息地或迁徙路径(图 2-9)。

a) 高架桥取代高填方路基

b) 隧道取代大开挖

图 2-9 隧道、桥梁取代大开挖或高路基

在山区路段采用隧道、桥梁,不仅可以避免大挖方量、大弃方量、大填方量、大面积边坡的稳定处理以及无法补救的景观影响等问题,而且也有利于野生动物的保护。隧道上面的山体以及桥梁下面的通道是动物天然的活动场所。

6. 植树造林

在公路路界内或相邻区域植树有利于当地的动植物保护。在一些场合,植树在起到防止水土流失作用的同时,还可为当地的动物提供更多的栖息场所(图 2-10)。

图 2-10 公路陆界范围的植树造林

所种植树木应尽量采用本土植物,以便在最少的数量下达到维持生态平衡的效果。

在公路穿过森林时,尤其是热带地区,减小要清除的植被的宽度(如使上行线和下行线分开)可以使路两侧的树木在公路上空相接触,为生活在树冠上的动物提供一种过路的途径。

(三)水生生物的保护措施

公路建设同时也存在着对水生生物的影响,其减缓措施如下:

图 2-11　两栖动物自由通道

(1)在跨越河流或湖泊水体时,尽量采用桥涵跨过,减少使用堆填路基结构。

(2)尽可能减少现有河流水体的改道。

(3)加强水域路段的路堤防护,防止土壤侵蚀引起水质污染及河塞,影响水生生物的生存环境。

(4)在涵洞设计中应考虑水生生物迁徙洄游的需要,在必要的场所,置消力墩来降低水流流速,以便鱼类能逆流洄游(图 2-11)。

案　例

中国承建欧洲高速公路烂尾的教训:忽视青蛙等小动物的通行权

华沙和柏林之间的 A2 公路,本应是中国建筑企业在欧洲舞台上绽放光彩的好机会。该项目一度被中国海外称为“迄今为止中国中铁系统在欧盟国家唯一的大型基础设施项目”。英国《金融时报》也称,“中国海外是中国第一家在欧洲获得如此大型高速公路项目的公司。”波兰方面急切希望这项工程在 2012 年 6 月 8 日欧洲足球锦标赛(俗称欧洲杯)开始前完工。这是波兰首次主办该赛事(与乌克兰联合主办)。然而,与中国建筑商签订承包合同近三年后,工程却依然没能完工。波兰政府警告,欧锦赛期间,在这条公路的“中国路段”会有绕道。

这条公路一段 30mile(1mile 约等于 1.6km)的关键路段却因规划和监管不力、成本高于预期而问题百出,青蛙也是其中的一小部分原因。

据波兰监管机构说,中国海外的管理层似乎忽略了这项工程的某些关键要求,包括公路下面 3ft 高的通道,这是为了让青蛙及其他小动物安全穿过公路。这些通道在欧洲是标准配置,但在 2010 年的一次实地考察期间,中国海外高管在得知这些法律规定时似乎很惊讶。

(四)地质灾害的防治措施

1. 崩塌的防治

在山区修建公路,对崩塌易发地段,应定期监测,判断崩塌发生的可能性、强度、规模,并采取适当的防治措施,如清除危石、改造坡面等。对规模大、破坏力强、仍在发展中的大型崩塌,一般应以改线避绕为主。对规模不大的崩塌,可根据不同情况,采取建拦石坝、防护河堤、支撑体、砌石护坡、绿化坡面或清除岩屑堆等措施。

2. 滑坡的防治

山区公路在选线时,应尽可能避开大型滑坡易发地带。对开始蠕动变形地段要设计合理的防治措施,同时要尽量减少人为因素的影响。在公路建设与营运中,应对滑坡易发地段进行监测。滑坡的防治主要有排、挡、减、固等措施(图 2-12)。

(1)排,是排除地表水和疏干地下水,增加抗滑力。

(2)挡,是修建挡土墙,挡住土体下滑。

(3)减，是在滑坡上方取土减荷，减小下滑力。

(4)固，是在滑坡体内打抗滑桩或烘烧滑动面土体使之胶结，加大抗剪强度。

考虑滑坡防治措施时，必须针对引起滑坡的原因及类型，抓住主要矛盾加以综合治理。

图 2-12 崩塌、滑坡综合治理

说出如图 2-13 所示病害的名称，并请分析其产生的原因及处治方法。

3. 泥石流的防治

一般公路建设项目都应力求避开泥石流易发地区。但是有的项目由于其本身特点或地理条件限制，项目区的一部分不得不经过泥石流地段，必须采取防治泥石流的工程。有的泥石流只发生在一个坡面，未形成泥石流沟，不需按泥石流的 4 个区系统地布置治理工程。但其防治原则是一致的，可根据当地具体情况，因地制宜地进行防治。

防治泥石流危害的原则是标本兼治。根据泥石流产生和发展的规律，可分为 4 种类型区(图 2-14)。根据不同区域泥石流沟的不同部位，分别采取不同的治理工程，达到标本兼治的目的。

图 2-13 能力训练图

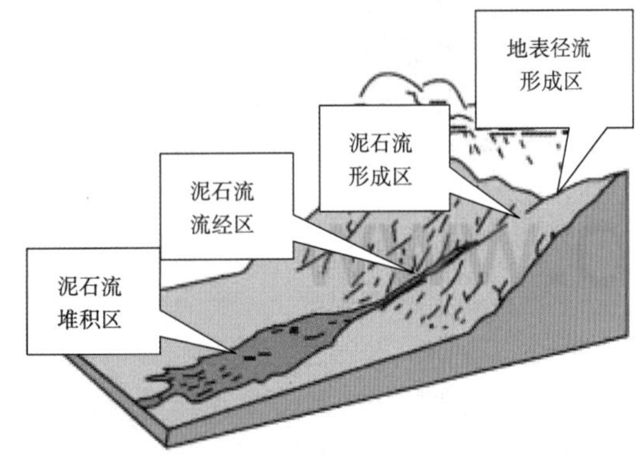

图 2-14 泥石流的产生与发展示意图

(1)地表径流形成区的防治

地表径流形成区，是治本工程的第一关。通过治坡工程和小型蓄排工程，使地表径流得到拦蓄。有条件的还可将未形成泥石流的洪流另行排走，以削弱形成泥石流的水源和动力。

沟头沟边防护工程，是一般小流域综合治理常用的工程，国家标准《水土保持综合治理

技术规范　崩岗治理技术》(GB/T 16453.6—2008)中已有明确规定,可通过植树造林,草地植被,修建排水工程减少或隔断泥石流的固体物质源。

案　例

从舟曲泥石流看保护山林植被重要性

2010年8月7日22时许,甘南藏族自治州舟曲县突然降强暴雨,县城北面的罗家峪、三眼峪泥石流下泄,由北向南冲向县城,造成重大人员伤亡,沿河房屋被冲毁,泥石流阻断白龙江,形成堰塞湖,如图2-15所示。

图2-15　舟曲泥石流

泥石流的形成,原因是介于流水与滑坡之间的一种地质作用。典型的泥石流由悬浮着粗大固体碎屑物并富含粉砂及黏土的黏稠泥浆组成。泥石流是在适当的地形条件下,大量的水体浸透山坡或沟床中的固体堆积物质,使其稳定性降低,饱含水分的固体堆积物质在自身重力作用下发生运动所形成。泥石流是一种灾害性的地质现象,其经常突然暴发,来势凶猛,携带巨大的石块,并以高速前进,具有强大的能量,因而破坏性极大。

灾害的原因,经专家现场查看和综合分析,初步认为由五个因素导致:一是舟曲县城附近的地质构造岩性松软、比较破碎,风化程度也很厉害,比较容易发生滑坡、崩塌和泥石流灾害;二是受汶川地震的影响,舟曲县是汶川地震的重灾区之一,地震导致舟曲县城周边山体松动、岩层破碎;三是舟曲去年四季度到今年上半年的持续干旱,造成城区周边岩石解体,部分山体、岩石裂缝暴露在外,使雨水容易进入,导致滑坡;四是遭遇强降雨,7日晚舟曲县城东北部山区突降特大暴雨,持续40多分钟,降雨量达到90多毫米,形成了泥石流;五是森林被大量砍伐,耕地的扩展,植被的破坏,造成了严重的水土流失,进而造成特大山洪地质灾害。

从历史上看,白龙江流域森林覆盖率是比较高的,但是从20世纪50年代以来毁林开荒,一直到90年代,经过几十年的砍伐,森林破坏非常严重,所以造成了严重的水土流失。据资料记载,白龙江林区在80~90年代的时候,森林面积减少到70万亩。

据介绍,舟曲高山峡谷的地形,是当地灾情严重的重要影响因素之一。但根本的原因是植被破坏,造成当地土地裸露,突发强降雨时,泥石流很容易被诱发并沿着山谷倾泻而下。像舟曲这种高山峡谷地区,尽量保持植被的原始状态是最重要的,在封山的同时,也要在一些植被稀少的地方植树造林,增加森林的覆盖率,才能保持水土的稳定性。

据舟曲县林业局副局长姜海红说,舟曲县从20世纪50年代开始砍伐林木,每天都有

600 多个伐木工人开工，在 70 年代公路未通之前，经常可以看到白龙江上几百艘木筏漂流而下的壮观场面。每年砍伐量最多的时候有 25 万 m^3。从 1952—1990 年，累计采伐森林 189.75 万亩，许多地方的森林成为残败的次生林，森林覆盖率从最初的 67%，下降到现在的 20%。在那个“大干快上”的年代，没有谁会意识到这么做的后果会这样惨烈。

我们从舟曲上空航拍照片看到，县城位于一个四面环山的山谷中，嘉陵江上游白龙江从县城旁边流过。四周的山坡基本上都是光秃秃的，很少有大的树木。山区群众说：“有林泉不干，暴雨不成灾。”“山上没有林，水土保不住。”森林的蓄水保土作用已被科学实验证实，据测算，天然降雨落到森林地带，降雨量的 15% ~30% 被茂密的林冠层所截留，其余的 50% ~80% 的雨水被林地上的物质与森林土壤储蓄起来，雨后再缓慢地以泉水形式释放出来，调节河川平水期与枯水期的流量。

据中科院西北水土保持研究所观察资料，在降雨量 346mm 的情况下，林地上每亩水土冲刷量仅为 4kg，草地上为 6.2kg，农耕地上为 238kg，而农闲地上则为 450kg，可见有被覆物与无被覆物的情况大不一样。所以保护山林植被，对制止泥石流十分重要。

(2) 泥石流形成区的防治工程

泥石流形成区，是治本工程的第二关。泥石流形成区的防治工程主要有两方面：一是巩固并抬高沟床，防止沟底下切，即通过各种巩固、抬高沟床，稳定沟坡的工程，特别是各种防治滑坡的工程，防治沟底下切和沟坡崩塌、滑塌，减轻或制止泥石流的产生；二是修建护坡工程，防护工程必须建立在巩固沟床的基础上（如能抬高沟床则更好）。否则，沟床不断下切，再好的护坡工程也将因底部淘刷而失效。

在沟上游和支沟等泥石流形成区的沟道上修建谷坊坝群（图 2-16），起到拦蓄部分泥沙石块、防止沟道下切、稳定沟岸与山坡、减少进入沟道的松散碎屑物质，从而减少泥石流发生的作用。即使泥石流发生，因谷坊坝拦蓄的泥沙石块，从而减缓了沟道的纵坡，也可减小泥石流的流速。

图 2-16　谷坊坝群

知识窗

谷坊是在支、毛沟内为防止沟底下切及预防泥石流灾害而修建的一种低坝，其高度一般不超过 5m，坝上有排泄孔，用来把水排掉，把泥沙留下。它是沟道治理的主要工程措施之一。

谷坊的作用可概括成以下几点：

(1)抬高沟底侵蚀基点,防止沟底下切和沟岸扩张,并使沟道坡度变缓。

(2)拦蓄泥沙,减少输入河川的固体径流量。

(3)减缓沟道水流速度,减轻下游山洪危害。

(4)坚固的永久性谷坊群有防治泥石流的作用。

(5)使沟道逐段淤平,形成可利用的坝阶地。

(3)泥石流流经区的防治工程

泥石流流经区,是治标工程的第一关。其主要任务是在主沟内修建各种拦石坝、格栅坝等工程(图2-17),拦挡泥石流中的大石、粗砾,削减泥石流的流速和规模,减小泥石流的冲撞能力,防止泥石流的侧蚀和下切,降低下游危害。

a) 桩林　　b) 拦沙坝

c) 挡泥墙　　d) 格栅坝

图2-17　泥石流流经区的防治措施

①格栅坝:拦截泥石流中大石、粗砾的主要工程。坝的形式有多种,坝体需用浆砌石或混凝土修筑,格栅部分用钢材做成。在水土保持方案的初设和可研阶段,都应调查了解泥石流中的沙石最大粒径。

②桩林:主要部署在泥石流发生频率较低的沟道。其设置需注意两点:一是桩的间距不应过稀或过密,要求为最大粒径 D_M 的 1/2.0 ~ 1/1.5,以便有效地拦截水流中的大石、粗砾;二是埋入深度不小于桩长的1/3,以保证稳固。

③拦沙坝:一般多设置在格栅坝和桩林的下游,拦截洪水中的泥沙。

(4)泥石流堆积区的防治工程

泥石流堆积区,是治标工程的第二关。其主要任务是通过适当的停淤和排导工程,使泥石流不致对下游造成巨大的危害。

泥石流堆积区一般在沟道下游和沟口附近,堆积的石砾对沟口附近河岸、河道造成直接危害。防治工程是通过修停淤工程,使停淤后的洪水有控制地排入河道,不致因乱流造成危害。可以修建排洪道和导流堤,保护公路、桥渠、涵洞和其他建筑物。泥石流堆积区的防治措施如图 2-18 所示。

a)泥石流排导槽和停淤场

b)泥石流排导槽

c)泥石流拦挡和排导

图 2-18　泥石流堆积区的防治措施

这四个区的工程必须同时共举,才能收到应有的效果。在一定时期内,治本的两个区,只能适当减轻泥石流的发生,未能全部根治。在此情况下,有效的减轻泥石流对其下游的危害还要靠后两个区的治标工程。

4. 水土流失的防治

(1)土壤侵蚀的分类

我国土壤侵蚀面积大,各地自然条件和人为活动不同,土壤侵蚀的特点不同,因此可将全国分为不同的土壤侵蚀类型区。通常分为三个一级区,即水力侵蚀为主的类型区、风力侵蚀为主的类型区和冻融侵蚀为主的类型区。该划分大致和我国综合自然区域中的三大自然区,即东部季风区、西北干旱区和青藏高原区相对应。

①水力侵蚀为主的类型区。该区大体位于我国大兴安岭—阴山—贺兰山—青藏高原东缘一线以东。可进一步划分为六个二级类型区。

a. 黄土高原区。是我国生态系统脆弱、水土流失最严重的地区。由黄土塬沟壑区与黄土丘陵沟壑区两大地貌类型区组成。后者主要由黄土梁、黄土峁与沟壑组成,面积最大,水土流失最强烈。

b. 东北低山丘陵区。南界为吉林省南部,西、北、东三面为大兴安岭、小兴安岭和长白山所围绕。在区内,除林区和三江平原外,其余地区都有不同程度的水土流失。

c. 北方山地丘陵区。指东北的南部、河北、河南、山东等省范围内有水土流失现象的山地、丘陵地区。

d. 南方山地丘陵区。北界为大别山,包括湖北、湖南以及华东、华南各省区。其中,江西南部水土流失强烈,是我国南方具有代表性的水土流失区。

e. 四川盆地及周围的山地丘陵区。

f. 云贵高原区。在石灰岩集中分布地区,岩溶侵蚀普遍。

②风力侵蚀为主的类型区。该区包括新疆、青海、甘肃、宁夏、内蒙古、陕西等省(自治区)的部分地区,是我国沙质荒漠、砾质荒漠、石质荒漠的主要分布区。

③冻融侵蚀为主的类型区。该区包括青藏高原及其他一些高山地区,尤其是现代冰川活动区。

(2)土壤侵蚀强度的分级

目前,我国土壤侵蚀强度的分级,采用水利部门颁发的土壤侵蚀强度分级指标(表2-1)和不同水力侵蚀类型强度分级参考指标(表2-2)。

土壤侵蚀强度分级指标

表2-1

序 号	级 别	年平均侵蚀模数[t/(km^2·年)]	年平均流失厚度(mm)
1	微度侵蚀(无明显侵蚀)	<200,500,1 000	<0.16,0.4,0.8
2	轻度侵蚀	(200,500,1 000)~2 500	(0.16,0.4,0.8)~2
3	中度侵蚀	2 500~5 000	2~4
4	强度侵蚀	5 000~8 000	4~6
5	极强度侵蚀	8 000~15 000	6~12
6	剧烈侵蚀	>15 000	>12

不同水力侵蚀类型强度分级参考指标

表2-2

序号	级 别	面 蚀		沟 蚀		重力侵蚀
		坡度(°)(坡耕地)	植被覆盖率(%)(林地、草坡)	沟壑密度(km/km^2)	沟蚀面积占总面积的百分比(%)	滑坡、崩塌面积占坡面面积的百分比(%)
1	微度侵蚀(无明显侵蚀)	<3	>90			
2	轻度侵蚀	3~5	70~90	<1	<10	<10
3	中度侵蚀	5~8	50~70	1~2	10~15	10~25
4	强度侵蚀	8~15	30~50	2~3	15~20	25~35
5	极强度侵蚀	15~25	10~30	3~5	20~30	35~50
6	剧烈侵蚀	>25	<10	>5	>30	>50

需说明的是,微度侵蚀(无明显侵蚀)的地区不计算在水土流失面积以内,其允许流失量根据各流域具体情况确定,一般在200~1 000t/(km^2·年)范围内。

(3)土壤侵蚀量的计算

①土壤侵蚀量。公路建设影响范围内水土流失的侵蚀量采用式(2-1)估算:

$$\text{水土流失侵蚀量}=\text{土壤侵蚀模数}\times\text{水土流失面积} \tag{2-1}$$

对土壤侵蚀模数的确定主要通过两种途径:一是采用路线经过的市、县级水利主管部门提供的当地资料;二是在具有监测资料的情况下,采用公式计算。

②土壤侵蚀模数。目前,我国对以水蚀为主的土壤侵蚀模数,采用通用土壤流失方程估算。即:

$$A = RKLSCP \tag{2-2}$$

式中:A——表示某一地面或坡面,在特定的降雨、作物管理方法及所采用的水土保持措施条件下,单位面积上产生的土壤流失量,t/km^2;

R——降雨和径流因子,表示在标准状态下,降雨对土壤的侵蚀潜能,也称降雨侵蚀指数;

K——土壤可蚀性因子,对于特定土壤,等于单位 R 在标准状态下,单位面积上的土壤流失量,t/km^2;在其他因素不变时,K 值反映了不同土壤类型的侵蚀速度,它是方程式右边唯一有量纲的因子;

LS——地形因子;

L——坡长因子,等于实际坡长产生的土壤流失量与相同条件下特定坡长(22.1m)上产生的土壤流失量之比值;

S——坡度因子,等于实际坡度下产生的土壤流失量与相同条件下特定坡度(9%)下产生的土壤流失量之比值;

C——植被与经营管理因子,等于实际植被状态和经营管理条件下,坡地上产生的土壤流失量与裸露连续休闲土地上的土壤流失量的比值;

P——水土保持措施因子,也称保土措施因子。等于采取等高耕作、条播或修梯田等水土保持措施下的农耕地上的土壤流失量与顺坡耕作、连续休闲土地上的土壤流失量之比值。

在式(2-2)右边的6个因子中,R 和 K 对于特定地区和特定土壤是个常量;L、S、C、P 可通过人为措施加以改变。

采用式(2-2)计算土壤侵蚀模数时应注意以下几点:

a. 多年来,水土保持部门以通用土壤流失方程为基础,针对不同环境条件,得出一些计算不同地区土壤侵蚀量(或土壤侵蚀模数)的经验公式,可供计算用。

b. 路线跨越不同自然区域时,土壤侵蚀量应分段计算,然后相加。

c. 方程式中有关因子的确定,需参考水土保持部门提供的方法和数据。

d. 应考虑人为因素的影响。结合公路施工时对地表植被的破坏程度,填、挖路段状况以及采石、取土与弃土堆放情况等,分析由于人为因素可能增加的土壤侵蚀量。

计算出水土流失区不同路段的土壤侵蚀量后,可根据表2-1和表2-2对土壤侵蚀强度进行分级,并研究相应的防治措施。

对以风蚀为主地区(如西北干旱地区)的土壤侵蚀模数,应参阅有关资料确定。

(4)水土流失的防治措施

公路工程规划设计阶段的防治水土流失的措施主要包括路基、路面排水、路基防护、公路绿化美化工程以及桥涵所跨河道的防洪工程等。这些措施主要考虑:上述主体工程中是否充分考虑了路基挖填平衡;公路排水系统是否完善并削弱了水土流失的原动力;路基防护工程是否有效地防止了路基坡面侵蚀,保护了公路工程的安全;公路绿化工程是否起到了美化环境、保持水土的显著作用。

①路基、路面。

a. 充分考虑路基填挖平衡,减少公路建设取、弃土造成的水土流失。

b. 设置完善的排水系统，以排除路基、路面范围内的地表水和地下水，保证路基和路面的稳定，防止路面积水影响行车安全。

路基地表排水可采用边沟、截水沟、排水沟、跌水及急流槽、拦水带、蒸发池等设施。当路基范围内出露地下水或地下水位较高，影响路基、路面强度或边坡稳定时，应设置暗沟(管)、渗沟、渗井等地下排水设施。高速公路、一级公路应设置路面排水设施。

路面排水设施由路肩排水和中央分隔带排水设施组成。

c. 合理的设置路基防护设施。路基防护工程是保证路基稳定，防止水土流失，改善环境景观和保护生态平衡的重要设施。边坡防护工程应设置在稳定的边坡上。在适宜于植物生长的土质边坡上，应优先采用种草、铺草皮、植树等植物防护措施。对于岩体风化严重、节理发育、软质岩石等的挖方边坡，以及受水侵蚀、植物不生长的填方边坡，可采用护面墙、砌石(混凝土块)等工程防护措施。沿河路基，在受水浸淹和冲刷的路段，可采用挡土墙、砌石护坡、石笼、抛石等直接防护措施。为改变水流方向，减小设防部位水流速度，可设置如丁坝、顺坝等导治构造物等间接防护措施，必要时也可以改移河道。对高速公路、一级公路的路基边坡，应根据不同地质情况及边坡高度，分别采取植物、框格、护坡等防护；对石质挖方边坡可采用护坡、护面墙及锚喷混凝土等防护形式。各种防护措施可配合使用，并注意相互衔接。

②进行绿化工程设计，对公路两侧沿线生态环境予以改善，同时还能防止水土流失，对公路建设的破坏行为予以补救。全线路堑边坡、路堤边坡、分车带、中央分隔带范围、土路肩、碎落台、反压车道、隔离栅、互通立交区、隧道进出口等特殊位置、收费站、生活服务区以及挡土护坡，取、弃土场地等，都应进行绿化美化工程。

③按照现场水文调查的资料进行桥涵的布设，根据洪水的调查、分析、计算结果，合理确定桥涵的结构、形式及尺寸。在进行现场水文调查时，还应调查沿河既有桥梁的状况和运营情况以及河道防洪规划情况。如若有弃土弃渣及其他工程项目影响到河道行洪时，必须进行泄洪河道整治。

二、公路施工阶段的生态保护

(一)防治地表植物被破坏的措施

(1)合理地设置施工取土场、砂石料场，禁止乱取、乱弃、乱堆。

(2)在施工营地和场地的选择过程中，考虑对生态环境的影响，尽量减少对地表覆盖的破坏面积，做好生活垃圾的收集和管理工作。

(3)对施工营地和场地使用过后，应及时清理、整治。

(4)注意施工便道的设置，不能只考虑施工方便，更要注意对生态环境的影响。施工中严格要求施工机械的行驶路线。

(5)加强施工人员的环保意识教育，避免施工中的野蛮行为对生态环境造成破坏。

(6)施工后及时平整地面，尽量恢复原有地貌和植被以达到与周边自然环境的协调和谐。

(二)对生物多样性的保护

(1)控制施工和人类的活动范围、规模和强度。

(2)野生动物通道范围内减少人为痕迹，避免惊扰动物的正常生命活动。

(3)加强沿线生物多样性保护的宣传教育,禁止猎杀野生动物。

(4)施工结束后采取相应的措施进行生态恢复。

(三)防治地质灾害的措施

(1)避免过分开挖山体边坡,或在坡脚大量采石取土。

(2)对于不稳定的边坡,可采取削坡等工程措施使其稳定。

(3)施工中,对取土场、弃土场、料场以及施工场地均应采取合理的防治措施,例如护坡、拦渣等。

(4)合理安排施工时间。土方作业应避开雨季,并在雨季来临之前将开挖回填土方的边坡排水设施处理好。如不能避开雨季施工,应尽量减小施工面坡度,并做到施工料的随取、随运、随铺、随压,以减少雨水冲刷侵蚀。

(5)尽快恢复水土流失地段保水保土的功能。

能力训练

试从下列文章中找出思小高速公路在施工中针对哪些生态环保对象采取了相应的保护措施。

思小公路　天人和谐

长达97.75km的"思(茅)—小(勐养)高速公路"是目前我国唯一一条穿过国家级热带雨林自然保护区——西双版纳国家级自然保护区的高速公路。

公路施工前期,西双版纳州环保督办科对辖区内施工的13个合同段的进场临时便道进行勘察划定,在划定近70条临时便道的工作中,做到了避开林木区域,选择荒地或拓宽原有人行窄道作为临时施工通道,没有乱砍树木或填埋沟河渠道的现象,既保住了原始水源,又保证了施工队伍和材料、机械顺利进场。

对于公路沿线植被,公路指挥部按照国家环保总局批准的"环评报告"要求,采用简单的、断面小的施工方案,尽量保留天然的一草一木,减少林木破坏,严格控制桥梁下部及路基边线附近树木的采伐,对桥下高大的林木采取截枝断顶的方法尽量予以保留,对公路沿线珍稀植物挂牌保护,不能动一枝一叶,对线路中桥墩位置的珍稀植物实行迁移保护。记者在采访中了解到,在野象谷北互通区有一棵270多年的古树,就在新建高速路的中央,如迁移很难成活,建设方多花30多万元延长引道绕开了古树。

因为公路要穿过著名的野象谷,为了在建设中最大限度地减少对野生动物的干扰,参与建设的3万多人默默进驻、悄悄动工。每当野象出现时,项目部就及时通知附近的作业点暂停施工,组织专人防护,疏散围观群众。由于人们持一种友善的态度,野象与施工人员渐渐变得亲近起来。

在"思小公路"的建设过程中,交通部门在设计上遵循"宁填勿挖、宁隧勿挖、宁桥勿填"的原则,尽量以桥隧工程穿过保护区。在线形布设上,尽量顺应地形,平面线形曲线化,减少对山体的大开大挖,与地形协调,与自然和谐。施工时,按规定集中弃土和取土,尽可能将弃土场改造成良田,利用路基作桥梁梁板预制场地,在公路边坡植树种草,以葱翠的绿色抹去冰冷生硬的工程痕迹,使整条公路与自然保护区融为一体。

启示:环境优化经济,不仅仅是促进经济的增长,而且可以校正经济发展的方向,避免和修复发展给自然带来的创伤。记者在采访云南省交通厅长杨光成时,他告诉记者,"思小公路"的成功经验说明公路建设与环境保护是可以实现"双赢"的。随着人们生活水平的提高,现在的公路建设不能再局限于单纯的基础建设,公路也不能只是一个简单的建筑物。环保、安全、舒适、经济已成为未来高速公路发展的标准,其中"环保"摆在第一位。

(摘自《中国环境报》,2006年)

三、公路营运阶段的生态保护

公路营运阶段对生态环境的保护措施主要是公路绿化。

公路绿化是公路建设的一项重要内容,在目前公路设计文件中,环境保护设计含有公路绿化的内容,但一般不尽完善,还经常出现绿化设计与线路设计不配套的问题,往往当道路竣工通车时,线形流畅,路面整洁,标志、标线齐全,唯独绿化工程跟不上。

公路绿化主要有两大作用:一是防治水土流失,保护生态环境;二是改善视觉质量,保障行车安全。公路绿化不仅可以美化路容、净化空气、降低噪声、改善环境条件,而且有利于行车安全,为驾乘人员诱导视线、减轻视觉疲劳,从而减少交通事故的发生。通过绿化还可以养护公路,稳固路基,保护路面,延长公路寿命。

公路绿化一般要根据不同的道路结构或场所采取不同的种植方式。

路堤式:对路堤边坡尽量采用植草护坡,在路堤的坡角至路界内可植树绿化,边沟内种长青小灌木,外侧种高大乔木,并适当密植,使其错落有致。

路堑式:路堑边沟外植灌木,坡面应尽量采用各种骨架绿化护坡,或采用爬山虎等攀缘植物与浆砌片石结合护坡。对较高的土质边坡,应修建成阶梯状,在台阶上采用乔灌结合绿化。

互通立交:在互通立交的匝道空地上实施景观绿化,立交桥可种植爬山虎等攀缘植物进行立体绿化,引桥边坡可植草绿化。

庭院:在公路服务区、收费站生活区和养护管理工区内的空地,应按园林设计要求予以绿化。

临时用地:公路临时用地在公路施工完后,要尽量恢复土地的原有使用功能,如恢复土地的农业生产功能,裸露的地表均应植树、种草,绿化环境。

取、弃土场:在公路施工完后,除那些可以改造成农田的取、弃土场,或可以改造成养虾池和养鱼池的取土坑外,裸露的取、弃土场地表均应进行绿化。

公路绿化除了上述按照不同道路结构采取的不同绿化形式外,还包括以降低交通噪声、净化空气和改善公路景观等为目标的绿化。总之,公路绿化应使公路沿线地区因公路施工而减少的绿色植物尽可能地得到较好的修复或补偿。

巩固练习

1. 公路规划设计阶段的生态保护主要有哪几个方面?
2. 公路规划设计阶段防治滑坡的措施有哪些?
3. 谈谈如何防止泥石流。
4. 公路施工阶段的生态保护措施主要有哪些?
5. 在公路营运阶段,如何做好生态保护?

项目3 公路声环境建设

学习目标

1. 了解噪声在空气中的传播过程，明确影响其传播的因素；
2. 掌握交通噪声的组成及影响因素；
3. 了解声屏障对声音的衰减原理；
4. 掌握各种类型声屏障的适用特点；
5. 掌握低噪声路面的机理；
6. 会分析交通噪声产生的原因，并根据原因采取相应的降噪措施；
7. 能根据声环境敏感点所在地区及特点选择适用的声屏障类型。

交通运输给道路经过区域带来了噪声污染，随着车速的加快，车流量的增大，其噪声对公路周边的医院、学校、居民区造成的污染已引起各方广泛关注，目前对高速公路噪声污染的治理已经迫在眉睫。公路交通噪声主要是随车辆行驶而产生的，主要包括车辆动力噪声和轮胎与路面接触噪声。了解声学性能及噪声危害，对公路交通噪声进行预测，即可进行有效的防治。对公路交通噪声污染的防治措施一般采取声屏障设计，并选用景观设计手段使声屏障与周围环境融为一体。如地形允许，声屏障还可采用土堤式，通过绿化，既保护环境，又价格低廉。同时在降低交通噪声源方面，铺筑低噪声路面无疑是有效的措施。

任务一　公路交通噪声

一、声学的基本知识

（一）噪声与噪声源

人们生活在充满着各种声音的世界里，生活离不开声音。判断一种声音是否属于噪声，很大程度上取决于接受者的主观因素。什么是噪声，概括地讲，凡是使人烦恼不安，对人体有害，人们所不需要的声音统称为噪声。

声音来源于物体的振动。通常把正在发出声音的振动物体称为声源，发出噪声的振动物体称为噪声源。

（二）噪声在空气中传播

声源振动辐射的声波在媒质中传播时，在某一时刻声波到达的各点所形成的包迹面称为波阵面。根据波阵面的形状，可以将声波分为平面波、球面波和柱面波。由点声源辐射的声波为球面波，如当一辆汽车的尺度远小于其到观察点的距离时，可视作点声源。线声源辐射的声波为柱面波，如一列火车或公路上的车流，可看成线声源。

媒质中有声波传播的区域叫作声场，声波传播无边界影响或边界影响可以忽略的区域称为自由声场。

1. 声波的声速、波长与频率

声波在媒体中传播的速度称为声速，习惯用符号 c 表示，单位是米/秒（m/s）。声速与声源的性质无关，而与媒质的弹性、密度及温度有关。在空气中，声波的传播速度为：

$$c=\sqrt{\frac{B}{\rho}} \tag{3-1}$$

式中：B——空气的体积弹性模量，N/m^2；

ρ——空气的密度，kg/m^3。

在声波传播过程中，空气中的压强和密度发生迅速变化，该变化近似绝热过程。根据理想气体绝热方程，声速表达式（3-1）演化为：

$$c=\sqrt{\frac{\gamma RT}{\mu}} \tag{3-2}$$

式中：γ——气体的定压比热与定容比热的比值，对于空气（双原子气体）$\gamma=1.40$；

R——普适气体常数，$R=8.31J/(mol\cdot K)$；

T——空气的绝对温度，K；

μ——空气的摩尔质量，在标准状态下，$\mu=2.87\times10^{-2}kg/mol$。

将上述各项常数代入式（3-2），得空气中声速与温度的关系见式（3-3）。由此，在常温下（$\theta=15℃$）声速 $c=340m/s$。

$$c=331.4\sqrt{1+\frac{\theta}{273}}\approx331.4+0.607\theta \tag{3-3}$$

波声传播路径上，两相邻同相位质点之间的距离称为波长，记作 λ，单位为米（m）。声波传播一个波长所需的时间称为周期，记作 T，单位是秒（s）。周期的倒数称为声波的频率，记作 f，单位为赫兹（Hz）。声速与波长、频率有如下关系：

$$c=f\lambda \quad 或 \quad c=\frac{\lambda}{T} \tag{3-4}$$

人耳能听到的声波频率（称音频）范围在 20～20 000Hz 之间，其对应的波长范围在 17.0～0.017m 之间。低于 20Hz 的声波称为次声，高于 20 000Hz 的称为超声，次声和超声不能使人耳产生听觉。

2. 噪声在空气中传播

噪声在空气中传播时，由于声波的作用，使空气中质点获得声能量。所以，声波的传播过程实质上是声源辐射声能量的传递过程。噪声的强度随着传播距离的增加而衰减，其原因主要是声能量随声波波阵面的扩张而衰减，其次是空气对声能量的吸收及近地面传播时的附加吸收衰减。气象条件如风速、温度、雨、雾等对噪声传播也有相当大的影响。

(1)声压随传播距离的衰减

噪声在空气中传播时,由于波阵面随传播距离而扩张,使声压(有效声压)相应衰减。声压级的衰减量表示如下:

$$\Delta L_1 = \begin{cases} 20\lg \dfrac{r_0}{r} & (\text{点声源}) \\ 10\lg \dfrac{r_0}{r} & (\text{线声源}) \end{cases} \tag{3-5}$$

式中:ΔL_1——声压级随传播距离的衰减量,dB;由式可见,点声源辐射的声波传播距离加倍时,声压级衰减 6dB;线声源辐射的声波传播距离加倍时,声压级衰减 3dB;

r_0——参照点距噪声源的距离,m;

r——接受点距噪声源的距离,m。

(2)空气对声波的吸收

空气对声波的吸收由两部分组成:一是由空气的黏滞性、热传导及空气分子转动弛豫等因素产生的声能量损耗,称为经典吸收,一般可忽略不计;二是由空气中氧分子和氮分子振动弛豫产生的声能量损耗,称为分子吸收,分子吸收与空气的温度、湿度及声波的频率有关。空气吸收产生的声压级衰减量可表示为 $\alpha(r-r_0)$,α 为空气的声压级衰减系数,单位为分贝/米(dB/m)。空气中声压级衰减系数的实验值请参阅有关资料。在噪声控制中,当声波的频率不太高(低于 2 000Hz)时,空气吸收衰减可忽略不计。

(3)地面吸收的附加衰减

地面吸收对噪声的附加衰减量取决于地表性质、植被类型等。对于灌木丛和草地的衰减量可用式(3-6)估算:

$$\Delta L_2 = (0.18\lg f - 0.31)r \tag{3-6}$$

式中:ΔL_2——地面吸收对噪声的附加衰减量,dB;

f——噪声的频率,Hz;

r——噪声在草地或灌木丛中传播的距离,m。

由于公路两侧的地表情况较复杂,对于公路交通噪声,可用经验公式(3-7)估算其地面吸收的附加衰减量:

$$\Delta L_2 = \alpha \cdot 10\lg r \tag{3-7}$$

式中:r——噪声传播的距离,m;

α——与地面覆盖物有关的衰减因子。经作者测定及资料介绍,当接受点距地面 1.2m 时,各种地面的平均衰减因子取 $\alpha=0.5\sim0.7$;接受点距地面高度增加时,α 值随高度减小 。

由上面讨论可见,在自由声场条件下如距噪声源 r_0(参照点)处的声压级为 L_0,则距离 r(接受点)处的声压级 L_P 为:

$$L_P = L_0 + 10\lg\left(\frac{r_0}{r}\right)^a - a(r-r_0) + \begin{cases} 20\lg \dfrac{r_0}{r} & (\text{点声源}) \\ 10\lg \dfrac{r_0}{r} & (\text{线声源}) \end{cases} \tag{3-8}$$

(4)风速和温度梯度对噪声传播的影响

声波从声速大的媒质进入声速小的媒质时,折射声波的传播方向将靠拢法线。反之,折

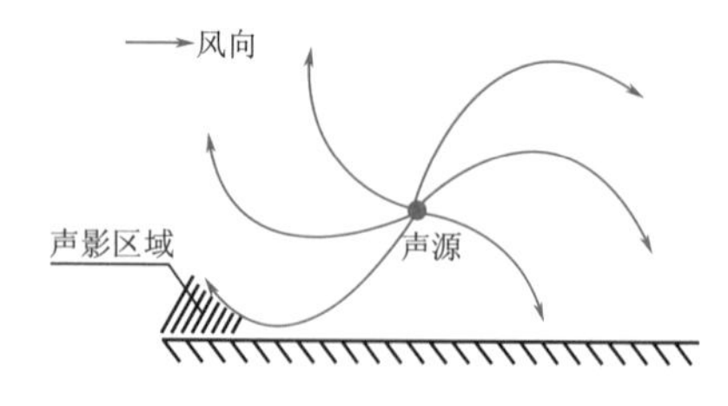

图 3-1　风速对声波传播的影响

射声波的传播方向将背离法线。

当声波顺风向传播时，声速应叠加上风速。由于地面对空气运动的阻力，风速随着离地面高度的增加而增大，即声速随高度增大，从而使声波传播方向向下弯曲。当声波逆风向传播时，声速应减去风速，即声速随高度减小，从而使声波传播方向向上弯曲（图 3-1）。该现象就是声波顺风往往比逆风传得更远的道理。

由式(3-3)知，空气中的声速与温度成正比。当空气温度随高度增大时（温度梯度为正），声速亦随高度增大，因而使声波传播方向向下弯曲［图 3-2a）］，例如，在晴天的夜间，地面由于热辐射和热传导迅速冷却，靠近地面的空气温度下降，而离地较高处仍保持较高的温度，即所谓逆温现象，这时地面上声源辐射的噪声就可以传播得较远。相反，当温度随高度减小时（温度梯度为负），声速传播方向向上弯曲［图 3-2b）］，例如，在晴朗的白天，空气温度随高度下降，地面上声源辐射的噪声就传播得较近。

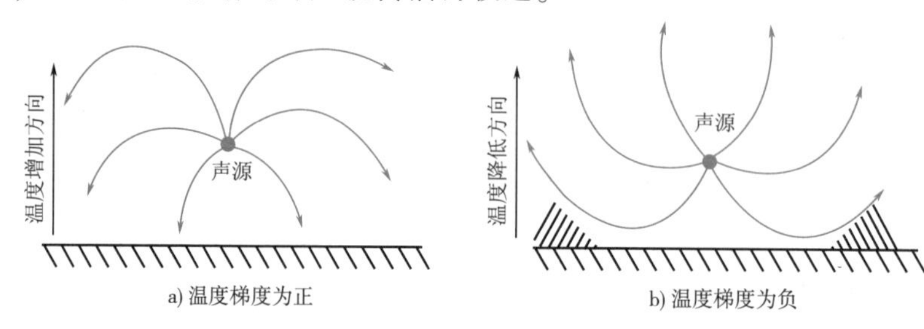

图 3-2　温度梯度对声波传播的影响

（三）声波的绕射、反射、吸收和透射

1. 声波的绕射

当声波遇有孔洞（或缝隙）的障板时，由于声波的绕射特性，可以通过孔洞传到障板的背后。当孔洞的直径(d)比入射声波的波长(λ)小得多时（即 $d \ll \lambda$），小孔可近似看作一新波源，它的子波是以小孔为中心的球面波（图 3-3）。在噪声控制工程中，应防止障板（如声屏障）上有孔洞（或缝隙），避免漏声而造成“声短路”现象。

当声波遇一障板时，因声波的绕射在障板边缘处将改变其原来传播方向而“绕”到障板的背后（图 3-4）。当障板的尺度比声波的波长大得多时，绕射的范围有限，板后将产生明显的声影区，如果声波的频率很低，绕射范围就将扩大。

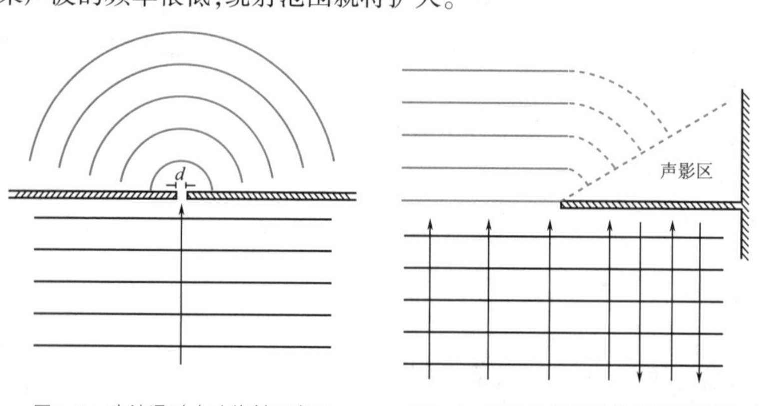

图 3-3　声波通过小孔绕射示意图　　图 3-4　声波在障板边缘绕射示意图

2. 声波的反射

当声波入射到墙、板等表面时，声能的一部分将被反射。若单位时间内的入射声能为 E_0，反射声能为 E_r，则墙、板的反射系数 r 定义为：

$$r = \frac{E_r}{E_0} \tag{3-9}$$

当反射面的尺度比声波波长大得多时，将产生镜面反射。为使声波扩散反射，反射面需做成扩散体形式，且扩散体的尺寸应与入射声波的波长相当。声波频率越低，要求扩散体的尺度越大，它们的关系可参照图 3-5，按式(3-10)估算。

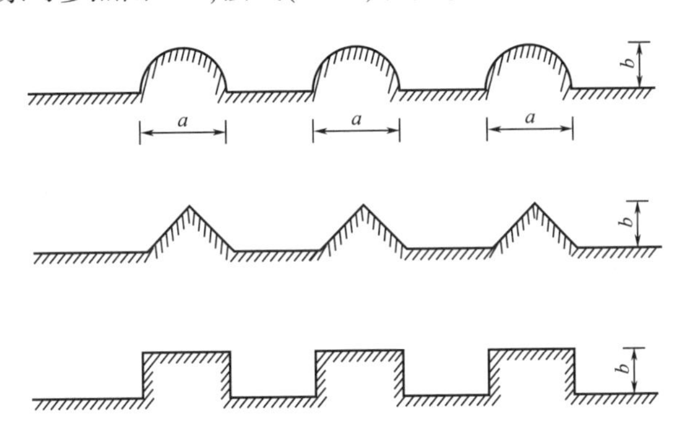

图 3-5　扩散体尺寸示意图

$$\left.\begin{aligned} a &\geqslant \frac{2c}{\pi f} \\ \frac{b}{a} &\geqslant 0.15 \end{aligned}\right\} \tag{3-10}$$

式中：a——扩散体宽度，m；

b——扩散体凸出的高度，m；

c——声波的声速，m/s；

f——声波的频率，Hz。

3. 声波的吸收和透射

声波入射到墙、板等构件时，除一部分声能被反射外，其余部分将透过构件和被构件材料吸收。

根据能量守恒定律，单位时间的入射声能 E_0、反射声能 E_r、透射声能 E_τ 和吸收声能 E_α 有如下关系(图 3-6)：

$$E_0 = E_r + E_\tau + E_\alpha \tag{3-11}$$

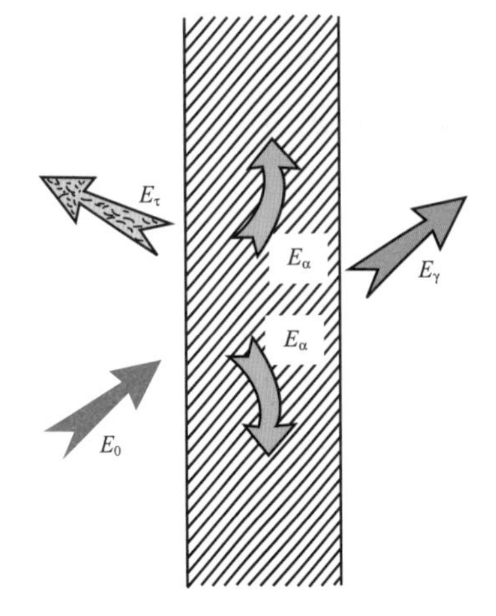

图 3-6　声波的反射、透射与吸收

从入射声波和反射声波所在的空间看，材料的吸声系数 α 与反射系数 r 之间有如下关系：

$$\alpha + r = 1 \quad 且 \quad \alpha = \frac{E_\alpha + E_\tau}{E_0} \tag{3-12}$$

材料的透射系数 τ 定义为：

$$\tau = \frac{E_\tau}{E_0} \tag{3-13}$$

我们将反射系数 r 值小的材料称为吸声材料，把透射系数 τ 值小的材料称为隔声材料。

在噪声控制工程设计时，必须了解各种材料或构件的吸声、隔声性能，从而合理选用材料。

(1)常用的吸声材料

常用的吸声材料和吸声结构及其吸声特性列于表3-1，需说明的是，表3-1对于噪声控制工程设计(如吸声型声屏障设计)是远远不够的，应参阅有关资料或手册。

主要吸声材料、结构及其吸声特性　　表3-1

名称	示意图	例子	主要吸声特性
多孔材料		矿棉、玻璃棉、泡沫塑料、毛毡	本身具有良好的中高频吸收，背后留有空气层时还能吸收低频
板状材料		胶合板、石棉水泥板、石膏板、硬质板	吸收低频比较有效(吸声系数为0.2~0.5)
穿孔板		穿孔胶合板、穿孔石棉水泥板、穿孔石膏板、穿孔金属板、微穿孔板	一般吸收中频，与多孔材料结合使用吸收中高频，背后留大空腔还能吸收低频；微穿孔板吸声频率向低频偏移，吸声系数显著提高
空腔共振吸声结构		石膏、黏土等制成的单个空腔	在共振频率处吸声系数大，吸收频率较低，且范围较窄
膜状材料		塑料薄膜、帆布、人造革	视空气层的厚薄而吸收低中频
柔性材料		海绵、乳胶块	内部气泡不连通，与多孔材料不同，主要靠共振有选择地吸收中频

(2)构件对空气声的隔绝

由式(3-13)知，构件的透射系数越小，构件的隔声性能越好。工程中习惯用隔声量来表示构件的隔声能力，用符号R表示，单位为分贝(dB)。隔声量与透射系数有如下关系：

$$\left.\begin{aligned} R &= 10\lg\frac{1}{\tau} \\ \tau &= 10^{-R/10} \end{aligned}\right\} \tag{3-14}$$

因本教材侧重于工程应用，以下直接给出构件的隔声量计算式。

①单层匀质密实墙体的隔声量。当声波垂直入射墙体时，墙体的隔声量用R_0表示，其计算式如下：

$$R_0 = 20\lg M + 20\lg f - 42.2 \tag{3-15}$$

式中：R_0——声波垂直入射时墙体的隔声量，dB；

M——墙体的单位面积质量(密度与墙厚的乘积)，kg/m^2；

f——声波频率，Hz。

当声波无规则入射墙体时，其隔声量比垂直入射时降低约5dB，即：

$$R \approx R_0 - 5 \quad 或 \quad R = 20\lg(M \cdot f) - 47.2 \tag{3-16}$$

由式(3-16)表明，墙体的单位面积质量越大，隔声量也越大，质量增加1倍隔声量增加6dB，这一规律称为“质量定律”。式(3-16)还表明，声波频率增加1倍隔声量也增加6dB，即高频声比低频声容易隔绝，频率越低隔声越困难。另外，如墙体上有孔洞或缝隙，隔声量将大为降低。

②双层墙的隔声量。为提高轻型墙体的隔声量,经济的办法是采用有空气间层的双层或多层墙。因空气间层的“弹簧”作用,使双层墙的隔声量比相同质量的单层墙增加了一个附加隔声量。

在双层墙完全分开时的附加隔声量见图3-7。在实际工程中,两层墙之间常有刚性连接物,这些连接物称为“声桥”,使附加隔声量减小。在刚性连接物不多时,其附加隔声量如图3-7中虚线所示,如声桥过多,将使空气间层完全失去作用。如在空气间层内填充多孔吸声材料,可使双层墙的隔声量明显提高。

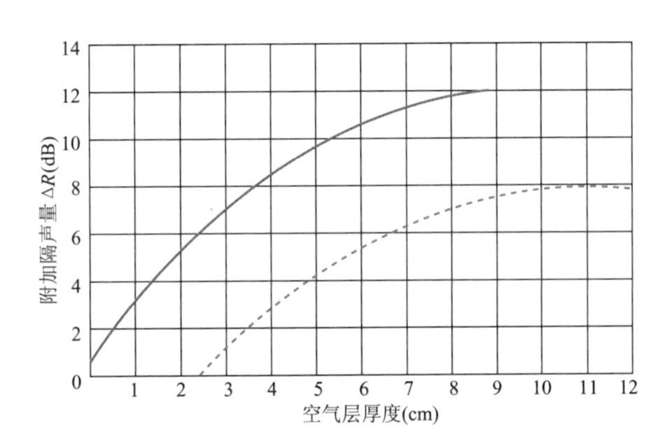

图3-7 空气间层的附加隔声量

设计双层隔声墙时,应使其共振频率 $f_0 \leqslant 100/\sqrt{2}$Hz,即保证对100Hz以上的声音有足够的隔声量。共振(固有)频率的计算式为:

$$f_0 = \frac{600}{\sqrt{d}}\sqrt{\frac{1}{M_1}+\frac{1}{M_2}} \tag{3-17}$$

式中:M_1、M_2——每层墙的单位面积质量,kg/m²;

d——空气间层厚度,cm。

应说明的是,在工程设计时,构件的实际隔声量应按设计要求在专用隔声试验室做隔声测试。关于测试方法及隔声性能评价等请参阅有关资料。

二、公路交通噪声

(一)车辆噪声的构成

机动车辆在公路上行驶辐射的噪声(简称行驶噪声),主要由动力噪声和轮胎噪声两部分构成。

1. 动力噪声

车辆动力噪声(又称驱动噪声)主要指动力系统辐射的噪声。发动机系统是主要噪声源,包括进气噪声、排气噪声、冷却风扇噪声、燃烧噪声及传动机械噪声等。

动力噪声的强度主要取决于发动机的转速,与车速有直接关系,噪声强度随车速增大而增强。此外,车辆爬坡时,随着路面纵坡加大动力噪声也增大。

2. 轮胎噪声

轮胎噪声是指轮胎与路面的接触噪声,又称轮胎—路面噪声。它由轮胎直接辐射的噪声和轮胎激振车体振动产生的噪声构成。轮胎直接辐射的噪声,按其机理主要包括轮胎表面花纹噪声(空气泵噪声)和轮体振动噪声,以及在急转弯和紧急制动时与路面作用下产生的自激振动噪声等。轮胎噪声的大小与轮胎花纹构造、路面特性(材料构造、路面纹理)及车速有关,且主要取决于车速,其强度随车速的增大而增大。

(二)车辆噪声的测量

单个车辆在周围无阻挡的公路上行驶时,可视为半自由声场中的点声源,不考虑地面吸收时在距车辆 r 处的噪声级为:

$$L_r = L_W - 20\lg r - 8 \tag{3-18}$$

式中:L_r——距车辆 r 处的 A 声级,dB;

r——距车辆的距离,m;

L_W——车辆的声功率级,dB。车辆的声功率级与车型、车速和路面特性有关。

由于车辆在行驶状态下的声功率级难以测量,通常直接测量车辆噪声级。

1. 行驶噪声测量

测量场地布置如图 3-8 所示,两侧测点处声级计的传声器距行车线 7.5m,距地面1.2m。车辆以某一速度匀速驶过测量区,车辆驶过测点时两侧声级计记录下噪声级(A 计权声级)及频谱。每个车速下往返各测一次,然后计算每一车速下的平均噪声级。

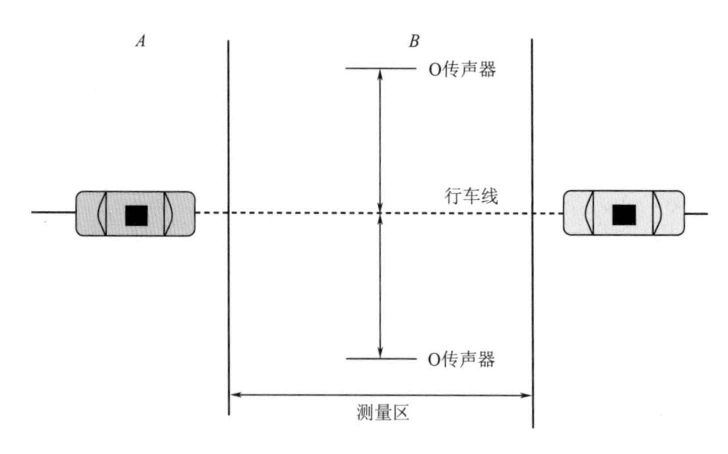

图 3-8　车辆噪声测量场地布置示意图

2. 轮胎噪声测量

国际上轮胎噪声测量方法有实验室(轮胎试验台)法、拖拉法和滑行法三种,目前,在我国,前两种测量方法不具备条件。滑行法的测量场地布置及要求与上述行驶噪声测量相同。测量时,将车辆加速至某一车速驶入测量区后立即关闭发动机,车辆在惯性作用下滑行通过测点时两侧声级计记录下噪声级和频谱,同时测量车速。

(三)车辆噪声的强度

通常将公路上行驶的车辆分为大、中、小三类,大型车指大型客车和重型货车,中型车指中型客车和中型货车,小型车指小客车和轻型货车。下面介绍各类车辆的行驶噪声和轮胎噪声的强度及其影响因素。

1. 行驶噪声强度及影响因素

(1)行驶噪声强度

经测量,在距行车线 7.5m(参照点)处的平均噪声级与车速(v)之间有如下关系:

①小型车。

沥青混凝土路面:

$$L_{os} = 12.60 + 33.66\lg v \tag{3-19}$$

水泥混凝土路面:

$$L_{os} = 19.24 + 31.77\lg v \tag{3-20}$$

②中型车。

$$L_{om} = 4.80 + 43.70\lg v \tag{3-21}$$

③大型车。

$$L_{ol} = 18.00 + 38.10\lg v \tag{3-22}$$

根据以上关系式绘制的车辆噪声级与车速的关系图见图3-9。图3-10为美国FHWA关于公路交通噪声预测模式中介绍的噪声级与车速关系图。根据式(3-19)、式(3-21)及式(3-22),将参照距离 7.5m 换至 15m,按点声源计算的噪声级与美国 FHWA 介绍的各类车辆的噪声级(L_0)基本一致。

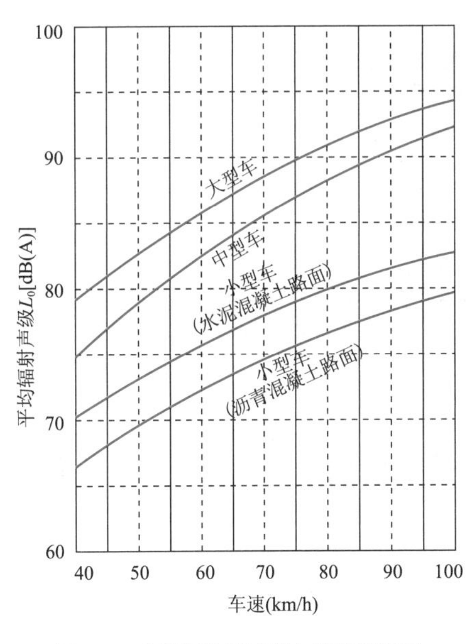

图3-9 车辆行驶噪声级与车速关系图(参照距离 7.5m)

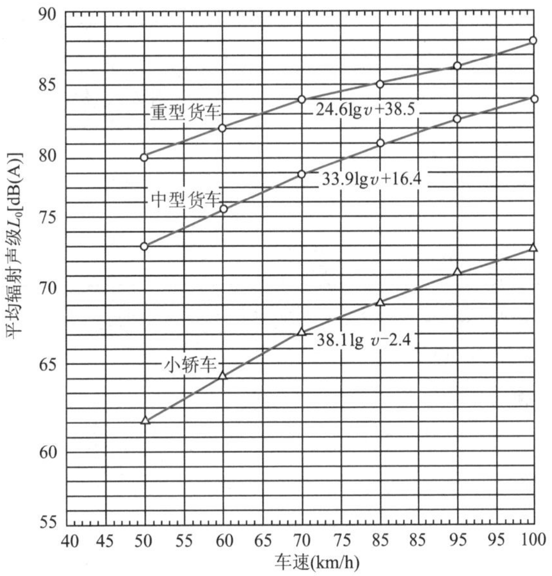

图3-10 美国 FHWA 介绍车辆行驶噪声级与车速关系图(参照距离 15m)

(2)行驶噪声强度的影响因素

①载重量。根据测量和资料介绍,载重量对汽油车的噪声影响不大,使中型货车的噪声级稍有增加,大型货车载重时的噪声级比空车时增加约 3dB。

②路面材料。测试结果表明:小型车在刚性路面上的噪声级比相同车速下的柔性路面上的噪声级大约 3dB,原因是小型车在刚性路面上的轮胎噪声比柔性路面上要大得多(表 3-2);中型车和大型车在刚、柔两种路面上的行驶噪声级基本相同,在相同车速下刚性路面上的噪声级比柔性路面上的噪声级高出 1dB 左右。

③路面粗糙度。路面粗糙度对小型车的行驶噪声有明显影响，这主要是由轮胎噪声引起的。对于小型车的行驶噪声级需按表3-3进行修正。

小型车在两种路面上轮胎噪声级的对比 表3-2

车　速(km/h)	50	60	70	80	90	100	110	120	车　型
水泥混凝土路面噪声级(dB)	69.8	72.6	75.1	77.4	79.4	81.3	83.0	84.6	桑塔纳
沥青混凝土路面噪声级(dB)	69.1	70.9	72.5	73.9	75.2	76.3	77.4	78.3	
噪声级差值(dB)	0.7	1.7	2.6	3.5	4.2	5.0	5.6	6.3	

路面粗糙度噪声级修正值 表3-3

粗　糙　度(mm)	噪声级修正值(dB)	粗　糙　度(mm)	噪声级修正值(dB)
<0.4	-2	1.0~1.3	4
0.4~0.7	0	>1.3	6
0.7~1.0	2		

④路面平整度。测试结果表明，路面平整度对车辆行驶噪声强度基本无影响。但路面严重破损或砂石路面，会因车体振动而使噪声强度增加。

⑤路面纵坡。路面纵坡对小型车的行驶噪声无明显影响。载重货车因上坡时发动机转速的增加，增大了动力噪声，使行驶噪声明显增强，其修正值见表3-4。

路面纵坡噪声级修正值 表3-4

纵　坡(%)	噪声级修正值(dB)	纵　坡(%)	噪声级修正值(dB)
3	0	6~7	3
4~5	1	>7	5

2.轮胎噪声强度

(1)小型车

测量结果表明，路面材料对小型车的轮胎噪声影响很大。在刚性路面上，其强度随车速的增大而迅速增加(表3-2)，当车速大于80km/h时，行驶噪声中轮胎噪声占主导地位。在柔性路面上，行驶噪声中轮胎噪声也略高于动力噪声。经测量，在距行车线7.5m处，轮胎噪声级与车速(v)的关系式如下。

水泥混凝土路面：

$$L_{AST}=29.50v^{0.220} \tag{3-23}$$

沥青混凝土路面：

$$L_{AST}=39.70v^{0.142} \tag{3-24}$$

(2)中型车

据测量，中型车的轮胎噪声与路面材料关系不大，且在任何车速下其轮胎噪声级与动力噪声级十分相近。距行车线7.5m处的轮胎噪声强度可用式(3-25)估算：

$$L_{AmT}=28.77v^{0.250} \tag{3-25}$$

(3)大型车

据测量，路面材料对大型车的轮胎噪声影响不明显，行驶噪声中动力噪声级略大于轮胎噪声级，但载重量会增加轮胎噪声。距行车线 7.5m 处的轮胎噪声级可用式(3-26)估算：

$$L_{ALT} = 32.12v^{0.225} \tag{3-26}$$

(四)车辆噪声的频率

由噪声频谱分析结果，大、中、小三种车型的噪声频率范围见表 3-5。由表可见，小型车的噪声以中高频声为主，中型、大型车的噪声以中低频声为主。另外，水泥混凝土路面上的噪声频率比沥青路面上的高，由于人耳的听觉特性，这便是听觉上感到水泥混凝土路面上的噪声大于沥青路面上的主要原因。

车辆噪声的频率分布　　表 3-5

车型	车速(km/h)	行驶噪声频率(Hz)		轮胎噪声频率(Hz)	
		沥青混凝土路面	水泥混凝土路面	沥青混凝土路面	水泥混凝土路面
小轿车	60 ~ 120	500 ~ 2 000	630 ~ 2 500	630 ~ 2 000	800 ~ 2 500
中型车	40 ~ 80	80 ~ 800	125 ~ 1 600	160 ~ 1 000	315 ~ 1 600
大型车	40 ~ 80	80 ~ 1 000	250 ~ 2 000	250 ~ 1 000	315 ~ 2 000

(五)噪声的危害

1. 噪声引起听力损伤

人们长期接触强噪声会引起听力损伤，其损伤程度表现为以下几种类型。

(1)听觉疲劳

在噪声作用下，听觉敏感性降低，表现为听阈提高 10 ~ 15dB，但离开噪声环境几分钟即可恢复，这种现象称为听觉适应。当听阈提高 15dB 以上，离开噪声环境很长时间才能恢复，这种现象叫作听觉疲劳，已属于病理前期状态。

(2)噪声性耳聋

根据国际标准化组织(ISO)的规定，500Hz、1 000Hz、2 000Hz 三个频率的平均(算术平均)听力损失超过 25dB 称为噪声性耳聋。根据听力损伤的程度，噪声性耳聋可分为以下三类：

①当听阈位移达 25 ~ 40dB 时为轻度耳聋，听觉还未影响到语言区(500 ~ 2 000Hz)，对交谈影响不大。

②当听阈位移达到 40 ~ 60dB 时为中度耳聋，听觉已影响到语言区，一般声音的讲话已经听不清楚。

③当听阈位移达 60 ~ 80dB 时为重度耳聋，对低频、中频和高频的听觉能力均严重下降，即使面对面地大声讲话也听不清楚。

(3)爆发性耳聋

当声压很大时(如爆炸、炮击)，耳鼓膜内外产生较大压差，导致鼓膜破裂，双耳完全失聪。噪声级超过 130dB 时，一定要戴耳塞，或把嘴张大，以防止鼓膜破裂。

2. 噪声对人体健康的影响

(1)对视觉的影响

在噪声作用下会引起视觉分析器官功能下降，视力清晰度及稳定性下降。130dB 以上的强烈噪声会引起眼震颤及眩晕。

(2)对神经系统的影响

在噪声长期作用下会导致中枢神经功能性障碍,表现为植物神经衰弱症候群(头痛、头晕、失眠、多汗、乏力、恶心、心悸、注意力不集中、记忆力减退、惊慌、反应迟缓)。对噪声作用下的近万名职工的调查表明,噪声强度越大,神经衰弱症的阳性率越高。

(3)对消化系统的影响

强噪声作用于中枢神经,往往引起消化不良及食欲不振,从而导致肠胃病发病率增高。

(4)对心血管系统的影响

噪声会使交感神经紧张,引起心跳过速、心律不齐、血压升高等症状。据调查,在高噪声环境下作业的人们,如钢铁工人和机械工人的心血管病发病率比在安静环境下工作的要高。

当然,引起某种慢性机能性疾病的原因是多方面的。噪声对引起上述疾病方面的危害程度,目前还没有了解得很清楚。一般地讲,噪声级在90dB以下时,对人的生理机能影响不会很大。

3.噪声对正常生活和工作的影响

噪声影响人的正常生活,妨碍休息和睡眠,使人感到烦躁,这种影响对老人、病人更加明显。据研究,在40~45dB的噪声刺激下,睡着人的脑电波开始出现觉醒信号,这就是说40~45dB的噪声就会干扰人的正常睡眠;对于突发性的噪声,在40dB时可使10%的人惊醒,60dB则使70%的人惊醒。

强噪声不仅使作业者增加生理负担和能量消耗,而且使作业者神经紧张、心情烦躁、注意力不易集中、容易疲劳等,因而影响工作效率。

噪声分散人的注意力,影响工作的质量,也容易引起工伤,它给人民和社会带来的损失是十分可观的。据世界卫生组织估计,仅美国由于工业噪声造成的低效率、缺勤、工伤事故和听力损失赔偿等费用,每年达40亿美元。

4.噪声对语言通信的影响

噪声对人的语言信息具有掩蔽作用。由于语言的频率范围多在500~2 000Hz,所以500~2 000Hz的噪声对语言的干扰最大。

通常普通谈话声(距唇部1m处)约在70dB以下,大声谈话可达85dB以上,当噪声级低于谈话声级时谈话才能正常进行。电话通信对声环境的要求更严,电话通信的语音为60~70dB,在50dB的噪声环境下通话清晰可辨,大于60dB时通话便受阻。

5.噪声对仪器设备和建筑物的影响

特强噪声会使仪器设备失效,甚至损坏。对于电子仪器,当噪声级超过130dB时,由于连接部位的振动而松动、抖动或位移等原因,使仪器发生故障而失效;当噪声级超过150dB时,因强烈振动而使一些电子元件失效或损坏。对于机械结构(如火箭、航空器等),在特强噪声的频率交变负载的反复作用下,使材料结构产生疲劳,甚至断裂,这种现象叫作声疲劳。

当噪声级超过140dB时,强烈的噪声对轻型建筑物开始起破坏作用。当超音速飞机做低空飞行时,在强烈的"轰声"作用下会使建筑物门窗损坏,墙面开裂,屋顶掀起,烟囱倒塌。此外,建筑物附近有强烈的噪声(振动)源时,如振动筛、空气锤、振动式压路机等,也会使建筑物受损。

巩固练习

1. 什么是声源？什么是噪声源？
2. 声波据波阵面的形状可分为哪几种？
3. 噪声在空气中传播时，为什么其强度随着传播距离的增加而衰减？
4. 机动车辆在公路上行驶时的噪声由哪些部分组成？
5. 机动车辆行驶噪声强度的影响因素有哪些？
6. 噪声具有哪些危害？

任务二　公路交通噪声的防治

一、公路交通噪声预测

（一）公路交通噪声预测

（1）i 型车辆行驶于昼间或夜间，预测点接收到小时交通噪声值按式（3-27）计算：

$$(L_{Aeq})_i = L_{W.i} = 10\lg(\frac{N_i}{v_i T}) - \Delta L_{距离} + \Delta L_{纵坡} + \Delta L_{路面} - 13 \quad (3\text{-}27)$$

式中：$(L_{Aeq})_i$——i 型车辆行驶于昼间或夜间，预测点接收到小时交通噪声值，dB；

$L_{W.i}$——第 i 型车辆的平均辐射声级，dB；

N_i——第 i 型车辆的昼间或夜间的平均小时交通量，辆/h；

v_i——i 型车辆的平均行驶速度，km/h；

T——L_{Aeq} 的预测时间，在此取 1h；

$\Delta L_{距离}$——第 i 型车辆行驶噪声，昼间或夜间的距离声等效行车线距离为 r 的预测点处的距离衰减量，dB；

$\Delta L_{纵坡}$——公路纵坡引起的交通噪声修正量，dB；

$\Delta L_{路面}$——公路路面引起的交通噪声修正量，dB。

（2）各型车辆昼间或夜间使预测点接收到的交通噪声值应按式（3-28）计算：

$$(L_{Aeq})_{交} = 10\lg[10^{0.1(L_{Aeq})_L} + 10^{0.1(L_{Aeq})_M} + 10^{0.1(L_{Aeq})_S}] - \Delta L_1 - \Delta L_2 \quad (3\text{-}28)$$

式中：$(L_{Aeq})_L$、$(L_{Aeq})_M$、$(L_{Aeq})_S$——分别为大、中、小型车辆昼间或夜间，预测点接收到的交通噪声值，dB；

$(L_{Aeq})_{交}$——预测点接收到的昼间或夜间的交通噪声值，dB；

ΔL_1——公路曲线或有限长路段引起的交通噪声修正量，dB；

ΔL_2——公路与预测点之间的障碍物引起的交通噪声修正量，dB。

（二）复合地区交通噪声预测

公路互通立交及公路铁路立交周围接收到的交通噪声预测值应按式（3-29）计算：

$$(L_{Aeq})_{交、立} = 10\lg[10^{0.1(L_{Aeq})_{交、公1}} + 10^{0.1(L_{Aeq})_{交、公2}} + \cdots +$$

$$10^{0.1(L_{Aeq})_{交、公i}} + 10^{0.1(L_{Aeq})_{交、铁}}]$$ (3-29)

式中：$(L_{Aeq})_{交、立}$——立交周围接收到的交通噪声预测值，dB；

$(L_{Aeq})_{交、公1}$——预测点接收到的第1条公路交通噪声值，dB；

$(L_{Aeq})_{交、公2}$——预测点接收到的第2条公路交通噪声值，dB；

$(L_{Aeq})_{交、公i}$——预测点接收到的第 i 条公路交通噪声值，dB；

$(L_{Aeq})_{交、铁}$——预测点接收到的铁路交通噪声值，dB。

上述值按式(3-28)计算。

（三）预测点昼间或夜间的环境噪声预测值的计算

$$(L_{Aeq})_{预} = 10\lg[10^{0.1(L_{Aeq})_{交}} + 10^{0.1(L_{Aeq})_{背}}] \tag{3-30}$$

式中：$(L_{Aeq})_{预}$——预测点昼间或夜间的环境噪声预测值，dB；

$(L_{Aeq})_{背}$——预测点预测时的环境噪声背景值，采用该预测点现状环境噪声值，dB。

上述公路交通噪声预测公式中各参数可按下列方法确定。

（四）环境噪声影响预测模式及参数的确定

公式(3-27)中参数的确定方法如下：

(1)各类型车的平均辐射声级 $L_{W,i}$(dB)，应按式(3-31)计算：

$$\left.\begin{aligned} &\text{大型车：} & L_{W,L} &= 77.2 + 0.18v_L \\ &\text{中型车：} & L_{W,M} &= 62.6 + 0.32v_M \\ &\text{小型车：} & L_{W,S} &= 59.3 + 0.23v_S \end{aligned}\right\} \tag{3-31}$$

式中：L、M、S——表示大、中、小型车，具体划分见表3-9；

v_L, v_M, v_S——各型车平均行驶速度。

(2)距离衰减量 $\Delta L_{距离}$ 的计算：

①计算 i 型车昼间与夜间的车间距 d_i，应按式(3-32)计算：

$$d_i = 1\,000\frac{v_i}{N_i} \tag{3-32}$$

式中：N_i——i 型车昼间或夜间平均小时交通量，辆/h。昼间与夜间的交通量比，可依据《可行性研究报告》确定或通过实际调查确定。测量时间一般分为：昼间(06:00～22:00)和夜间(22:00～06:00)两部分。

②预测点至噪声等效行车线的距离(r_2)按式(3-33)计算：

$$r_2 = \sqrt{D_N D_F} \quad (\text{m}) \tag{3-33}$$

式中：D_N——预测点至近车道的距离，m；

D_F——预测点至远车道的距离，m。

③$\Delta L_{距离}$(dB)应按式(3-34)计算：

$$\left.\begin{aligned} &\text{当 } r_2 \leqslant d_i/2 \text{ 时：} & \Delta L_{距离.i} &= K_1 K_2 20\lg\frac{r_2}{7.5} \\ &\text{当 } r_2 > d_i/2 \text{ 时：} & \Delta L_{距离.i} &= 20K_1\left(K_2\lg\frac{0.5d_i}{7} + \lg\sqrt{\frac{r_2}{0.5d_i}}\right) \end{aligned}\right\} \tag{3-34}$$

式中：K_1——预测点至公路之间地面状况常数，应按表3-6取值；

K_2——与车间距 d_i 有关的常数，应按表3-7取值。

地 面 状 况 常 数 表 3-6

硬 地 面	$K_1=0.9$
一般土地面	$K_1=1.0$
绿化草地地面	$K_1=1.1$

注：硬地面是指经过铺筑路面，如沥青混凝土、水泥混凝土、条石、块石及碎石地面等。

与车间距有关的常数 表 3-7

d_i(m)	20	25	30	40	50	60	70	80	100	140	160	250	300
K_2	0.17	0.5	0.617	0.716	0.78	0.806	0.833	0.840	0.855	0.88	0.855	0.89	0.908

(3)公路纵坡引起的交通噪声修正量 $\Delta L_{纵坡}$(dB)，应按式(3-35)计算：

$$\left.\begin{aligned}&\text{大型车：}\quad \Delta L_{纵坡}=98\times\beta\\&\text{中型车：}\quad \Delta L_{纵坡}=73\times\beta\\&\text{小型车：}\quad \Delta L_{纵坡}=50\times\beta\end{aligned}\right\}\tag{3-35}$$

式中：β——公路的纵坡坡度，%。

(4)公路路面引起的交通噪声修正量 $\Delta L_{路面}$，应按表 3-8 取值。

路 面 修 正 量 表 3-8

路　　面	$\Delta L_{路面}$(dB)
沥青混凝土路面	0
水泥混凝土路面	1～2*

注：* 当小型车比例占 60% 以上时，取上限，否则，取下限。

公式(3-28)中参数确定方法如下：

①公路弯曲或有限长路段引起的交通噪声修正量 ΔL_1(dB)，应按式(3-36)计算：

$$\Delta L_1=-10\lg\frac{\theta}{180}\tag{3-36}$$

式中：θ——预测点向公路两端视线的夹角，°。

②公路与预测点之间障碍物引起的交通噪声修正量 ΔL_2，应按式(3-37)计算：

$$\Delta L_2=\Delta L_{2树林}+\Delta L_{2建筑物}+\Delta L_{2声影区}\tag{3-37}$$

a. $\Delta L_{2树林}$ 为树林障碍物引起的等效 A 声级衰减量。

预测点的视线被树林遮挡看不见公路，且树林高度为 4.5m 以上时，取值如下：

当树林深度为 30m 时，$\Delta L_{2树林}=5$dB。

当树林深度为 60m 时，$\Delta L_{2树林}=10$dB。

最大修正量为 10dB。

b. $\Delta L_{2建筑物}$ 为建筑障碍物引起的等效 A 声级衰减量，按下述方法取值。

当第一排建筑物占预测点与路中心线间面积的 40%～60% 时，$\Delta L_{2建筑物}=3$dB。

当第一排建筑物占预测点与路中心线间面积的 70%～90% 时，$\Delta L_{2建筑物}=5$dB。

每增加一排建筑物，$\Delta L_{2建筑物}$ 值增加 1.5dB，最多为 10dB。

c. $\Delta L_{2声影区}$ 为预测点在高路堤或低路堑两侧声影区引起的等效 A 声级衰减量。计算方法如下：

首先判断预测点是在声照区或声影区，如图 3-11 和图 3-12 所示。

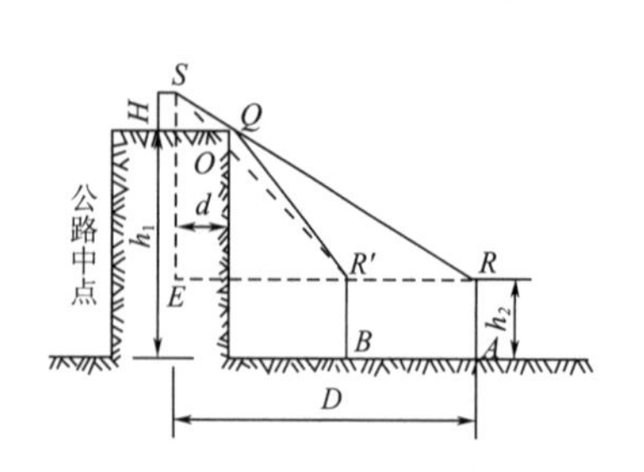

图 3-11 高路堤声照区及声影示意图

H－声源高度；h_1－预测点 A 至路面的垂直距离；D－预测点A 至路中心线的垂直距离；h_2－预测探头高度，$h_2=1.2\text{m}$；d－公路宽度的 1/2

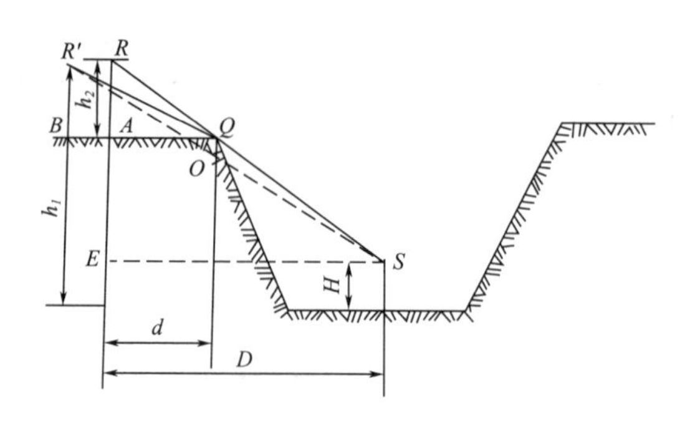

图 3-12 路堑声照区及声影区示意图

d－预测点 A 至路堑边坡顶点 Q 的距离；h_1－预测点 A 至路面的垂直距离；其他符号含义同图 3-11

由△SER 可得：

$$\frac{D}{d}=\frac{H+(h_1-h_2)}{H}$$

由△SER 可得：

$$\frac{D}{d}=\frac{h_1+(h_1-H)}{h_2}$$

若 $D\leqslant\frac{H+(h_1-h_2)}{H}d$，预测点在 A 点以内（如 B 点），则预测点处于声影区。

若 $D>\frac{H+(h_1-h_2)}{H}d$，预测点在 A 点以外，则预测点处于声照区。

若 $D>\frac{h_2+(h_1-H)}{h_2}d$，预测点在 A 点以外（如 B 点），则预测点处于声影区。

若$(D-d)<D\leqslant\frac{h_2+(h_1-H)}{h_2}d$，预测点在 A 点以内，则预测点处于声照区。

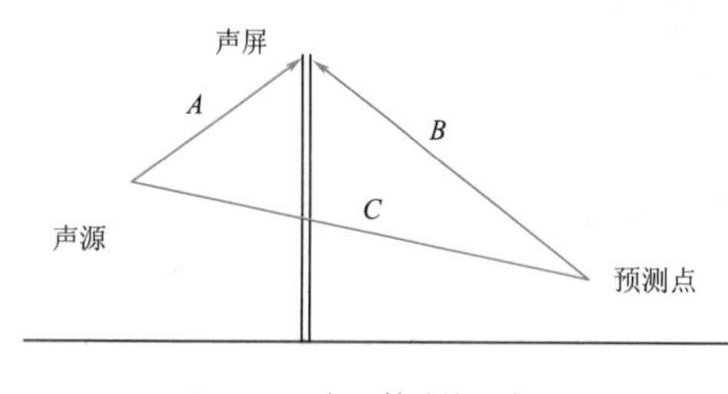

图 3-13 声程差计算示意图

当预测点处于声照区，$\Delta L_{2声影区}=0$。

当预测点位于声影区，$\Delta L_{2声影区}$ 决定于声波路差 δ。

由图 3-13 计算 δ，$\delta=A+B-C$。再由图 3-14 查出 $\Delta L_{2声影区}$。

③预测模式的适用范围。

a. 预测点在距噪声等效行车线 7.5m 远处。

b. 车辆平均行驶速度在 20～100km/h 之间。

c. 预测精度为 ±2.5dB。

（五）汽车平均行驶速度的计算

车型分为小、中、大三种，车型分类标准见表 3-9。

车型比应按可行性研究报告中给定的或通过实地调查确定。

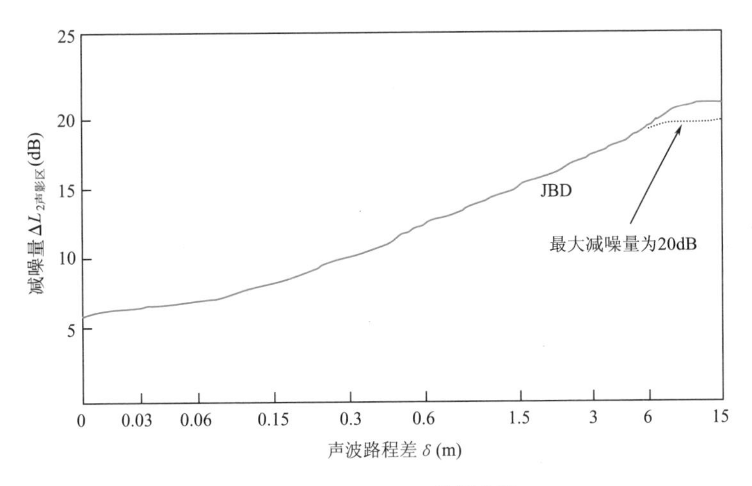

图 3-14 $\Delta L_{2声影区}$—δ 关系曲线

车型分类标准表

表 3-9

车　型	汽车总质量
小型车(S)	3.5t 以下
中型车(M)	3.5t ~ 12t
大型车(L)	12t 以上

注:大型车包括集装箱车、拖挂车、工程车等,实际汽车排放量不同时可按相近归类。

(1)小型车平均速度计算公式:

$$Y_S = 237X^{-0.1602} \tag{3-38}$$

式中:Y_S——小型车的平均行驶速度,km/h;

X——预测年总交通量中的小型车小时交通量,车次/h。

(2)中型车速度计算公式:

$$Y_m = 212X^{-0.1747} \tag{3-39}$$

式中:Y_m——中型车的平均行驶速度,km/h;

X——预测年总交通量中的中型车小时交通量,车次/h。

(3)大型车平均行驶速度按中型车车速的 80% 计算。

公式适用条件如下:

(1)用于高等级公路双向四车道,设计车速小型车为 120km/h。

(2)小型车计算公式 $Y_S = 237X^{-0.1602}$ 适用于小型车占总交通量的 50% 以上和小型车小时交通量 70 ~ 3 000 车次/h。

(3)中型车计算公式 $Y_m = 212X^{-0.1747}$ 适用于中型车小时交通量 25 ~ 2 000 车次/h。

(4)只适用于昼间平均行驶速度的计算。

公式修正如下:

(1)当设计车速小于 120km/h 时,公式计算平均车速按比例递减。

(2)当小型车交通量小于总交通量的 50% 时,每减少 100 车次,其平均车速以 30% 递减,不足 100 车次时按 100 车次计。

(3)按式(3-38)、式(3-39)计算得出车速后,折减 20% 作为夜间平均车速。

二、公路声屏障设计

（一）声学设计

1. *声学原理*

声屏障是使声波在传播中受到阻挡，从而达到某特定位置上的降低噪声作用的装置。一个声屏障可以定义为任何一个不透声的固体障碍物。它挡住声源到声音接受点（受声点）的传播，从而在屏障后面建立一个"声影区"，在声影区内，声音的强度比没有屏障时的衰减大。声影区域的大小与声音频率有关，频率越高，声影区范围越大。

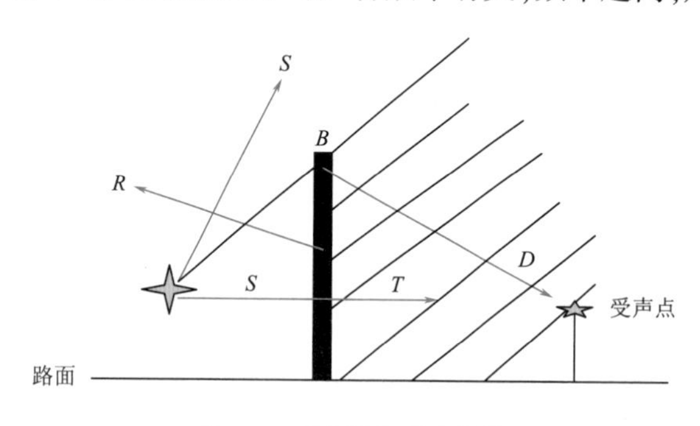

图3-15　声屏障及噪声传播

S-直达声；R-反射声；D-绕射声；T-透射声；B-声屏障

噪声源辐射的噪声遇到声屏障时，它将沿着四条途径传播，其传播特性见图3-15。首先，直达声波直接传给未被声屏障屏蔽的接受点（受声点）。第二条途径是绕射至声屏障屏蔽区，声波绕射角越大，屏蔽区中的噪声级越低，即较大的绕射角比较小的绕射角的绕射声能为低。第三，声波直接透过声屏障到达屏蔽区。第四是声波在声屏障壁面上产生的反射。

声屏障对声音的衰减主要取决于声源辐射的声波沿这四条途径传播的能量分配。

2. *计算方法*

在噪声传播的四个途径中，绕射是最重要的设计指标，因为在声屏障的屏蔽区中所能感受到的噪声几乎全部是绕射声波。在决定声屏障隔声性能时，一般只对绕射声进行计算，根据所需的隔声量来确定声屏障的长度、高度、材料以及结构和形状。但具体设计时还要同时考虑其他三个途径的影响，必要时做一定的修正。由于噪声在传播时存在反射，一般声屏障表面应具有吸声性能。声屏障的反射性能一般不是声屏障设计时考虑的重要因素。

当某一物体具备以下特性时，可以当作声屏障：

（1）声屏障的传声损失（隔声量）应比绕射声大10dB以上（此时透射声的影响可以忽略）。

（2）在声屏障中不能有裂缝。

（3）声屏障必须足够高，截断接受点（受声点）到声源的视线，而且长到可以阻止在声屏障两端噪声绕出。

在满足以上前提条件下，为确保满意的声屏障设计还必须考虑声屏障的形状及声屏障的插入损失（*IL*）。插入损失（*IL*）是声屏障影响声传播的直接量度，插入损失是声屏障修建前后在接受点（受声点）的声级之差，即：

$$IL = \text{声屏障建设前声级} - \text{声屏障建设后声级}$$

一般来说，插入损失与声屏障衰减量ΔL、传播损失特性有关。插入损失应当是设计声屏障的依据。

声屏障绕射声衰减量计算方法如下：

(1)点声源

计算一个很长的屏障对点声源的衰减量时，可根据声波波长 λ 首先定出它的菲涅耳(Fresnel)数 N，声绕射几何量示意如图 3-16 所示。

$$N = \frac{2}{\lambda}(d_1 + d_2 - d) \qquad (3\text{-}40)$$

式中：d_1——声源至声屏障顶端的距离，m；

d_2——接受点至声屏障顶端的距离，m；

d——声源至接受点的距离，m；

λ——声波波长，m。

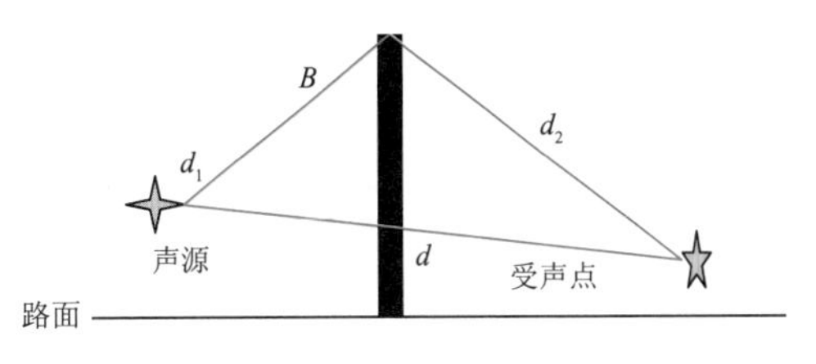

图 3-16 声绕射几何量

然后根据 N 值从图 3-17 声屏障绕射声衰减曲线中查出相对应的屏障衰减值。

(2)线声源

对于沿线分布各个声源所发出的声音相互间为无规则量时，应作为不相干的线声源考虑，采用图 3-17 中的点线。对一定声源和接受者位置及屏障高度来说，菲涅耳(Fresnel)数 N 随频率而增加。

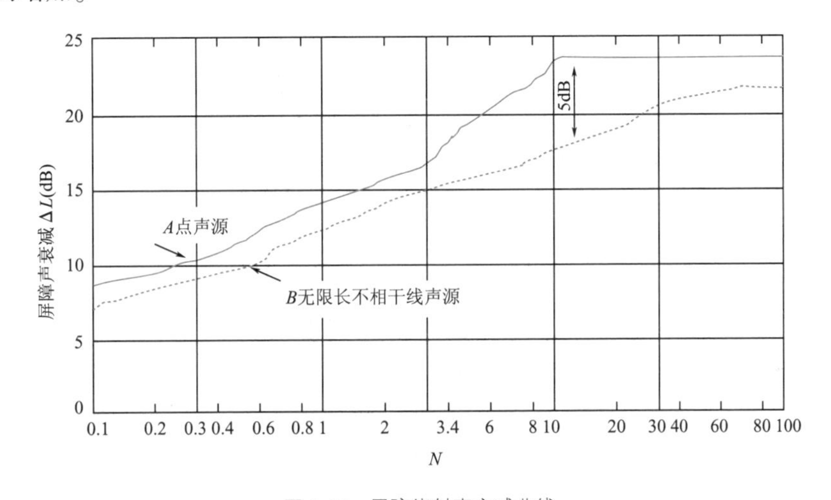

图 3-17 屏障绕射声衰减曲线

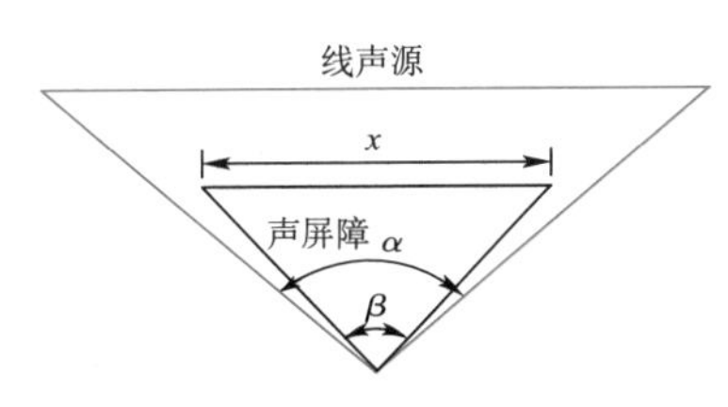

图 3-18 有限长的声屏障及线声源修正图

(3)无限长线声源，有限长声屏障

一个有限长的屏障与一个无限长交通噪声的线声源相平行时，屏障的有效程度大致上可按接受者面对屏障的包角大小按比例来粗略地估计屏障的衰减量。估计后的声屏障衰减量取决于遮蔽角 β/θ 的大小(图 3-18)。

采用声屏障控制交通噪声传播也是有一定限度的。一般来说，所需衰减量为 5dB，采用简单声屏障即可达到目的；所需衰减量为 10dB，采用声屏障也是可行的；但若所需衰减量为 15dB，用声屏障就很难达到；衰减量为 20dB，则只用声屏障几乎不可能达到所需控制目标。

3. 声屏障设计程序

(1)确定声屏障设计目标值

①根据有关要求，首先确定防护对象。确定有代表性的接受点，通常选择噪声最严重的敏感点。它根据公路路段与防护对象的相对位置以及地形地貌来确定。

②确定声屏障建造前的环境噪声值，即本底值。它主要由交通噪声和其他背景噪声合成。对现有公路，环境噪声值可由现场测量得到。对还未建成或未通车的公路，可以根据《公路建设项目环境影响评价规范》（JTG B03—2006）中的有关模式进行交通噪声的预测，并根据代表性接受点所在的功能区确定该点的环境噪声标准值。

③确定声屏障设计目标值。对现有公路，设计目标值应由接受点处现场监测的环境噪声值减去该点除去交通噪声的背景噪声值来确定；对未建公路或未通车公路，设计目标值应由预测到的公路交通噪声值减去接受点的背景噪声值（即不包括交通噪声的环境噪声值，它由现场测量得到）来确定。

如果接受点的背景噪声值低于功能区的环境噪声标准值10dB，则设计目标值可由公路交通噪声值（实测或预测值）减去环境噪声标准值来确定。

在某些情况下，设计目标值也可由有关环境部门根据该点环境噪声实际情况确定。

（2）位置的设定

根据公路与防护对象之间的相对位置，周围的地形地貌，可以选择几个声屏障的设计位置。选取原则或是屏障靠近声源，或者靠近接受点，或者可以利用土坡、堤坝等障碍物等，力求以较小的工作量达到设计目标所需的声衰减值。

（3）几何尺寸的确定

对于每个位置，根据设计目标值，可以确定几何声屏障的长与高，形成多个组合方案，然后根据声源类型（点声源或者线声源），计算每个方案的插入损失。

若声屏障的长度有限，进行修正。

保留达到目标值的方案，并进行比选，选择最优方案。

（4）选择声屏障的形状

常用的声屏障形状有直立形、折板形、弯曲形、半封闭型和全封闭形。根据要求，进行选择使用。

（二）材料设计

1. 声学性能要求

（1）声反射型声屏障结构材料的隔声量应大于设计的绕射声衰减的10dB。一般隔声量取20～35dB。

（2）声吸收型结构材料的吸声材料降噪系数应大于0.6，同时具有与声反射型结构相同的隔声量。

2. 物理性能要求

（1）防腐性：钢结构的抗腐蚀层应符合《钢结构设计规范》（GB 50017—2003）和《冷弯薄壁型钢结构技术规范》（GB 50018—2002）的规定。

（2）防潮（水）：吸声型声屏障应具有防潮（水）的性能，在高湿度或雨水环境中其吸声性能不受影响。构造中应设置排水措施，避免构件内部积水。

（3）防老化：对易老化的声屏障材料应采取防老化措施，对合成材料要有防紫外线保护层或涂料。

（4）防尘：吸声型声屏障设计中应考虑公路扬尘不影响其吸声性能。

（5）防火：根据公路交通运输的特点，声屏障材料和涂料的防火性能应符合公路设计的有关要求。

(三)结构设计

1. 结构设计原则

声屏障的结构设计应遵从以下原则：

(1)结构设计应贯彻执行国家的技术经济政策,同时必须在满足声学性能要求的前提下做到技术先进、经济合理、安全适用和确保质量。

(2)声屏障设计应从工程实际出发,宜优先采用定型的和标准化的结构和构件,并全面保持声学设计的贯彻,同时注意声屏障的景观效果与周围环境相协调。

(3)声屏障的结构设计,包括基础、立柱、板材和构件之间的连接及使用过程中的强度、荷载、稳定性和刚度等,根据选用材料的类型,均应符合及遵从相应的现行国家标准和部颁标准。

(4)为确保交通安全,根据公路工程的实际情况,声屏障的设置应不影响公路交通安全设施的功能。对于低于安全净空高度的弧形、折板形、直立形声屏障,其顶端不能超越路缘石线的内侧,并应有防落下装置。

(5)声屏障构件设计应考虑公差、密封、防渗和积水、构件可换性及表面处理的要求,同时应考虑便于维修。

2. 结构类型

声屏障通常采用的结构可以分为土堤结构、木质结构、混凝土砖石结构、金属和合成材料结构以及不同材料的组合结构等,性能特点见表3-10。设计时应根据所在区域特点及技术经济情况选用。

声屏障类型及其特点 表3-10

类　型	特　点
土堤结构	适用于地广人稀的区域,是最经济减噪办法,降噪效果为3~5dB。建造此类声屏障所需空地比较大
混凝土砖石结构	适用于郊区和农村区域,易与周围自然环境相协调,价格便宜,且便于施工与维护。降噪效果为10~13dB
木质结构	适用于农村、郊区个人住宅或院落且木材资源比较丰富的地区的噪声防护。降噪效果为6~14dB
金属和复合材料结构	世界各国最普遍使用的结构。材料易于加工,可加工成各种形式,安装简便,易于景观设计和规模制造生产,降噪效果也很好
组合式结构	必须根据现场条件、周围环境、景观要求和经济性决定

(四)景观设计

声屏障本身作为一种建筑,应遵循建筑形式美的一般原则,同时声屏障作为公路的一部分,也应融入公路景观,与其达到高度的整体性与一致性相协调。

声屏障是用来降低噪声的,并不是艺术品,但为了获得良好的视觉效果,可以运用一些园林中的造景手段,来增加美感,让观察者得到艺术享受。因此,在进行声屏障景观设计时要综合考虑视觉特性与声屏障结构(顶部、中间部分墙体、基部)形式之间的协调关系,尽量做到声屏障景观与自然、周围环境、公路景观的和谐统一,见图3-19~图3-21。

图3-19　复合式隔音墙

图3-20　植物声屏障

图3-21　复合式隔音墙

三、低噪声路面构造与设计

自20世纪80年代起,欧洲的比利时、荷兰、德国、法国和奥地利等国,开始研究并采用低噪声路面。由于低噪声路面与其他降噪措施(如声屏障)相比,具有经济合理、保持环境原有风貌、降噪效果好和行车安全等优点,目前国际上发达国家已广泛展开应用研究。1993年欧洲共同体要求其所有路桥公司能修筑“净化”路面,掌握铺筑低噪声路面的技术,在法国Toussieu修建了一个试验场地,汇集了许多公路和噪声测试方面的专家,对低噪声路面技术作全面深入研究。我国一些高等学校,如原西安公路交通大学于1993—1996年,对低噪声路面的机理、面层材料构造、沥青改性及添加剂等作了较为系统的研究。

(一)低噪声路面的机理及其效益

1. 轮胎噪声的物理现象

轮胎与路面接触噪声的大小不仅与轮胎本身(如表面花纹)有关,更主要的取决于路面的表面特性。概括起来,轮胎噪声的物理现象有以下三方面:

(1)冲击(振动)噪声。该噪声主要由路面的不平整度、车辙、横向刻槽等引起轮胎振动(甚至连带车身振动)而辐射噪声。该噪声的频率较低。

(2)气泵噪声。轮胎在路面上滚动时,表面花纹槽中的空气被压缩后迅速膨胀释放而发出噪声,噪声产生的过程类似于空气泵压缩——膨胀发出爆破声的现象。气泵噪声的强度随车速的增加而增加,且以高频声为主,在轮胎噪声中占主要地位。

(3)附着噪声。是由轮胎橡胶在路面上附着作用力而产生的类似于真空吸力噪声。

2. 低噪声路面的机理

原先为了行车安全,铺筑开级配透水沥青混凝土面层,以使路面上的雨水由表面至内部连通的孔隙网迅速排出。由于面层具有互通的孔隙网,产生了惊人的降低交通噪声的功能,于是引发了多孔隙低(降)噪声路面的研究。低噪声路面机理示意图如图3-22所示。低噪声路面的机理概括如下：

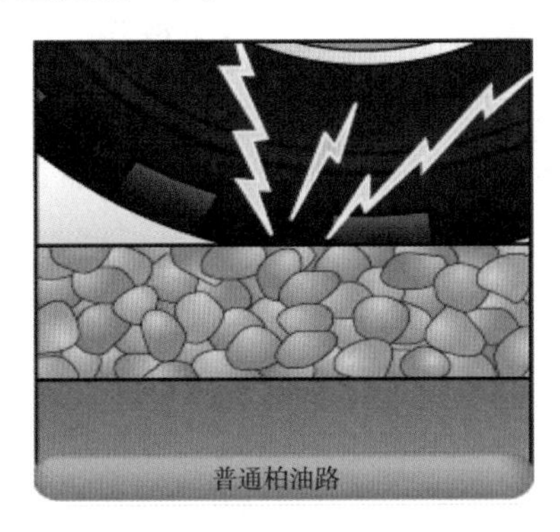

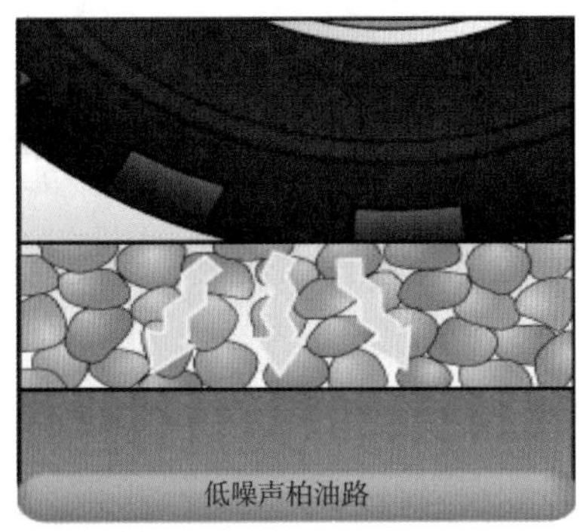

图3-22 低噪声路面机理示意图

(1)面层孔隙的吸声作用。除了吸收发动机和传动机件辐射到路面的噪声外,还可吸收通过车底盘反射回路面的轮胎噪声及其他界面反射到路面的噪声。其吸声机理类似于多孔吸声材料的吸声作用。

(2)降低气泵噪声。由于面层具有互通的孔隙,轮胎与路面接触时表面花纹槽中的空气可通过孔隙向四周逸出,减小了空气压缩爆破产生的噪声,且使气泵噪声的频率由高频变成低频。

(3)降低附着噪声。与密实路面相比,轮胎与路面的接触面减小,有助于附着噪声的降低。

(4)良好的平整度,降低了冲击噪声。

3. 低噪声路面的效益

(1)降低交通噪声源

轮胎噪声是交通噪声中不可忽视的噪声源,当车速大于50km/h时它起到举足轻重的作用。又因轮胎噪声的频率较高,夜间它是干扰人们睡眠的主要“凶手”(除鸣笛等突发噪声外)。据原联邦德国的研究,从改进汽车轮胎来降低轮胎噪声源作用是十分有限的,仅可降噪约1dB(A)。因此,从噪声防治角度,铺筑低噪声路面降低交通噪声源无疑是有效的措施。

(2)可能的降噪量

从欧洲一些国家铺筑的开级配多孔隙沥青路面试验路段测得的结果,较传统的密级配路面降低噪声3~6dB(A),雨天可降低约8dB(A)。试验路面层的孔隙率大多为20%左右。法国Rhone省联合Michelin研究室,从1988年起对低噪声路面的理论进行研究,得出的结论是采用加厚多孔隙路面可以降低噪声10dB(A)以内,但最大不会超过10dB(A)。

(3)耐久性和可靠性

荷兰、法国等试验路表明,多孔隙沥青路面在使用多年后(如法国使用6年)测试,其透水性和附着性仍令人满意,对抗车辙、疲劳、老化等都表现出很好的耐久性。德国1986年起在莱茵地区对低噪声面层进行的长期观察也表明,在透水性、耐久性、抗形变能力和使用性能等方面没有发现任何变化。也有一些国家,如日本研究认为,多孔隙沥青面层的孔隙率随使用时间下降,路面抗冻性差,车辙出现早,表面空隙被泥沙堵塞导致透水性及降噪效果下降。

(4)经济与使用分析

欧、美、日等国的试验路表明,采用多孔隙沥青混合料面层的低噪声路面比普通沥青混凝土路面的造价略高。因此,在公路交通噪声干扰人们正常生活的地方修筑低噪声路面才是有意义的，也符合经济的原则。它的使用价值表现在：在城市人口密集区、特殊安静区等地使用，既可保护声环境，又可保持环境风貌，建成的试验路已受到当地民众的欢迎；可以取消声屏障，至少可以降低屏障高度，从而美化了环境，减少了造价；可以降低行车道内的噪声，从而降低了车内噪声，增加了司乘人员的舒适性。

（二）低噪声路面的材料构造

低噪声路面也分为沥青混凝土和水泥混凝土两类，目前对沥青混凝土低噪声路面研究较多。

1. 多孔隙沥青路面

（1）单层多孔隙沥青混合料面层路面。该路面的构造是在普通密级配的沥青混凝土路面上，再铺筑一层开级配多孔隙沥青混合料面层。由测定及资料介绍，面层的厚度以4～5cm、孔隙率为20%左右为宜。该路面铺筑较简单，也较经济。

（2）超厚多层多孔隙沥青混合料面层路面。该路面的多孔隙沥青混合料层厚度为40～50cm，一般设四层排水沥青混合料和4cm厚得多孔隙沥青混凝土面层，每层的材料级配不同，其目的是增加降噪效果。

2. 水泥混凝土低噪声路面

国际常设公路协会（PIARC）的混凝土协会1988年设立了水泥混凝土路面降噪声委员会，他们收集汇总了各国的研究成果，水泥混凝土面层的降噪方式归纳如下：

（1）路面应具有良好的平整度，不允许存在间距为数厘米的横向不平整度，以降低轮胎冲击（振动）噪声。

（2）以纵向条纹代替横向条纹。纵向条纹不但可降低轮胎的气泵效应，还可降低冲击噪声。在水泥混凝土中加入增塑剂，浇筑刮平表面后再拉纵向条纹，如图3-23所示为使用西班牙人造刷进行纵向拉条纹。据报道，不同的纵向条纹表面构造，降噪量差别较大。

（3）表面用编织物处理，或用水刷洗。表面铺压编织物（如麻袋片），或用水刷洗混凝土，以增加表面粗糙度，从而降低轮胎气泵噪声的强度和频率。

（4）加气混凝土面层。30cm厚的加气混凝土面层，其孔隙为20%左右，对降低轮胎噪声有利，但其造价较高，表面强度较低，抗冻性也有问题。因此，只能在特殊场合使用。

（5）粗糙面层。在新铺筑的水泥混凝土路面上（可不设封面层，但强度需足够），用环氧树脂和砾石铺设面层。该面层既有粗糙度，又有弹性，据报道，其降噪效果比多孔隙沥青路面还要好。透水降噪水泥混凝土路面如图3-24所示。

图3-23　路面纵向刷条纹

图3-24　透水降噪水泥混凝土路面

关于低噪声路面的材料构造、铺筑技术和养护管理等还需全面深入的研究，然而它的降噪效果是肯定的。

1. 什么是声屏障？声屏障在材料设计中应具有哪些要求？

2. 声屏障在结构设计中应遵循哪些原则？

3. 声屏障通常采用的结构类型有哪些？

4. 低噪声路面有何优点？

5. 低噪声路面的机理是什么？

6. 低噪声路面的效益有哪些？

项目4 公路景观环境设计

1. 了解景观和景观环境的概念,掌握公路景观的分类与特点;
2. 掌握公路景观环境设计的内容与原则;
3. 能够根据景观设计项目的要求确定合理的设计思路与方法;
4. 能够根据景观环境保护的不同位置确定相应合理、可行的工程技术措施;
5. 掌握公路景观绿化工程的各部分的功能和设计要求,能够根据公路景观绿化区的特点、所需达到的要求进行绿化植物的选择和配置;
6. 了解桥梁景观的定义和特点,明确桥梁结构设计和桥梁景观设计的关系;
7. 能准确描述桥梁景观设计的原则;
8. 能准确描述桥梁景观设计的要点;
9. 掌握公路景观环境评价及公路景观评价的因子;
10. 能够准确描述如何进行景观环境质量评价。

公路建设除了可能造成环境污染和生态破坏外,还会对公路路域景观环境造成一定的破坏。大填、大挖造成土质或岩石边坡的裸露,呈现给人们视觉的是人为的“疤痕”,弃土堆放覆盖了地表植被。公路景观环境设计就是从美学观点出发,充分考虑路域景观与自然环境的协调,让驾乘人员感觉安全、舒适、和谐所进行的设计。公路景观环境由公路自身景观、自然景观与人文景观构成。公路景观设计的目标就是通过线性景观的设计使公路与环境景观要素相融、协调。点式景观设计使跨线桥型优美、工程防护美化、收费、加油、服务站点风格显明、以绿化为主要措施美化环境,恢复公路对自然环境的损伤,并通过沿线风土人情的流传、人为景观的点缀,增加路域环境的文化内涵,做到外观形象美、环保功能强、文化氛围浓。要达到上述目标就必须做好公路景观环境的评价、提高,景观环境和视觉环境保护、利用、开发及减缓不利影响的措施。

任务一　景观设计的基本知识

一、景观环境概念

（一）景观

对于景观，人们对其概念有多种解释，归纳起来有两类：一是偏重于客观的解释，把景观视为景物；二是偏重于主观的感受，强调感觉、印象等，只用人为的审美和欣赏法说明景物。这两种解释都有它积极的一面，但都显得非常局限。

随着环境问题的日益严重，越来越多的人开始用社会和生态的眼光关注其自身的生活环境，人们对景观内涵的认识和理解也不断拓展。景观是由地貌运动过程和各种干扰作用（特别是人为作用）而形成的，是具有特定的社会和生态结构功能和动态特征的客观系统。景观体现了人们对环境的影响以及环境对人的约束，它是一种文化与自然的交流。美的、有意义的景观不仅表现在它的形式上，更表现在它具有社会系统和生态系统精美结构与功能和生命力上。景观是建立在社会环境秩序与生态系统的良性运转轨迹上的。

公路景观不同于单纯的造型艺术、观赏景观，为满足运输通行功能，它有自身的体态性能、组织结构。同时公路景观又包含一定的社会、文化、地域、民俗等含义。可以说公路景观既具有自然属性，又具有社会属性；既具有功能性、实用性，又具有观赏性、艺术性。

（二）景观环境

景观环境是指特定区域内各种性质、各种类别、各种形式的景观集合体。景观环境不是区域内景观的简单叠加，它不但表现出各个景观所具有的独特点，而且也体现出景观之间相互衬托、相互影响的空间氛围。

公路景观环境包括公路本身形成的景观，也包括其沿线的自然景观和人文景观，它是公路与其周围景观的一个综合景观体系。

景观环境评价是指运用社会学、美学、心理学等多门学科和观点，对一定区域的景观环境现状进行分析评价，并对该区域内的建设项目对其景观环境的影响而引起的变化（包括自然景观和人文景观）所进行的预测影响分析和评价的过程。

对公路景观环境的评价应立足于自然和社会的原则基础之上，将公路本身及沿线一定范围内的自然社会综合体作为具有特定结构功能和动态特征的宏观系统来研究，而不应仅停留在传统的追求空间视觉效果和对景观意义的一般理解的层次上。

（三）景观生态

生态环境是景观环境变化的控制因素。生态环境质量高的地域，所形成的景观环境一般具有较高的质量，同样在山清水秀的景区中，通常其生态价值亦较高。景观环境随生态系统的变化而变化，生态系统体现了环境内部构成因素和作用的结果，景观则是这种因素关系和结果的外部表象。生态系统中潜在的秩序是我们考虑景观动态的基本线索，正常的生态秩序使系统中各个群落之间有机地联系在一起，保持着一定的稳定性和多样性，形成明确的环境特征，如雨林、草原、沼泽、冰川、冻原等。只有在平衡、有序的生态环境中，才有可能形成和谐宜人并具有特色的景观环境。

按生态学理论，影响景观的生态因素有气象、植被、土壤、水土流动、动物（包括人）及影响这些因素的地形因子，如范围（规模）、海拔高度、坡度、坡向、坡位等。

景观生态学是一门非常年轻的学科，随着人们对生态、环境、景观的重视，其发展极为迅速。在我国国土规划和大规模基本建设中，必须用景观生态学的原则维护持续发展的正常秩序。

（四）景观视觉

景观视觉是研究视觉化了的景观，是视觉主体（人）和视觉客体（景物）在一定条件下（人—景）所构成的视觉关系。如果把景观视觉看作一个结构框架，那么构成这一框架的基本构件是视点（景物）、景观视觉界面、视觉空间和视觉空间序列，视觉椭圆、分辨率、视距，观察点及其位置、视觉范围、视角、视频（景物在单位时间内被观看到的次数），以及大气、光影等。这些是景观工程在视觉层次上所要考虑的基本因素。

二、景观分类

（一）按公路景观客体的构成要素分类

按公路景观客体的构成要素分类方法见图4-1。这种分类方法包括了公路自身及沿线一定区域内的所有视觉信息。适用于对公路沿线一定范围的自然景观与人文景观的保护、利用、开发、创造等工作的研究。

（二）按公路景观主体的活动方式分类

按公路景观主体的活动方式分类方法见图4-2。这种分类方法适用于研究景观主体处于高速行驶或静止慢行状态下，对动景观及静景观的生理感受、心理感受、视觉观赏特征及与之相对应的动景观序列空间设计与静景观组景技法、手段的应用。

（三）按公路景观的处理方式分类

按公路景观的处理方式分类方法见图4-3。这种分类方法用于对公路景观的规划和创造。在具体工作中，我们可明确哪些景观需在公路选线、规划、设计中予以保护、开发、利用与改造，哪些需在公路规划设计时进行设计与创造景观。

三、公路景观的特点

公路景观既不同于城市景观、乡村景观，也有别于自然山水、风景名胜。它有其自身的特点与性质，概括起来有以下几方面。

（一）构成要素多元性

从上述公路景观客体的构成要素分类中，可见公路景观是由自然的与人工的、有机的与无机的、有形的与无形的各种复杂元素构成。在诸多元素中，公路景观决定了环境的性质。其他元素则处于陪衬、烘托的地位，它们可加强或削弱景观环境的氛围，影响环境的质量。

(二)时空存在多维性

从公路景观空间来说,它是上接蓝天、下连地势;连续延绵、无尽无休;走向不定、起伏转折的连贯性带形空间。而从时间上来说,公路景观既有前后相随的空间序列变化,又有季相(一年四季)、时相(一天中的早、中、晚)、位相(人与景的相对位移)和人的心理时空运动所形成的时间轴。

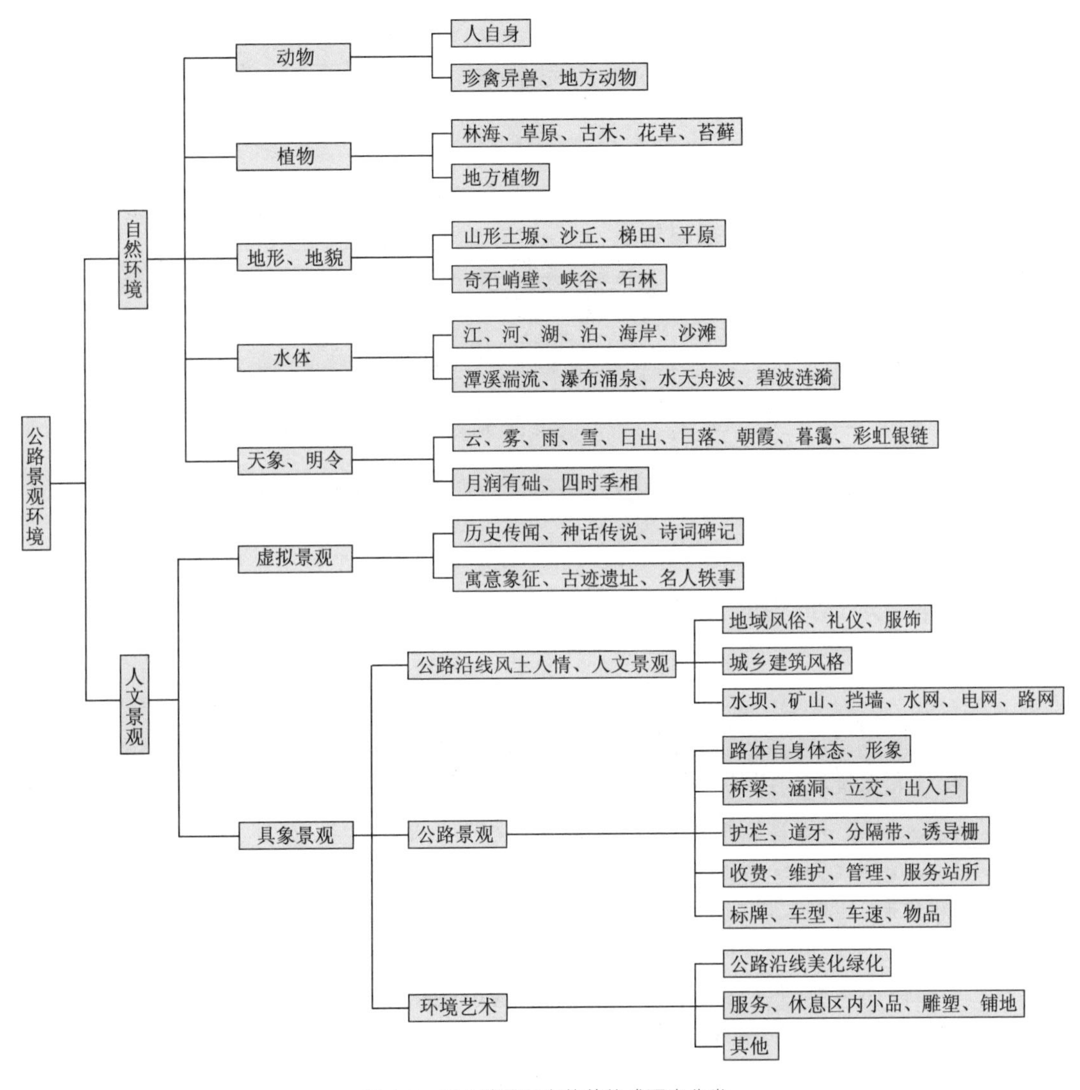

图4-1　按公路景观客体的构成要素分类

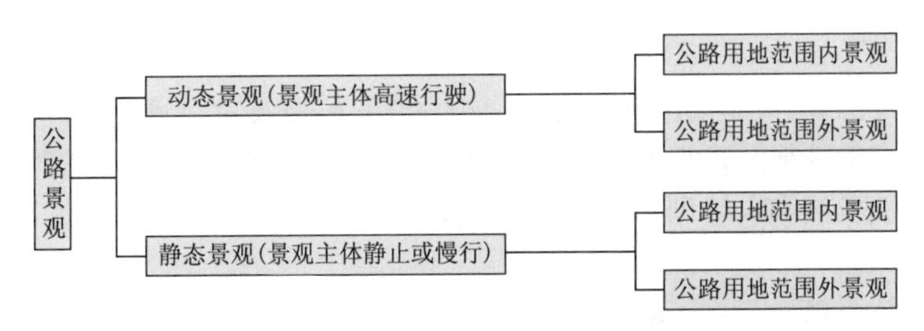

图4-2　按公路景观主体的活动方式分类

（三）景观评价的多主体性

任何一种景观环境，都无法取得一致的褒贬。公路景观更是如此。评价的主体不同，评价主体所处的位置、活动方式不同，评价的原则和出发点必有显著的差别。如观赏者、旅行者多从个人的体验和情感出发；经营者、投资者多从维护管理、经济效益等方面甄别；沿线居住者多从出行是否便利、生活环境是否受到影响等方面考虑；而公路设计者、建设者考虑更多的则是行驶的技术要求及建设的可行性。

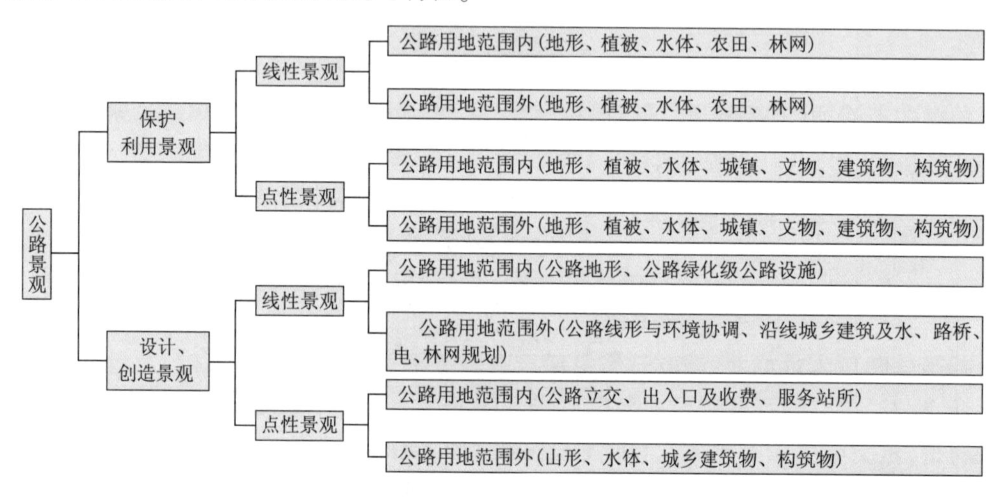

图4-3　按公路景观的处理方式分类

四、公路景观环境设计与保护

（一）设计内容

公路景观环境设计内容是对公路用地范围内及公路用地范围外一定宽度和带状走廊里的自然景观与人文景观的保护、利用、开发、创造、设计与完善。其中对人文景观的保护、利用、开发、创造、设计与完善包括路体线形，公路构筑物（挡墙、护坡、排水、桥涵、隧道、声障墙等），建筑物公路绿化美化、公路设施（公路通信、照明、防护栏网、路缘石等），标牌指示等风格形式，质感色彩，比例尺度，协调统一等方面内容。在不同路段、不同工程项目的景观保护、利用、设计中，不同的景观内容，处理手段、轻重与深度不尽相同。对于自然景观来说，公路的修建不能破坏当地的自然景观，其影响程度应减至最小。对自然景观的影响应有必要的保护和恢复措施。最理想的是公路建设与自然景观浑然一体、相容协调，共同构筑一个良好的景观环境。这些都需要在设计和保护等工作中认真加以研究。

（二）设计原则

公路景观环境的设计，是对原有景观的保护、利用、改造及对新景观的开发、创造。这不仅与景观资源的审美情趣及视觉环境质量有着密不可分的联系，而且对生态环境、自然资源及文化资源的持续发展和永续利用有着非常重要的意义。因此在公路景观环境设计中，应强调以下几项原则。

1. 可持续发展原则

自然、社会、经济的协调发展、可持续发展要求公路建设必须注意对沿线生态资源、自然景观及人文景观的永续维护和利用，从时间和空间上规划人的生活和生存空间，使沿线景观资源的建设保持持续的、稳定的、前进的态势。只有这样才能保护公路建设既有利于当代人，又造福于后代人。

2. 动态性原则

反映人类文明的公路景观环境存在着一个保护、继承又不断更新演绎的过程。这就要求我们在公路景观环境的保护和塑造过程中，坚持动态性原则，赋予公路景观环境以新的内容和新的意义。

3. 地区性原则

我国地大物博，不同地区有其独特的地理位置、地形、地貌特征、气候气象特征以及社会环境特征等，加之我国人民有着自己独特的审美观念，不同地区的人们又有不同的文化传统和风俗习惯，所有这些形成了不同地区特有的公路景观环境，因此在公路景观环境研究中应充分考虑地区性原则。

4. 整体性原则

公路项目是一个线形工程，其纵向跨度大。在公路景观环境设计中，对于公路本身，要求其将公路宽度、平竖曲线度、纵坡、公路交叉、公路连通性及其构筑物、沿线设施等与沿途地形、地貌、生态特征以及其他自然和人文景观作为一个有机整体统一设计，使公路这一人工系统与沿线自然系统和其他人工系统协调和谐。并努力使公路在满足运输通行功能的前提下，使原有景观环境更臻完美。

5. 经济性原则

公路景观环境构成要素包罗万象，但不应将精力放在那些耗费大量人力、物力、财力的观赏景观的塑造上，而应把重点放在对公路沿线原有景观资源的保护、利用和开发，以及公路本身和其沿线设施等人工景观与原有自然环境和社会环境的相容性研究上。从经济、实用的原则出发，保护沿线的生态环境、自然和人文景观，并满足交通运输的需求。

（三）设计方法

公路的快速通行运输功能决定了公路景观结构体系具有绳（线性景观）结（点式景观）模式。这一特定景观结构模式的设计涉及动态的与静态的、自然的与人工的、视觉的与情感的问题。要解决好这些问题，在公路景观设计中要遵循基本的思路和方法。

1. 保护公路畅通与安全

保证运输畅通与行驶安全，避免对司乘人员造成心理上的压抑感、恐惧感、威胁感及视觉上的遮挡、不可预见、眩光等视觉障碍是公路景观设计的基础与前提。

2. 线性景观设计重在“势”

早在汉晋之际，我国古代环境设计理论中出现的“形势”说，恰可用于公路景观设计。“形势”说中关于形和势的概念如下：“形”，有形式、形状、形象等意义；“势”，则有姿态、态势、趋势、威力等意义。而形与势相比较，形还具有个体、局部、细节、近切的含义；势则具有群体、总体、宏观、远大的意义。

线性景观的观赏者多处于高速行驶状态下，在这一状态下景观主体对景观客体的认识只能是整体与轮廓。因此，线性景观的设计应力求做到公路线形、边坡、分车带、绿化等连续、平滑、自然且通视效果好，与环境景观要素相容、协调（图4-4～图4-6）。而沿途点式景观给旅行者的印象则应轮廓清晰、醒目、高低有致、色彩协调、风格统一。

图 4-4　美观舒适的思小高速公路

图 4-5　公路线性景观设计

3. 点式景观设计重在“形”

公路通过村镇、城乡段及公路立交、跨线桥、挡墙、收费、加油、服务设施等处的景观，其观赏者除一部分处于高速行驶状态外，还有很大部分处于静止、步行或慢行状态。因此，这部分景观的设计重点应放在“形”的刻画与处理上。如路体本身体态、形象设计；绿化植物选择与造型；公路构筑物的形态与色彩(图 4-7)；交通建筑与地方建筑风格的协调；场所的可识别性、可记忆性强调；甚至铺地、台阶、路缘石等均应仔细推敲、精心设计(图 4-8、图 4-9)。

图 4-6　护栏中的线形景观设计

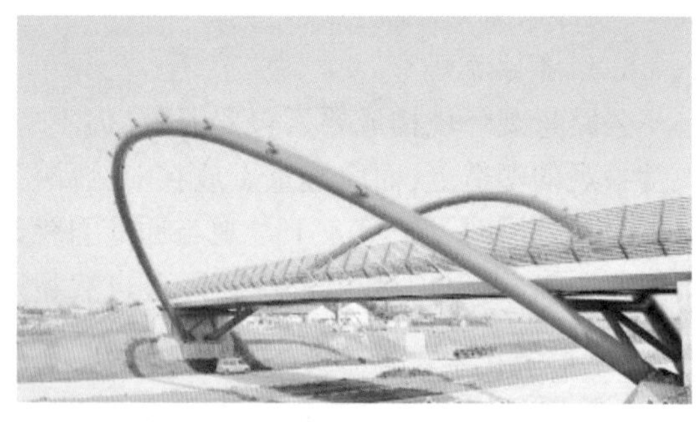

图 4-7　合肥新桥机场高速的景观桥

图 4-8　西汉高速船帆形的点性景观设计

图 4-9　隧道口的景观设计

(四)设计流程

作为协调公路工程设计与环保设计，通盘考虑公路建设与沿线一定区域环境景观协调相容，以生态原则为基础，坚持可持续发展原则的公路景观设计，应贯穿于公路设计之始终，其景观设计流程见图 4-10。

根据我国具体情况，开展公路景观设计的探讨与研究，以期在公路建设中，针对具体路段，系统完整、全面具体地提出公路建设对环境（包括噪声、视觉、水、生态、社会等）影响的避免、改进、补偿措施。使公路建设取得最优的环境效益，为旅行者及沿线居民提供一个愉悦的出行及生活空间。

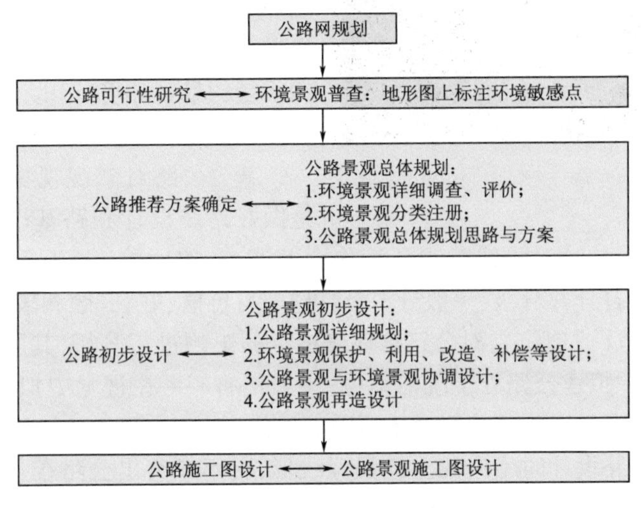

图4-10　公路景观设计流程图

（五）公路景观环境保护

1. 景观环境管理

对公路景观环境（包括景观资源）实行有序管理，是景观环境保护最基本最有效的措施。参照国内外的管理模式，图4-11给出了公路景观环境质量管理程序。

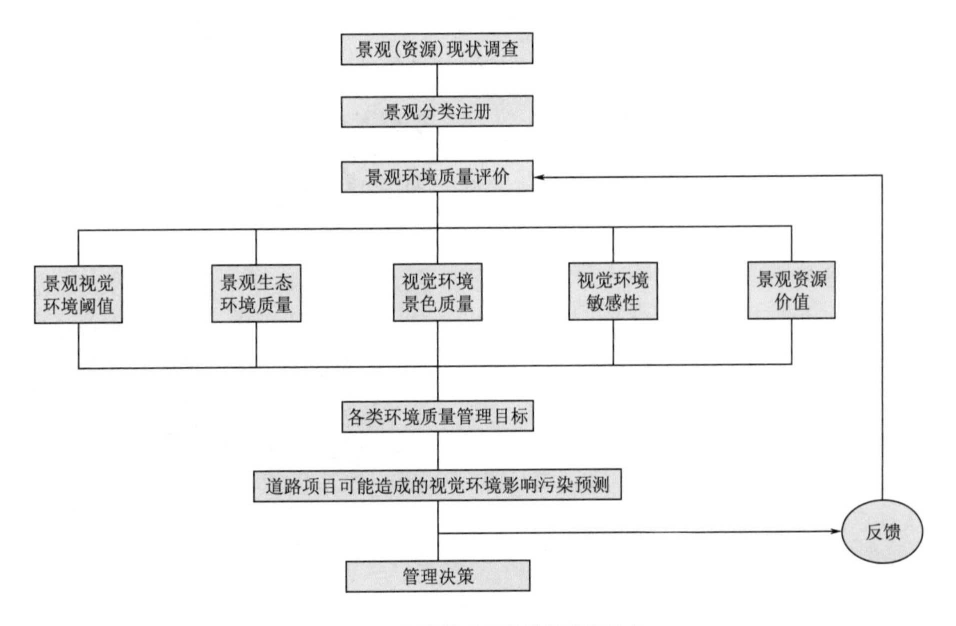

图4-11　公路景观环境质量管理程序

2. 景观环境保护对策

（1）公路与景观环境的协调

图 4-12　“人与自然和谐发展之路”——思小高速公路

公路与沿线景观环境的关系是公路景观视觉环境质量的关键。公路与景观环境的协调是将公路融合到沿线环境中去，充分利用地貌、植被、水体等自然环境，尽可能保持景观环境的原有风貌（图 4-12），为动植物生存提供空间，使公路的使用者和周围公众享有高质量的景观环境。

（2）减少对景观视觉环境的侵害

减少公路对景观视觉环境的侵害，关键是做好路线设计和路基设计。欧、美一些国家的做法是在公路设计时对沿线景观环境作全面调查，按地貌、生态等特征划分成若干单元，对每个单元进行打分并分级，一般分 5 级：极好、有价值、好、一般和较差。然后按公路在原景观环境中的位置（或地位），对公路给环境视觉的影响进行分析，其影响程度分三档：非常侵害——在视觉中拟建公路处于统治地位；一般侵害——在视觉中拟建公路处于重要地位；微弱侵害——在视觉中拟建公路处于不明显地位。

由上述可见，公路设计时不应孤立地强调线形，更不应突出公路在自然环境中的地位。公路路线、路基、桥梁、色彩等应与周围景色取得和谐（图 4-13）。

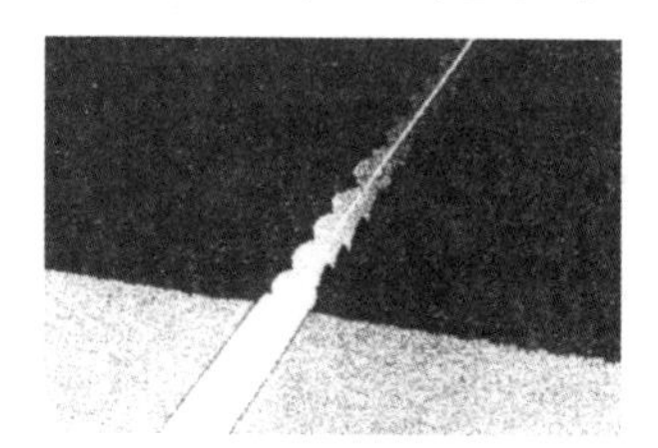

a) 断开森林的直通公路

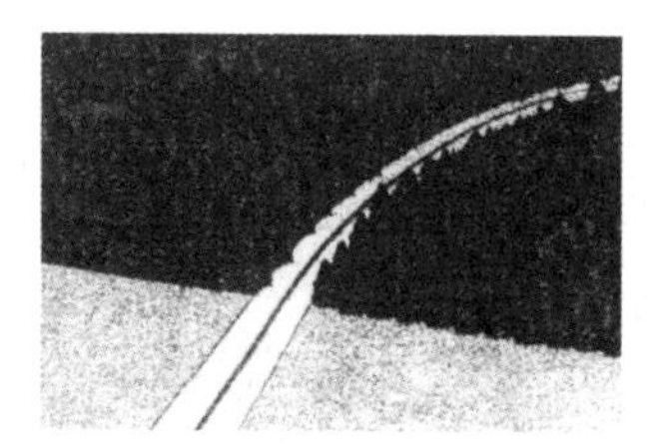

b) 弯道保持着森林的形象

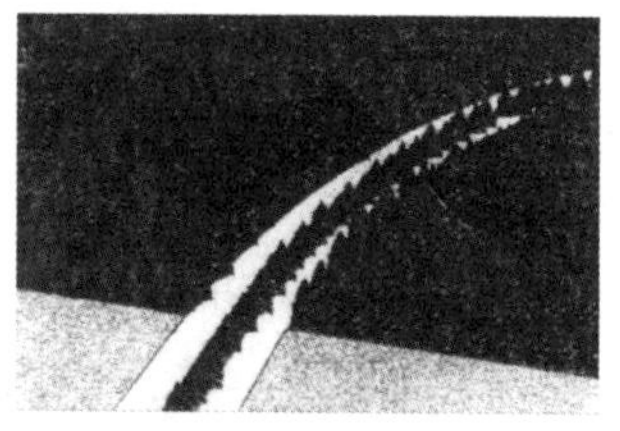

c) 保留原有树木的中央分隔带

图 4-13　穿越森林的公路设计

（3）保护景观资源

景观资源是国家的重要资源，其中多数属于不能再生资源（如奇特地貌、名木古树、珍稀生物、历史文物、峡谷、溪流等）。对于有重要价值的景观资源要采取避让或采用工程技术措施加以保护。即使价值一般的景观资源也应尽可能地保护，因为资源本身的价值将随年代的变迁而变化，再则我国有价值的景观资源也有限。图 4-14 为德国韦尔尼特海峡古城堡，由于采用了隧道穿越，使城堡及其周围的环境完好无损，保全了该景点的景色与价值。

图 4-14　韦尔尼特海峡古城堡处的隧道

（4）工程技术措施

公路景观环境保护工程技术措施涉及的内容较广，这里主要讨论路基工程中的几个主要问题。

①边坡坡度整饰。边坡在距地面 1/2 或 1/3 高度处采用曲线与地面相接（图 4-15）。通过边坡曲线的变化将边坡融汇于原地形，以减少公路的生硬呆板感，增加自然感。由图 4-16

可见,较陡的边坡比较缓的边坡给人以生硬呆板的感觉(图4-17)。

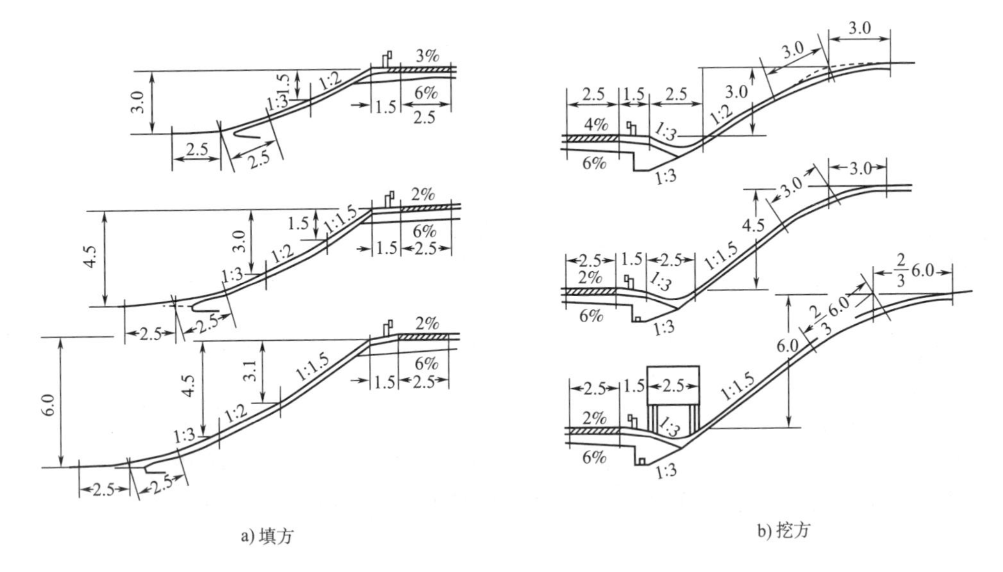

图4-15　路基边坡整饰曲线(尺寸单位:m)

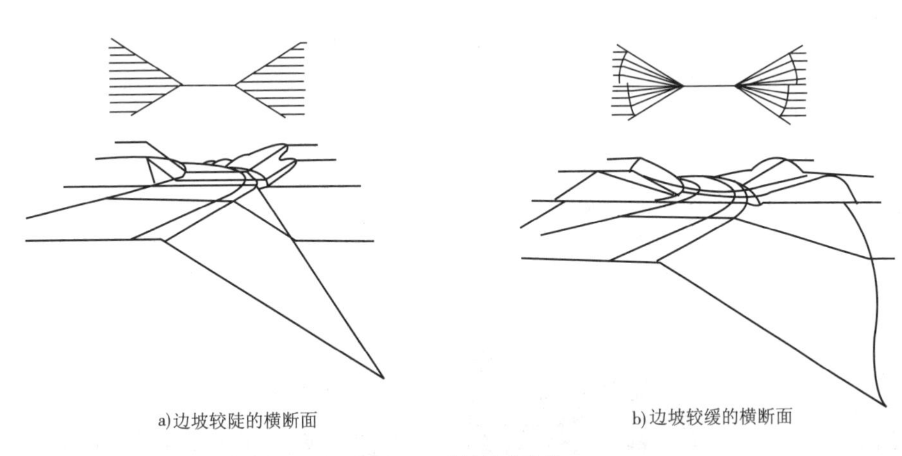

图4-16　边坡坡度整饰

a) 十天高速公路安康东段边坡景观设计

b) 郑少高速公路边坡景观设计

图4-17　边坡景观设计

②分离式路基。在山区、丘陵地、台塬地、黄土高原等地形起伏变化较大的地区，公路上、下行车道采用分离式路基，可减少对原地貌的开挖，使公路不太显眼，对视觉环境的侵害减小（图4-18）。另外，在特殊景区（如山间湖泊），不同高度的上、下行车道都能观赏到优美景色（图4-19）。

图4-18　小磨高速公路分离式路基（为古树让路）

图4-19　常张高速公路分离式路基（不同高度的上下行车道）

③中央分隔带自然化。中央分隔带具有防眩和保证行车安全的功能，对改善公路景观环境亦具有显著作用。在有条件的地区，如山坡荒地、戈壁沙漠及草地等非农用土地的路段，增加中央分隔带的宽度，并将原地面植被、小土丘、坚固的石头等原有地物保留其中，使中央分隔带自然化。这样公路与周围环境有较好的协调性，也增加了公路景观（图4-20）。

④取、弃土坑和采石场的处理。对于那些不能复耕、还耕及开发农副业的取、弃土坑和采石场应作景色处理，使受损的视觉环境尽快修复（图4-21）。常用的措施有植树、种草，使其尽快恢复地面植被，整修后用作停车场，修成池塘和周围绿化用于养鱼垂钓或用作鸟类保护池，有条件并需要时可修成公路景点。

图4-20　贴近自然的中央分隔带

图4-21　思小高速公路弃土场的景观设计

（5）公路绿化

俗话说，人靠衣装，地靠绿装。公路绿化有稳定路基，改善生态环境、生活环境和景观视觉环境等综合作用。关于公路绿化技术规定及要求，请参阅《公路环境保护设计规范》（JTG B04—2010）。这里需提醒的是，公路沿线绿化的树木及灌草一定要当地“土生土长”，据调查，当地的“土”草比引入的外来草效果更好，且管护简便、省钱。

3. 几个须研究的问题

（1）城市高架公路

从城市景观和环境污染角度来看,高架公路有害无益。因此,除上海等一些特大城市因市区交通十分拥挤需建高架公路外,一般城市不宜建高架公路。

(2)平原地区路基高度

我国平原地区高速公路和一级公路的路基高度平均在3.5m以上,对沿线民众的视觉环境和风土民情造成了较大影响,乘客也因看不到路侧地面而感到不自然。从公路建设可持续发展战略及与环境协调来看,再过若干年,当农村经济和生产方式发生较大变革后,这种长堤式的公路也许会成为遗憾。根据公路景观环境要求,应尽量降低路基高度。

(3)山区公路的路线设计

从经济的角度来看,山区公路沿沟谷布线是合理的。但由于路基工程的大量高填深挖,给景观环境、生态环境和民众的生活环境(如与民争地,可能使沟谷河水减少并造成污染等)造成了很大影响,这种影响花再多的钱去治理也很难根治。路线设计不仅要考虑其经济效益,更要考虑其环境效益。从发展的眼光看,将路线沿低山的山梁或高山的山腰布设较为合理。

巩固练习

1. 什么是景观环境?
2. 公路景观环境包括哪些内容?
3. 景观有哪几种分类方式?
4. 公路景观的特点有哪些?
5. 在公路景观环境设计中应遵循哪些原则?
6. 在公路景观环境设计中应遵循哪些思路和方法?
7. 公路景观环境保护对策有哪些?

任务二　公路景观绿化设计

一、设计内容

从严格意义上讲,高速公路征地范围之内的可绿化场地均属于景观绿化设计的范围,按其不同特点可分为以下几部分内容:公路沿线附属设施(服务区、停车区、管理所、养护工区、收费站等);互通立交;公路边坡及路侧隔离栅以内区域(含边坡、土路肩、护坡道、隔离栅、隔离栅内侧绿带);中央分隔带;特殊路段的绿化防护带(防噪降噪林带、污染气体超标防护林带、戈壁沙漠区公路防护林);取弃土场的景观美化等。公路景观绿化工程的各部分的有关设计原则简述如下。

(一)服务区、停车区、管养工区等公路附属设施景观绿化工程

1. 功能

以美化为主,创造优美、舒适的工作和生活空间,以及适宜的游览、休闲环境。

2. 设计要求

服务区与收费站区的建筑物及构造物一般都较新颖别致,外观美丽,设施先进,具有较强烈的现代感,视觉标志性极强,而且通常空间较大、绿化用地较充足,除周边的大块绿地需要与周围环境背景互相协调外,其建筑、广场、花坛、绿地主要采用庭院园林式绿化手法,加强美化效果,使整体环境舒适宜人,轻松活泼,起到良好的休闲目的。同时服务区亦可根据各自所处的地域特征,通过绿化加以表达,突出地方文化氛围。

(二)互通立交绿化美化工程

1. 功能

诱导视线,减少水土流失,绿化美化环境,丰富公路景观。保沧高速公路朝阳互通绿化景观设计见图4-22。

图4-22　保沧高速公路朝阳互通绿化景观设计

2. 设计要求

互通立交区绿化以地被植草为主,适量配置灌木、乔木,以既不影响视线又对视线有诱导作用为原则。图案的设计简洁明快,以形成大色块。

依据互通所处的地理位置,服务城镇性质、社会发展,结合当地历史典故、人文景观、民俗风情等决定表现形式和植物配置,可以将沿线互通分为以下三类:

(1)城郊型:地处城市近郊,或本身就是城市的组成部分。在吸纳当地人文历史等背景资料的前提下,可设计抽象或规则图案,表现此地区的综合文化内涵,同时注意城市建筑和公路绿化景观的统一与协调。图案设计体量宜大,简洁流畅,色彩艳丽丰富。

(2)田园型:地处农村郊野,距城镇较远。绿化形式以自然式为主,强调表现本地区的自然风光,突出绿化的层次感及立体感,使互通景观充分融入周围原野中。

(3)中间型:距离大城镇较远,而又靠近小的乡镇,地处农田原野,是城郊和田园型的中间类型。绿化应兼顾双重性,强调体现个性,给游客以深刻印象。

(三)边坡、土路肩、护坡道、隔离栅及内侧地带等的防护及绿化工程

1. 功能

保护路基边坡,稳定路基,减少水土流失,丰富公路景观、隔离外界干扰。衡炎高速公路边坡绿化见图4-23。

2. 设计要求

(1)土质边坡栽植多年生耐旱、耐瘠薄的草本植物与当地适应性强的低矮灌木相结合来固土护坡。

(2)挖方路堑路段的石质边坡采用垂直绿化材料加以覆盖,增加美观。可选用阳性、抗性强的攀缘植物。

(3)护坡道绿化应以防护、美化环境为目的,栽植适应性强、管理粗放的低矮灌木。

(4)边沟外侧绿地的绿化以生态防护为主要目的,兼顾美化环境,可栽植浅根性的花灌木,种植间距可适当加大。

(5)隔离栅绿化以隔离保护、丰富路域景观为主要目的。选择当地适应性强的藤本植物对公路隔离栅进行垂直绿化。

(四)中央分隔带绿化美化

1. 功能

以防眩为主,丰富公路景观。福建长乐机场高速公路中央分隔带绿化设计见图4-24。

图4-23　衡炎高速公路边坡绿化

图4-24　福建长乐机场高速中央分隔带绿化设计

2. 设计要求

中央分隔带防眩遮光角控制在8°~15°之间,常见中央分隔带绿化栽植形式主要有以下三种:

(1)以常绿灌木为主的栽植。

(2)以花灌木为主的栽植。

(3)常绿灌木与花灌木相结合的栽植方式。

(五)特殊路段的绿化防护带

1. 功能

减轻公路运营期所造成噪声及汽车排放的气体污染物超标造成的环境污染,保护公路免受不良环境条件影响。

2. 设计要求

特殊路段绿化防护林带设计应以环境保护及防护为主,设计前应详细查阅环境影响报告书、水土保持方案报告书、公路工程地质勘测报告书等相关资料,明确防护林带的位置、长度、宽度等事宜。同时在植物选择时应注意以下原则:

(1)以规则式栽植为主。

(2)以乔灌木栽植为主,结合植草,进行多层次防护。

(3)所选树种及草种应能对污染物有较强的抗性并有适应不良环境条件的能力。

（六）公路取弃土场绿化美化

1. 功能

减少水土流失，恢复自然景观。

2. 设计要求

取、弃土场绿化设计应以防护为主，尽量降低工程造价，设计方法可参考边坡防护工程有关内容。同时在植物选择时应注意以下原则：

（1）以自然式栽植为主。

（2）以植草为主，结合栽植乔灌木。

（3）草种及树种选择避循“适地适树”的原则。

二、公路景观绿化设计的依据

主要设计依据如下：

（1）业主单位对项目的设计委托书（合同书）。

（2）原交通部2007年修订的《公路工程基本建设项目设计文件编制办法》。

（3）交通运输部发《公路环境保护设计规范》（JTG B04—2010）。

（4）《交通建设项目环境保护管理办法》。

（5）公路工程预可报告、工可报告、初步设计文件及施工图设计文件。

（6）公路环境影响报告书。

（7）公路水土保持方案报告书。

（8）国家和交通部现行的有关标准、规范及规定等。

三、设计程序及文件的编制

公路景观绿化设计程序主要包括以下几个步骤：

（一）现状调查

1. 公路工程设计资料调查、收集

（1）公路等级、路线走向、预测交通量、工期安排等。

（2）公路主要经济技术指标。如路基、路面宽度；路堤、路堑和边坡的长度、宽度、高度、坡度、地质状况。

（3）平交道口和交叉区的位置以及构造情况等；平曲线位置、半径以及长度。

（4）构造物如边沟、桥涵、分隔带、堤岸护坡、挡土墙、防沙障、挑水坝、水簸箕、过水路面等的位置及其绿化环境。

（5）服务区、停车区、收费站、管理所、养护工区等设施的位置、面积和总体布局等。

（6）统计绿化面积、位置、高程、长度、宽度、坡度、堆积物等。

（7）按绿化工程实施的难易程度对公路进行分段统计。

2. 公路沿线社会环境状况调研

（1）区域：公路经过的主要区域；重要的集镇规划；主要的工厂、矿山、农场、水库；周围建筑物；名胜古迹；疗养区和旅游胜地等。

(2)风俗习惯:路线沿线居民特殊生活风俗;绿化喜好和忌讳习惯等。

(3)劳动力资源、工资、机具设备、运输力量等。

(4)组织:当地公路管理机构;公路养护组织;主要机具设备等。

(5)农田:旱田、水田、果园、菜地、大棚等分布及作物种类。

(6)公路现场周围地上和地下设施的分布情况,如电缆、电线、光缆、水管、气管等的深度和分布。绿化植物的栽植应与之保持适当距离。

3. 公路沿线自然环境状况调查

(1)调查物候期、降水量、风、温度、湿度、霜期、冻土及解冻期、雾、光照等影响道路交通功能和绿化效果的因子。研究各气象因子近10年以上年度和各月份平均值及变化规律,特别注意灾害性气象的发生规律,如极端气温、暴雨、干旱、台风等。

(2)调查种植地土壤的酸碱性、盐渍化程度、厚度、土温、含水率交化、冻土情况、肥力等理化性反。

(3)调查地表水分布、地下水水位和分布、水量等,必要时检测水质指标。

4. 公路沿线植物情况的综合调查

(1)种类调查:当地已有的公路绿化植物、园林植物,包括乔木、(花)灌木、草本植物、攀缘植物;常绿植物、落叶植物;针叶树和阔叶树等。

(2)苗源调查:种类、数量、质量、来源、距离、价格等。

(3)生态习性和主要功能:包括花期、返青期、落叶期、耐荫、耐旱、耐温、耐盐碱、耐修剪、根系分布等。

(4)公路沿线绿化常用技术经验。

(5)路线沿线现存树木调查:珍稀古树名木和林地的种类、位置、分布、数量等。

(二)图纸资料的收集

在进行设计资料收集时,除上述所要求的文件资料外,应要求业主提供以下图纸资料:

(1)路线地理位置图、路线平纵面缩图。

(2)公路平面总体方案布置图、公路平面总体设计图、公路典型横断面图。

(3)路线平纵面图、工程地质纵断面图。

(4)取土坑(场)平面示意图、弃土堆(场)平面示意图。

(5)路基防护工程数量表、路基防护工程设计图。

(6)沿线水系分布示意图。

(7)隧道平面布置图。

(8)互通式立体交叉设置一览表、互通式立体交叉平面图、互通式立体交叉纵断面图。

(9)沿线管理服务设施总平面图(服务区、停车区、收费站、管理处养护工区)、沿线管理服务设施管线(水电)布置图。

(三)现场踏勘

任何公路景观绿化设计项目,无论规模大小,项目的难易,设计人员都必须认真到现场进行踏勘。一方面,核对、补充所收集到的图纸资料,如对现有的建筑物、植被等情况,水文、地质、地形等自然条件进行核对与补充。另一方面,由于景观设计具有艺术性,设计人员亲自到现场,可以根据周围环境条件,进入艺术构思阶段。做到“佳则收之,俗则屏之”。发现可利用、可借景的景物和不利或影响景观的物体,在规划过程中分别加以适当处理。根据情况,如面积较大、情况较复杂的互通立交、服务区等,有必要的时候,踏勘工作要进行多次。

现场踏勘时,应尽量请熟悉当地情况及公路线位走向的设计人员作向导,并应拍摄环境的现状照片,以供进行总体设计时参考。

(四)绿化植物的选择与配置

(1)植物选择要根据生物学特性,考虑公路结构、地区性、种植后的管护等各种条件,以决定种植形式和树种等(图 4-25、图 4-26)。

图 4-25 不同位置的绿化植物

图 4-26 色彩鲜明的绿化植物

①与设计目的相适应。

②与附近的植被和风景等诸条件相适应。

③容易获得,成活率高,发育良好。

④抗逆性强,可抵抗公害、病虫害少,便于管护。

⑤形态优美,花、枝、叶等季相景观丰富。

⑥不会产生其他环境污染,不会影响交通安全,不会成为对附近农作物传播病虫害的中间媒介。

⑦适当考虑经济效益。

(2)应优先选择本地区已采用的公路绿化植物、其他乡土植物和园林植物等。经论证、试验后,可适当引进优良的外来品种(图 4-27)。

图 4-27 思小高速公路的边坡绿化

①路域生态环境要求绿化植物种类和生态习性的多样性。

②选择植物品种应兼顾近期和远期的树种规划，慢生和速生种类相结合。

③大树移植宜选择当地浅根性、萌根性强、易成活的树木。

④草种选择。根据气候特点，选择适合当地生长的暖季型或冷季型。

（五）设计文件的编制

与公路主体工程文件编制程序相适应，公路景观绿化设计文件的编制一般分为以下三个步骤。

1. 总体方案规划阶段

本阶段可看作是公路工程预可或工可报告的组成部分，在本阶段应完成景观绿化设计基础资料的调查收集工作，并结合公路总体规划及沿线自然、人文景观的分布，提出公路景观绿化设计的总体原则，明确设计范围等。

2. 初步设计阶段

本阶段与公路工程初步设计阶段相对应，是对总体方案的具体与细化，应在方案规划设计的基础上完成初步设计文件的编制。

本阶段应完成以下文件及图表内容。

（1）设计总说明书

按有关设计编制要求及总体规划方案完成项目的总说明书编制工作，一般包括：项目概述、设计依据、工程概况、沿线环境概况、绿化设计的指导思想与基本原则、具体设计模式说明、植物种的选择（并附植物选择表）、工程投资估算说明等项内容。

（2）管理养护区、服务区及停车区等设施的景观绿化初步设计

上述区域应依据庭院园林绿化模式进行设计，视设计所需其设计文件中应包括绿化栽植、花架、亭廊等园林小品、园路、场地铺装、花坛、桌凳等设施项目。文件应完成如下内容：

①详细的设计说明一份。应写明设计原则、设计手法、植物配置方法等项内容（此部分内容最后汇兑至设计总说明编制者）。

②绿化总体布置图一份。图纸中应有：绿化植物的配置图；植物品种、规格、数量的统计表；各种园林小品及设施的布置图。

③图纸比例尺与指北针。为便于图纸的拷贝与缩放，所有要求尺寸比例的图纸都应以“标尺比例尺”的形式给出比例尺。所有平面图均应给出指北针。

（3）互通立交区的景观绿化初步设计

本项绿化视为一般园林绿地场地进行规划设计，一般仅作植物栽植设计（有特殊要求时做地形设计及主题雕塑设计），应完成如下文件内容：

①互通立交绿化设计说明一份。应写明设计原则、设计手法、植物配置方法等项内容。

②总体绿化布置平面图一份（双喇叭互通应增加两张分区绿化图），同时随图给出植物种类、规格、数量统计表一份。

③互通立交绿化效果图。亦可视情况单独要求。

④局部详图。对能突出互通景观特色的重点区域（如图案栽植部分、主题雕塑等），应给出局部详图，同时图中相应标出所采用植物的种类、规格及数量；雕塑应给出平立面图及效果图；应以图示方式标明本详图与总图的位置关系。

⑤场地规划图。提出互通区内土方平衡调配的原则措施，在满足交通功能要求的基础

上,依景观所需及绿化功能设计微地形,标明微地形的范围,等高线间距等数据,并对土方工程数量进行估算。

⑥图纸比例尺与指北针。为便于图纸的拷贝与缩放,所有要求尺寸比例的图纸都应以"标尺比例尺"的形式给出比例尺。所有平面图均应给出指北针。

(4)中央分隔带、边坡、路侧绿化带及环保林带的设计

本项绿化视为一般园林绿地场地进行规划设计,一般仅作植物栽植设计,对于上述区域的绿化方案应在"路基标准横断面图"中示出相应位置关系。同时应附图给出植物种类、规格、数量统计表一份,边坡防护应单独给出较详细的工程量清单一份。

(5)灌溉系统工程设计

该部分工程作为总体绿化的附属工程,其文件包括以下内容:

①详细的设计说明一份。应写明绿化区域的自然地理、地貌特征,尤其应注明水源的形式及分布位置;采用推荐喷灌系统方式的理由;相关的水力计算等。

②灌溉系统管线布置图一份。图中应标明水源位置;管线布设方式;所采用管线的管径指标;出水口(喷头)的精确埋设位置;各节点之间的间距(如喷头与支管之间、喷头与喷头之间等)。

③随图或单独列出设备清单一份。表中应明确各种设备的类型、型号、主要性能指标、数量、生产厂家等。

(6)投标文件编制

此部分内容应严格依据购买的招标文件有关要求按投标文件编制格式完成(不含设计说明及设计图纸)。

(7)工程概算文件编制

按有关工程概算文件编制要求完成项目的概算文件编制工作,一般包括:编制说明、概算汇总表、分项工程概算表等项内容。

3. 施工图设计阶段

本阶段与公路工程施工图设计阶段相对应,该阶段是对初步设计文件的具体化,使之具有可操作性,能作为景观绿化施工的依据。并应在初步设计的基础上完成景观绿化施工图设计文件的编制。

本阶段在初步设计基础上应完成以下文件图表:

(1)管理养护区、服务区及停车区等设施的景观绿化施工图设计

在初步设计基础上,施工图文件应完成如下内容:

①主要园林小品、设施(如花架、园路、场地铺装、园凳、水池、山石)的结构详图。

②植物栽植总平面图。同初步设计图纸内容。

③绿化分区示意图。对于植物栽植总平面图视实际情况可分成若干张,以达到能清晰表明植物种植关系的目的,图中还应给出施工放线基准点(明显的永久构筑物或道路中心线的某处桩号等)。

④植物栽植分区详图。图中应标明每棵植物的种植点,同种植物之间以种植线连接,并注明相互之间的距离。应以图示方式标明本图与总图的位置关系(参照绿化分区示意图)。附图给出植物品种、规格、数量统计表。

⑤图纸比例尺与指北针。为便于图纸的拷贝与缩放,所有要求尺寸比例的图纸都应以"标尺比例尺"的形式给出比例尺。所有平面图均应给出指北针。

(2)互通立交的景观绿化施工图设计

在初步设计基础上，施工图文件应完成如下内容：

①植物栽植总平面图。同初步设计图纸内容。

②绿化分区示意图。对于植物栽植总平面图视实际情况可分成若干张，以达到能清晰表明植物的种植关系的目的，图中还应给出放线基准点（道路中心线上的某处桩号或跨线桥与主线的交点等）。

③植物栽植分区详图。图中应标明每棵植物的种植点，同种植物之间以种植线连接，并注明相互之间的距离（规则时栽植的植物可仅标明一处，其余以文字说明方式注出）。应以图示方式标明本图与总图的位置关系（参照绿化分区示意图）。附图给出植物品种、规格、数量统计表。

④互通中图案造型。应单独给出大样图，图中注明放样基准点及放样的网格线。并随图给出植物品种、规格、数量统计表。

⑤雕塑。雕塑作为独立设计内容要求，图中应给出平、立、剖面图，结构图（节点及基础等关键部位）。并标明详细的尺寸关系、拟采用的材料等有关内容。并附图给出材料的工程量清单一份。

⑥图纸比例尺与指北针。为便于图纸的拷贝与缩放，所有要求尺寸比例的图纸都应以"标尺比例尺"的形式给出比例尺。所有平面图均应给出指北针。

(3)中央分隔带、边坡、路侧绿化带及环保林带的设计

本项绿化设计文件初设阶段深度已可满足施工要求，可直接引用有关文件图纸。

(4)灌溉系统工程设计

该部分工程设计深度及图纸内容基本同初步设计。可参考执行。

(5)招标文件编制

此部分内容应严格依据招标文件有关要求及业主的书面要求并按编制格式完成（不含设计说明及设计图纸）。

(6)工程预算文件编制

按有关工程预算文件编制要求完成项目的预算文件编制工作，一般包括：编制说明、预算汇总表、分项工程预算表等项内容。

但具体实施过程中因项目的不同其景观绿化设计文件的编制也有所不同，一般是按以上程序完成文件的编制，有时作两阶段的初步设计及施工图设计，有时也会依据项目内容及时间要求仅做一阶段的施工图设计。

能力训练

试分析图4-28中公路边坡绿化存在什么缺陷。

图4-28　能力训练图

巩固练习

1. 公路互通立交绿化的功能和设计要求是什么？

2. 公路边坡绿化的功能和设计要求是什么？

3. 中央分隔带绿化的功能和设计要求是什么?

4. 公路景观绿化设计的依据是什么?

5. 公路景观绿化设计时对于绿化植物的选择和配置有哪些要求?

任务三　桥梁景观设计

一、桥梁景观的基本概念

桥梁景观系指以桥梁和桥位周边环境为“景观主体”或“景观载体”而创造的桥位人工风景。这里,桥梁是某一具体桥梁工程的总称。包括了该工程范围内的主桥、辅桥、引桥、立交桥、引道、接线、边坡等单位工程。桥梁景观是一个具有特定含义的整体概念。这是它与已建桥梁中出现的单体景点的基本区别。

桥梁景观工程是桥梁景观设计中所包括的景观项目的总称。

1. 桥梁景观的技术美学特性

桥梁不能为绝对的美学景观。桥梁首先是要解决通行功能,并在技术可能与经济之间优化,这是桥梁设计规范的基本要求。因此桥梁景观设计必须符合桥梁功能、技术、经济要求,并以此为原则对景观构成元素进行美学调整(图4-29)。如桥型的美学比选,桥体结构部件的比例调整,桥梁选线与城市或大地景观尺度的和谐,桥梁的防护涂装与城市整体色彩中的联系等。桥梁景观的这种以功用与技术为重的特点即为其技术美学特性。但当景观价值有明显优势而功能得以满足、技术也可行的情况下,有时经济因素还可向后靠。如风景区的桥梁或城市结构要害的桥梁等。因此桥梁景观设计的某些关联域在不同的环境条件下其位次会有不同。

a)钢管拱桥

b)连续梁桥

图4-29　桥梁景观的技术性

2. 桥梁景观的时代性

桥梁的桥型应具有代特征(图4-30)。时代性有一层重要含义即是“新”,如新事物、新发展、新现象、新景观、新知识、新文化、新科技等均可表达出时代寓意。桥梁结构技术的科技特征及结构技术的不断更新是使桥梁景观产生深刻时代烙印的主导因素。由于桥梁在城市中的战略性地位,使桥梁景观成为城市中的视觉识别要点,这就使桥梁景观对时代的表述延伸至城市。因此把握好桥梁景观的这种特点并恰如其分在城市中发挥是我们在桥梁景观设计中需要重视的问题。

3. 桥梁景观的地域性

桥梁的空间跨越使交通立体化，而桥梁所跨之处的地理、地貌或城市空间环境均有其特指性，桥梁与特定地点的地形、地貌配合成为桥梁景观设计需重点考虑的方面。与特指的周边空间环境的配合使桥梁景观有机地溶于环境，也使为人熟知的环境空间与有发展寓意的桥梁景观间蕴生出具有地方性的景观更新意义，景观更新中的继承与发展是其地标作用的深层次原因。桥梁与城市的伴生使其复合景观成为标榜城市独特性、唯一性的象征，像延安大桥与宝塔山、布鲁克林桥与曼哈顿，这也是桥梁景观地域性的表现。桥梁景观的地域性见图4-31。

a) 武汉长江大桥

b) 武汉长江二桥

图4-30 桥梁景观的时代性

a) 悉尼大桥

b) 伦敦大桥

图4-31 桥梁景观的地域性

二、桥梁结构设计与桥梁景观设计

1. 桥梁结构设计

桥梁结构在桥梁景观建设中的“主体功能”，表现为直接利用桥梁结构进行建筑艺术造型创造，并直接体现桥梁的美学效应。

桥梁结构设计是桥梁设计师根据桥梁建设方针和建设要求，以具有法律效力的标准、规范为依据，以严密的、精确的力学、材料学为基础所进行的结构造型创造。

桥梁结构设计的主要目标如下：

(1)满足桥梁使用功能(包括通车、行人、通航、行洪与线路顺畅连接等)，保证桥梁结构安全和使用年限(即坚固耐用)。

（2）结构合理、经济。

（3）施工方便、可行。

（4）适当兼顾美观。

基于这个事实，桥梁设计师在桥梁建设中具有了主导地位，并对设计承担法律责任。所以桥梁结构设计被称为工程的灵魂。

2. 桥梁景观设计

“桥梁景观设计”系指根据政府或政府授权的建设单位所制定的桥梁景观建设标准和要求、景观开发利用目标和要求、政府制定的地区规划及环境保护和环境建设规划等，结合桥型特点、交通特点及桥位周边环境的自然地理风貌特点、地形地质地物特点、人文特点，在桥梁结构设计方案的基础上，按照美学原则对桥梁及其周边环境进行的美学创造和景观资源开发。

桥梁景观设计中存在以下误区：

（1）桥梁景观“包装”式设计方法。在社会或桥梁设计界有这么一种传统认识，景观设计仅仅是对桥梁设计后的包装。这种将桥梁设计与桥梁景观设计脱节的做法是一种误区。

桥梁景观设计要早期介入，建筑师应在桥位的勘测阶段便介入到设计工作中，并对桥梁、调治构造物、引道路堤、引道线形进行综合思量使之成为有机整体。另外建筑师还应对桥位方案从政治、经济、技术、环保上进行多方面比较，从景观高度提出桥型设想，或对结构专业提出的桥型方案进行景观论证，以便作为决策或方案深化的依据。

（2）桥梁景观设计上的“伪桥型”现象。由于建设、管理部门对“时代风尚”的盲目追求和桥梁设计者无原则的顺从，在桥梁上添加原本不属于桥梁结构的附属设施，以增加桥梁的景观作用。如将梁板结构的桥附加上悬索或拱，使桥梁形式与结构完全不符。这种违背桥梁设计基本原则的设计方法是桥梁景观设计上的另一种误区。

为了解决现代化特大型桥梁的结构设计与景观设计的统一问题，设计出结构最合理，美学效应最佳，景观资源得到充分利用的现代化桥梁，当前应当致力于提高桥梁设计师的美学素质。一个优秀的桥梁设计师不但应当是桥梁结构专家，还应当是桥梁艺术家。现在教育主管部门在高等学校桥梁工程专业开设桥梁美学课，培养具有较高美学素质的桥梁工程师，这是适应现代化桥梁建设需要的重大举措。

三、桥梁景观建设标准

大桥、特大桥由于规模大，位置特殊，在景观设计时的标准从以下六方面体现。

（1）富于创新的桥型和独特的主体结构艺术造型。

（2）开拓性、创造性的景观创意。

（3）应用现代化科技成果创造现代桥梁景观美学效应。

（4）丰富的科技文化内涵。

（5）现代旅游景点。

（6）保护环境、创造环境。

四、桥梁景观设计项目

桥梁景观设计项目由建设单位根据建设标准和规模、建设资金回收历程确定，以合同方式委托景观设计单位实施。景观设计项目包括以下几个方面：

(1)桥型方案的美学优选。

(2)桥梁文体结构艺术造型优选。

(3)涂装色彩美学设计。

(4)灯饰夜景美学设计。

(5)进出口标志工程景观设计。

(6)桥位周边景观设计。

(7)景观资源开发利用方案。

五、桥梁景观设计原则

根据建设单位提出的景观建设标准、规模及有关要求，由景观设计单位拟定具体的景观设计原则报请建设批准后，作为指导景观设计和协调处理与结构设计关系的依据。

(1)保证桥梁使用功能要求的原则。即景观建设项目不能影响桥梁的交通功能；不能侵入通航净空限界，影响通航；夜景灯光照度不能影响航空飞行、进出港行船等。

(2)质量、安全第一原则。以桥梁受力结构为主体的结构艺术造型美学设计应不降低结构承载能力、结构刚度、结构稳定性和结构设计单位验算，在得到正式认可后方可成立。除此之外，因艺术造型而使结构复杂化，增加了设计和施工难度等，不应成为否定景观设计方案的主要理由，而应由建设单位采用补偿设计费和工程费的办法来解决。

(3)以桥梁结构作为载体的景观建设项目，如夜景灯饰等，不会影响工程质量和结构受力，不应受结构设计的限制，而应以充分发挥景观的美学效应为主旨。

(4)桥位周边景观是实施景观建设的重点对象，在城市规划和环境保护规划允许的前提下，开拓艺术创新思路，全方位、多角度展示桥梁景观的美学效应，开发景观资源。

(5)环境保护和环境建设原则。桥梁景观建设应维护环境生态平衡，保护珍稀动植物和特有地质风貌，杜绝声、光、电对环境的“污染”。

(6)尊重民风、民俗原则。涂装色彩选择时不但要考虑与周边环境色调、桥梁造型相协调，还要考虑本地区的民风、民俗。

六、桥梁景观设计要点

(1)在可行性研究阶段，应对多公路沿线环境进行相应的调查，充分了解沿线的环保要求、人文、地形、地物等特点，以及沿线天然资源、旅游资源、开发前景，拟定桥梁景观设计大纲。

(2)在初步设计阶段，对桥址进行分析，深化公路沿线调查，列出环境调查的项目和具体要求，把桥梁放到自然中去，确定设计目标和设计基调。设计包括桥型方案的比选和效果图，墩、塔艺术造型及效果图，色彩涂装设计及效果图、灯饰设计及效果图、周边环境设计效果图及景观资源开发利用等，并进行评审、论证、优选方案。桥梁造型设计方案比选应在满足结构承载力和使用功能的前提下，充分考虑结构设计与周围景观设计的统一。注重桥型的创新，主体结构要有独特的艺术造型，避免公式化。在线条、形体、色彩、质感的运用上应以简为主，加强对比，突出个性和重点，不要忽视细部构造与主体的平衡。

(3)在施工图设计阶段，应在自然环境中看桥梁，细化设计，把设计分解成结构艺术造型设计、图章色彩设计、灯饰夜景设计、进出口标致雕像景观设计、桥位周边景观设计等，综合考虑工程内的主桥、辅桥、引桥、引导、接线、边坡等是否和谐，在满足力学的情况下，弘扬美学，创造多样统一、比例协调、均衡稳重、韵律优美的具有特定含义的整体概念，使桥梁景观与周围景观“和谐”、“互补”、“增强”、“保护”、“依偎”，充分综合体现工程美学、环境美学、人文、民族、历史文化、民族经济等之间的相互关联。

(4)线条设计时，在满足力学要求的前提下，创意要有开拓性、创造性，改变比较笨重的体形，使之纤细化，同时充分利用内部空间，使实用性和美观性得到最完美的结合，打破传统设计的直线条，更多地突出曲线美(图4-32)。

(5)桥梁混凝土表面可进行装饰和色彩涂装设计，改变混凝土单一、灰暗、沉闷的色调，涂装可与防腐保护结合起来，提高结构的耐久性。可选用明快、柔和的色彩。色彩处理要与周围环境、桥体各部分和谐统一，色彩的选用还可以考虑民族文化和地方风情的影响(图4-33)。

图4-32　澳门友谊大桥

图4-33　桥梁的色彩装饰

(6)桥梁灯饰夜景设计对于表现城市夜景的景深和空间层次有重要作用。桥梁夜景观受其造型的影响有其自身的规律，不会影响桥梁质量和结构受力，不应受结构设计的限制，应运用现代化科技成果创造现代桥梁景观美学效应。如桥梁夜景观可设计为以亮带，桥塔、桥台、桥墩等为亮点，还应考虑桥梁主体与照明亮度，凸显桥梁轮廓(图4-34)。

图4-34　上海黄浦大桥夜景观

(7)桥梁景观建设应维护周边环境的生态平衡，充分利用自然风景，处理好与其他建筑的协调，与交叉口、出口的衔接，保护动植物和稀有动植物及特有的地质风貌，尽量减少和避免对环境的破坏和污染。

七、桥梁景观设计程序

桥梁景观建设是一个新兴建设项目，过去一直附属于桥梁结构设计，目前也未制定出相关的建设法规和设计程序可供遵循。

大桥景观设计由建设单位委托桥梁景观设计单位承担，设计程序如图4-35所示(桥梁景观设计流程图)，该程序与现行基本建设工程采用的三阶段设计程序相类似。但根据景观设计的特殊性，其形式和内容有所不同。

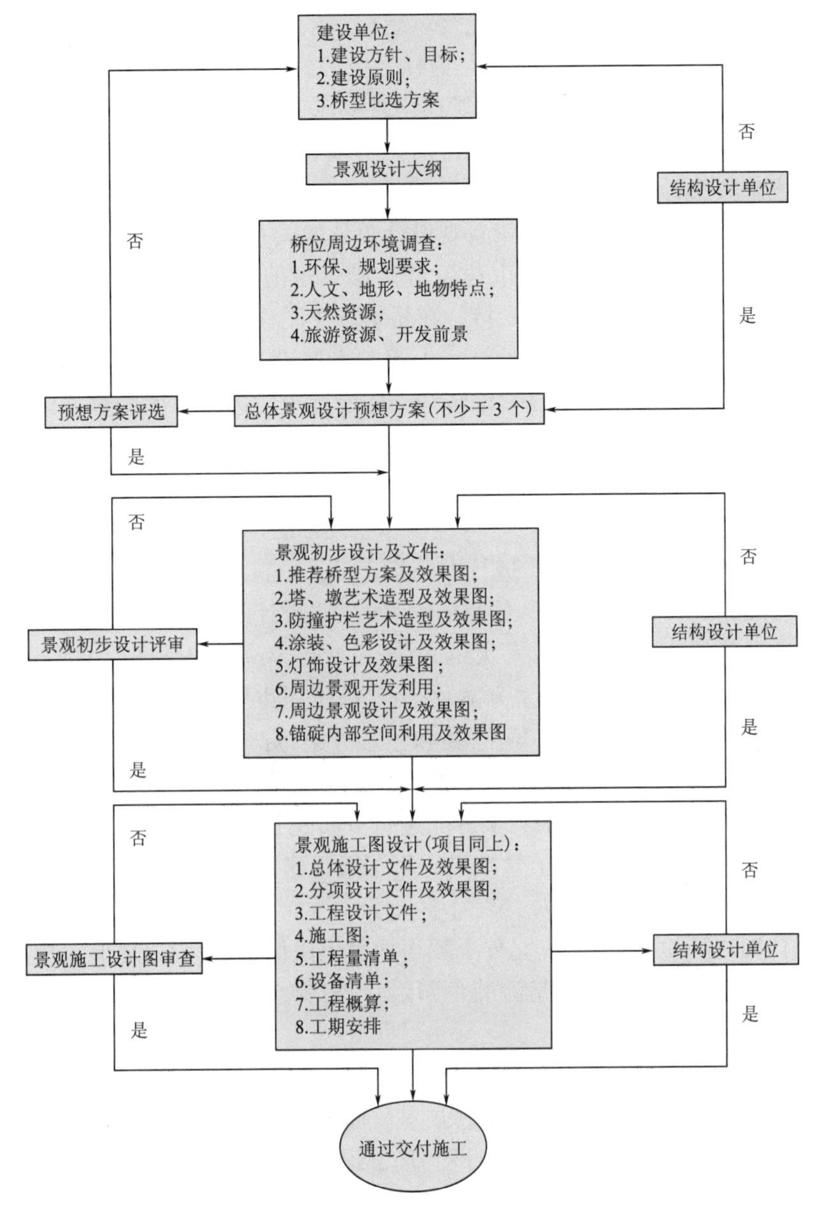

图4-35　桥梁景观设计流程图

八、桥梁景观建设单位与设计单位的任务

(一)建设单位在景观设计中的主导作用

(1)建设单位在委托设计时就明确了景观建设方针、目标、原则,乃至具体范围或项目。从根本上说,桥梁建设的主要目标是满足交通功能,必须遵照国家制定的法规和程序进行工程建设。相对而言,桥梁景观建设只能是依托工程建设开展的桥梁艺术创造,而艺术创造的深度、范围、项目则具有很大的灵活性和比选性,建设单位可以根据建设要求和财力,按其重要性和必要性适当增减。在此前提下,景观设计单位只能在建设单位提出的方针、目标、原则下进行美学创造,否则,所完成的设计方案将无法实现。所以,景观设计单位在接受任务之后,应做出景观设计大纲,报建设单位批准后,方可进入方案设计阶段。

(2)建设单位掌握景观设计方案的最终审定权。景观建设具有很强的社会性,建设单位投入巨资进行大桥景观建设的根本目的是为社会服务,为了更好地实现这个目标,从预选方案开始,建设单位邀请包括政府各主管部门、建筑专家、美学家、桥梁专家、教授、环保专家、社会各界代表参加各种形式的方案审查会,广泛听取各方面意见,重大决策如桥型方案、涂装色彩方案、夜景方案等还要报请政府和人大审定。

(3)协调桥梁结构设计单位与桥梁景观设计单位的关系。在选择大桥桥型方案时,建设单位在广泛征求各方面意见后,从城市建设对桥梁景观的要求出发,选择了桥型美观的方案,得到上级主管部门和设计单位的支持。在桥梁施工图设计过程中,景观设计单位从桥梁美学原则出发,对结构进行艺术造型设计。由于艺术造型设计方案影响到主体结构的安全度和变更施工图设计,所以需经建设单位转请结构设计单位进行强度验算并审查,只有在结构设计单位审定认可、纳入施工设计图之后,才能交付施工。

(二)设计单位主要任务

(1)在大桥初步设计阶段即同步进行大桥景观设计。首先编写景观设计大纲,明确建设单位对景观设计的要求,较全面、深入、具体地理解景观设计的方针、原则和创“一流景观”等具体目标,与建设单位达成共识。编写大纲之前,设计单位应仔细阅读前期完成的工程可行性研究报告,对工程规模及特点,桥型方案及特点,桥位周边环境全面了解,提出的数个桥型艺术方案及相关结构的艺术造型方案、涂装和色彩方案、灯饰夜景和照明方案、桥位周边景观设计方案等均符合建设单位的要求,从而防止了景观设计脱离结构设计,走到纯艺术的“胡同”。景观设计大纲中应对桥型美学特征进行分析论证,阐述景观设计艺术风格及表现方法,景观设计项目和预期达到的美学效果。大纲报送建设单位批准后,并经结构设计单位同意,方可进入下阶段工作。

(2)在桥位周边环境调查中,应充分了解当地民风民俗,大桥周边地形地物特点,珍稀动植物及地矿资源,建设规划等。这是涂装色彩设计,灯饰设计,特别是周边景观设计所必需的基础资料。

(3)景观设计预想方案是实施设计大纲的结果,也是开展初步设计的基础。

(4)根据建设单位评选的1~2个预想方案及提出的修改意见进行初步设计,这是重要的设计阶段。初步设计成果包括总体设计图、局部设计图、景观效果图、设备及工程量,工程概算以及相关的设计说明文件以及设计大纲中规定的所有项目。初步设计文件报送建设单位组织专家组评审,选出最终景观设计方案后,再送请设计单位进行结构承载能力验算,完成结构施工图变更设计。

(5)桥梁景观施工图设计的内容与桥梁结构施工图设计的内容不同,其重点是灯饰夜景的设备选型、布置及景观效果,色彩设计及色彩调配、涂装施工及景观效果;周边景点设计;景观资源开发利用及相关的工程设备清单、工程概算等文件,此外,还要给出不同视场观察的景观效果图。

巩固练习

1. 什么是桥梁景观?桥梁景观有哪些特点?

2. 桥梁结构设计和桥梁景观设计有什么关系?

3. 桥梁景观设计的原则是什么？

4. 桥梁景观设计时应注意哪些要点？

任务四　公路景观环境评价

公路景观环境及视觉影响评价是环境影响评价中的一个新领域。公路项目的建设除了可能造成环境污染和生态破坏外，还可能带来包括景观环境及视觉影响在内的其他影响。公路景观环境评价是对拟建公路所在区域景观环境的现状调查与评价，以及预测评价拟建公路在其建设和运营中可能给景观环境和视觉环境带来的不利和潜在的影响，提出景观环境和视觉环境保护、利用、开发及减缓不利影响措施的影响评价。

一、公路景观环境评价内容与体系

(一)评价因子

任何一处公路景观均由多重要素组成，以群体出现，各自具有明显特征和可比性。因此，公路景观的社会影响评价应以群体景观作为评价的要素，建立群体景观的评价体系。选择的评价因子应注重群体效果与生态功能，力求反映评价要素的特征。在自然景观、人文景观及公路建设影响方面，选择的评价因子如下。

1. 自然景观方面

(1)生态环境破坏度。指生态环境由于人为活动而被破坏的程度。

(2)动物珍稀度。指评价区域是否具有国家级保护动物和珍禽异兽。

(3)动物丰富度。指评价区域动物物种的丰富程度。

(4)植物珍稀度。指评价区域是否具有国家级保护植物或奇花异草。

(5)植物丰富度。指评价区域植物物种的丰富程度。

(6)地形、地貌自然度、稳定度。指地形、地貌原始自然形态、色彩及抵抗人为变动能力和变动后恢复到原状态的能力。

(7)水体丰富度、观赏度。指评价区域水体的丰富程度及观赏价值的高低。

(8)天象、时令丰富度、观赏度。指评价区域天象、时令变化的丰富程度及观赏价值的高低。

2. 人文景观方面

(1)虚拟景观丰富度、珍稀度。指评价区域虚拟景观(包括文物遗址、历史传闻、神话传说、名人轶事、诗词碑记、寓意象征等)的丰富程度。

(2)虚拟景观开发度、利用度。指评价区域虚拟景观开发、利用程度。

(3)虚拟景观区位度。指评价区域虚拟景观所处地理位置、交通方便程度。

(4)具象景观典型度。指评价区域具象景观(包括风土人情、服饰、建筑物、构筑物等)在国内外的典型程度。

(5)具象景观观赏度。指评价区域具象景观观赏价值的高低。

3. 公路建设影响

(1)公众关注度。指由于公路建设，评价区域景观环境发生变化，公众的关注程度。

(2)破坏度。指由于公路建设，评价区域内人文景观、自然景观的景观环境和视觉环境被破坏的程度。

(3)三效度。指由于公路建设,评价区域景观环境变化产生的社会、经济与环境效益的高低。

(二)评价程序

公路景观环境评价工作程序见图4-36。

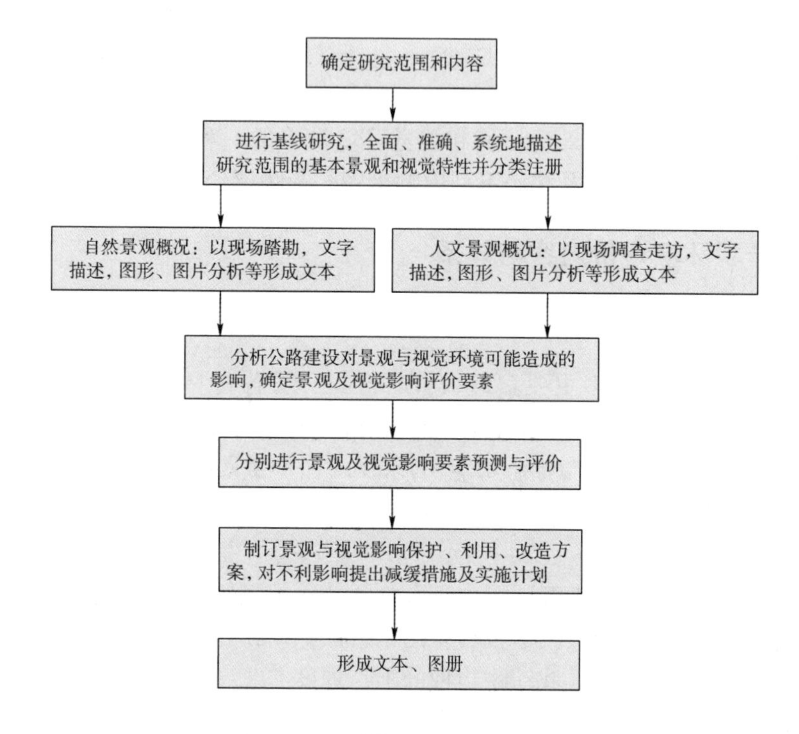

图4-36　公路景观环境评价流程图

二、公路景观环境评价方法

(一)综合评价指数

公路景观环境评价是多因子评价,为了能充分反映公路景观环境的质量,采用景观综合评价指数,即:

$$B = \sum X_i F_i \tag{4-1}$$

式中:B——某区域公路景观环境综合评价指数;

X_i——某评价因子的权值;

F_i——某景观在某评价因子下的得分值;

X_iF_i——景观某评价因子评价分指数。

景观综合评价指数是由分指数叠加得出,具有适宜研究多属性、多因子评价体系结构的特点。也可以分别计算自然景观、人文景观和公路建设影响的综合评价指数,即$B_{自}$、$B_{人}$、$B_{公}$。

（二）权值与评分

权值是反映不同评价因子间重要性程度差异的数值，也是体现各评价因子在总指标中的地位与作用，以及对总指标的影响程度。由于公路景观多数评价因子较抽象、宏观，故采用专家打分定权，确定各评价因子的权值。

每项评价因子设三个评分级别，依其优劣程度赋值，分级指标数值越高表示景观质量越好。评价因子权值分配及评分见表 4-1。

公路景观环境评价因子、权值及评分表 表 4-1

项目	评价因子	权值 X_i	评分		
自然景观	1. 生态环境破坏度	0.12	无破坏 7	轻度破坏 4	严重破坏 1
	2. 动物珍稀度	0.05	少有 4	较少 2	一般 1
	3. 动物丰富度	0.04	极高 3	较高 2	一般 1
	4. 植物珍稀度	0.05	少有 4	较少 2	一般 1
	5. 植物丰富度	0.04	极高 3	较高 2	一般 1
	6. 地形、地貌自然度、稳定度	0.08	极自然、稳定 5	较自然、稳定 3	一般 1
	7. 水体丰富度、观赏度	0.03	极高 4	较高 2	一般 1
	8. 天象、时令丰富度、观赏度	0.03	极高 4	较高 2	一般 1
人文景观	1. 虚拟景观丰富度、珍稀度	0.04	极高 4	较高 2	一般 1
	2. 虚拟景观开发度、利用度	0.06	极高 5	较高 3	一般 1
	3. 虚拟景观区位度	0.06	距公路≤20m 5	距公路≤50m 3	距公路＞50m 1
	4. 具象观赏典型度	0.04	国内外著名 4	省内外著名 2	一般 1
	5. 具象景观观赏度	0.04	极高 4	较高 2	一般 1
公路建设影响	1. 公众关注度	0.08	极关注 5	较关注 3	一般 1
	2. 破坏度	0.12	无破坏 7	轻度破坏 4	严重破坏 1
	3. 三效度	0.12	极高 6	较高 3	一般 1

（三）景观环境质量评价

景观环境质量用景观质量分数 M 表示：

$$M = \frac{\text{景观综合评价指数 } B}{\text{理想景观评价指数 } B^*} \times 100\% \tag{4-2}$$

式中：B^*——理想状态下的得分值，由表 4-1 可计算知 B^* 等于 5.16。也可分别计算自然景观、人文景观和公路建设影响的景观质量分数 $M_{自}$、$M_{人}$、$M_{公}$，则相对应的理想景观评价指数分别为 $B^*_{自}$、$B^*_{人}$、$B^*_{公}$。其理想状态下的得分值分别为 2.12、1.08、1.96；

M——作为景观环境质量分级的依据，以差值百分比分级法划分为Ⅰ、Ⅱ、Ⅲ、Ⅳ级，见表 4-2。不同质量等级的具体说明见表 4-3。

公路景观环境质量分级标准

表 4-2

M(%)	100 ~ 80	79 ~ 60	59 ~ 30	<30
公路景观质量等级	Ⅰ	Ⅱ	Ⅲ	Ⅳ

公路景观环境质量等级说明表

表 4-3

公路景观环境质量等级	Ⅰ	Ⅱ	Ⅲ	Ⅳ
公路沿线区域景观环境质量现状	好	较好	一般	差
公路与沿线景观协调程度	协调	较协调	较不协调	不协调
公路建设对沿线景观环境影响程度	无不良影响	轻度不良影响	破坏	严重破坏

(四)生态环境、人文景观等级评价

表4-4及表4-5所列评价因子反映拟建公路所在区域人文景观和生态环境的现状,根据具体情况对其所在区域的人文景观和生态环境现状进行等级划分,进行现状评价。

人文景观评价因子和级分指标表

表 4-4

序　号	评 价 因 子	因 子 分 极	级　分
1	丰富度	评价区域未发现虚拟景观	0
		评价区域有一处虚拟景观	5
		评价区域有两处虚拟景观	8
		评价区域有多于两处虚拟景观	10
2	朝代	秦前	10
		秦、汉	8
		唐、宋	6
		元、明、清	4
		近、当代	2
3	珍稀度	世界级	10
		国家级	7
		省市级	4
		区市级	1
4	价值	极重要价值	10
		重要价值	7
		较重要价值	4
		一般价值	1

注:等级划分(四项级分和):Ⅰ->25;Ⅱ-15 ~25;Ⅲ-<15。

生态环境评价因子和级分指标表

表 4-5

序　号	评 价 因 子	级　分
1	大面积、完整的自然植被地区或珍奇的野生动物栖息地	30
2	大面积、完整的人工森林或具有珍稀野生动物贮备地	25

续上表

序　号	评 价 因 子	级　分
3	永久性草地	20
4	灌木、乔木构成的自然绿地或绿篱	18
5	完整的水岸、林地	16
6	农林用地和非生产性果园	14
7	水生栖息地(池塘、溪流)	12
8	散布的自然植被	10
9	人为破坏严重地域	5

注:等级划分:Ⅰ- >20;Ⅱ-10~20;Ⅲ- <10。

1. 什么是公路景观环境评价?
2. 公路景观评价的因子有哪些?
3. 如何进行景观环境质量评价?

项目5 公路空气环境建设

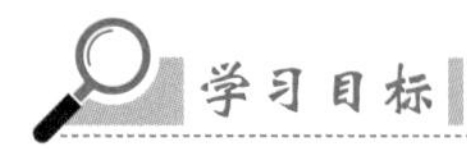

1. 了解什么是空气污染；

2. 掌握公路交通的大气污染源及公路交通大气污染的控制措施；

3. 熟悉《环境空气质量标准》(GB 3095—2012)，掌握公路建设环境敏感区的空气质量要求及环境空气质量标注的分级情况；

4. 了解公路交通空气污染物排放量的估算方法；

5. 掌握机动车辆排气污染物的监测方法；

6. 掌握公路建设施工阶段防治空气污染的措施；

7. 了解公路运营期空气污染的防止途径；

8. 掌握公路运营期在公路交通管理方面的空气环境保护措施。

公路交通是造成大气污染的主要人为因素之一。公路交通大气污染源主要由两部分组成，一是公路施工期间产生的扬尘、沥青烟等大气污染物；二是公路营运期间机动车辆排放的尾气及在道路上产生的扬尘。

汽车排放的污染物大部分是有害有毒物质，有些还带有强烈刺激性，对人体健康造成直接危害。这些污染物还会与其他大气污染源一起造成温室效应，形成光化学烟雾、酸雨等影响人类的生存环境。公路交通大气污染控制措施包括：使用清洁燃料、改进汽车发动机性能、采用机内净化、机外净化技术控制尾气排放指标，隧道通风、改良道路交通条件等。减少汽车尾气对大气环境的污染。对沥青烟及粉尘污染的防治，可采取吸附法、洗涤法加以控制，降低沥青拌和站对周围大气环境的污染。

任务一 基本概念

一、气象要素

对大气状态和大气物理现象，给予定量或定性描述的物理量称为气象要素。与公路交通空气污染物扩散有关的气象要素主要有气温、气压、气湿、风向、风速、云况、云量、能见度及太阳辐射等。

1. 气温

气象上讲的地面气温,一般是指离地面 1.5m 高处,在百叶箱中观测到的空气温度。气温一般用摄氏温度(℃)表示,理论计算常用热力学温度(K)表示。

2. 气压

气压是大气作用到单位面积上的压力,气压的单位为帕斯卡(Pa)。

3. 气湿

空气湿度简称气湿,它是反映空气中水汽含量多少和空气潮湿程度的物理量。常用的表示方法有绝对湿度、水汽分压力、相对湿度等。其中相对湿度应用较普遍,它是空气中的水汽分压力与同温度下饱和水汽压的比值,以百分数表示。

4. 风

气象上把空气质点的水平运动称为风。空气质点的垂直运动称为升、降气流。风是矢量,用风向和风速描述其特征。

风向指风的来向。例如,风从东方吹来称东风,风向南边吹去称北风。风向的表示方法有方位表示法和角度表示法两种。

风速是单位时间内空气在水平方向移动的距离,单位用米/秒(m/s)表示。气象站给出的通常是地面风速,地面风速是指距地面 10m 高处的风速。

5. 云

云是由飘浮在空中的大量小水滴或小冰晶或两者的混合物构成。云的生成、外形特征、量的多少、分布及其演变不仅反映了当时大气的运动状态,而且预示着天气演变的趋势。云可用云状和云量描述。

云状是指云的形状。根据 1956 年公布的国际云图分类体系,按云的常见云底高度将云分为三族十属几十种。具体分类可查有关资料。

云量(亦称总云量)是指云的多少。我国将视野内的天空分为 10 等份,被云遮蔽的份数称为云量。例如,碧空蓝天,云量为零;云遮蔽了 4 份,云量为 4;满天乌云,云量为 10。低云量是指低云遮蔽天空的分数,低云是指云底高度在 2 500m 以下的云。我国云量记录以分数表示,分子为总云量,分母为低云量。低云量不应大于总云量,如总云量为 8,低云量为 3,记作 8/3。

6. 能见度

正常人的眼睛能见到的最大水平距离称为能见度(水平能见度)。所谓"能见",就是能把目标物的轮廓从它们的天空背景中分辨出来。

能见度的大小反映了大气的混浊程度,反映出大气中杂质的多少。

二、空气污染

空气污染是指由于人类的活动或自然的作用,使某些物质进入空气,当这些物质在空气中达到足够的浓度,并持续足够的时间,危害了人体的舒适、健康和福利,或危害了生物界及环境。人类的活动包括生产活动和生活活动。自然的作用主要有火山喷发、森林火灾、岩石风化、土壤扬尘等。

所谓危害了人体的舒适和健康,是指对人体生活环境和生理机能的影响,引起急、慢性疾病,以至死亡等。所谓福利,是指人类为更好地生活而创造的各种物质条件,如建筑物、器物等。

自人类学会用火就对空气质量产生了干扰，当人类用煤作为燃料以后这种干扰加剧，并出现了空气污染现象。早期的空气污染主要是煤烟型空气污染（燃煤产生的烟尘和二氧化硫污染）。二次大战以后，工业国家燃料消耗量迅速增加，虽然用石油代替煤成为主要燃料，烟尘污染有所减轻，但二氧化硫污染仍在继续发展。

当今世界的空气污染主要是燃烧煤和石油造成的。当然，人类的其他活动排放的空气污染物，也使空气受到不同性质和不同程度的污染。

我国是世界上空气污染严重的国家之一。我国的空气污染属煤烟型污染，以颗粒物和酸雨危害最大。污染程度在加剧，特别是城市环境空气污染呈加重趋势。

我国的酸雨主要分布在长江以南、青藏高原以东地区及四川盆地，其中华中地区酸雨污染尤为严重。

三、环境空气质量标准

近地层的大气层常称为空气，环境空气是指室外的空气。空气由干洁空气、水蒸气和杂质三部分组成。空气是最宝贵的资源之一，它是生命物质。如果地球上没有空气，人类和生物界就不会存在。

《环境空气质量标准》（GB 3095—2012）中规定：按环境空气功能区分为两类：一类区为自然保护区、风景名胜区和其他需要特殊保护的区域；二类区为居住区、商业交通居民混合区、文化区、工业区和农村地区。一类区适用一级浓度限值，二类区适用二级浓度限值。一、二类环境空气功能区质量要求如表 5-1 所示。标准中的 1 小时平均是指任何 1 小时污染物浓度的算术平均值，日平均是指一个自然日 24 小时平均浓度的算术平均值，季平均是指一个日历季内各日平均浓度的算术平均值，年平均是指一个日历年内各日平均浓度的算术平均值。标准中规定环境空气监测中的采样环境、采样高度及采样频率等要求，按《环境空气颗粒物（PM10 和 PM2.5）连续自动监测系统安装和验收技术规范》（HJ 655—2013）、《环境空气气态污染物（SO_2、NO_2、O_3、CO）连续自动监测系统安装验收技术规范》（HJ 193—2013）或《环境空气质量手工监测技术规范》（HJ/T 194—2005）执行。

四、污染物的危害

公路交通空气污染是由机动车辆（主要为汽车）排出的空气污染物引起的。主要污染物有一氧化碳（CO）、碳氢化合物（HC）、氮氧化物（NO_X）、二氧化硫（SO_2）、颗粒物质（铅化合物、碳烟、油雾）及恶臭物质。它们大部分是有害有毒物质，有些还带有强烈刺激性，甚至有致癌作用。

下面简要介绍这些空气污染物对人体健康及公共环境的影响。

1. 一氧化碳（CO）

CO 是无色、无刺激的有毒气体。CO 经呼吸道吸入肺部被血液吸收后，能与血液中的血红蛋白结合合成 CO-COHb（血红蛋白）。CO 与 COHb 的亲和力比氧大 250 倍，一经形成离解很难，使血液失去传送氧的功能，发生低氧血症，因而导致人体内各组织缺氧。当人体血液中 CO-COHb 含量为 20% 左右时就会引起中毒，当含量达 60% 时可因窒息而死亡。

空气质量标准各种污染物的浓度限值(GB 3095—1996)　　表5-1

污染物名称	取值时间	浓度限值		浓度单位
		一级标准	二级标准	
二氧化硫 SO_2	年平均 日平均 1h平均	0.02 0.05 0.15	0.06 0.15 0.50	mg/m^3(标准状态)
总悬浮颗粒物 TSP	年平均 日平均	0.08 0.12	0.20 0.30	
可吸入颗粒物 PM10	年平均 日平均	0.04 0.05	0.70 0.15	
可吸入颗粒物 PM2.5	年平均 日平均	0.015 0.035	0.035 0.075	
氮氧化物 NO_X	年平均 日平均 1h平均	0.05 0.10 0.25	0.05 0.10 0.25	
二氧化氮 NO_2	年平均 日平均 1h平均	0.04 0.08 0.20	0.04 0.08 0.20	
一氧化碳 CO	日平均 1h平均	4.00 10.00	4.00 10.00	
臭氧 O_3	日最大8h平均1h平均	0.10 0.16	0.16 0.20	
铅 Pb	季平均 年平均	1.0 0.5		mg/m^3(标准状态)
苯并[a]芘 B[a]P	年平均 日平均	0.001 0.002 5		

2.碳氢化合物(HC)

机动车辆排气中所含的碳氢化合物有百余种,其中大部分对人体健康的直接影响并不明显,但它是发生光化学烟雾的重要物质。排气中对人体健康危害较大的碳氢化合物主要是醛类(甲醛、丙烯醛)和多环芳烃(苯并[a]芘等)。甲醛和丙烯醛对鼻、眼和呼吸道黏膜有刺激作用,可引起结膜炎、鼻炎、支气管炎等症状,它们还有难闻的臭味。甲醛刺激阈的主观指标为2.4mg/m^3,当空气中甲醛浓度为5mg/m^3时,接触的人立即出现血压降低倾向。甲醛还有致癌作用,使人发生变态反应疾病。苯并[a]芘是一种强致癌物质。

3.氮氧化合物(NO_X)

氮的氧化物较多,机动车排出的氮氧化物主要是NO和NO_2,统称氮氧化合物(NO_X)。

NO是一种无色、无臭、无味的气体。它和血红蛋白的结合力比氧高30万倍,如果NO侵入人体与血红蛋白相结合,就会造成体内缺氧,严重时可引起意识丧失,甚至死亡。NO本身对呼吸道亦有影响。因此,NO对健康的影响是不容忽视的。

NO_2是棕色气体,有特殊的刺激性臭味。NO_2被吸入肺部后,能与肺部的水分结合生成可溶性硝酸,严重时会引起肺气肿。

空气中 NO_X 和 HC 同时存在时,在太阳紫外线的照射下,存在着潜在的光化学烟雾污染。

4. 光化学烟雾

光化学烟雾,是空气中具有一定浓度的 HC 和 NO_X在阳光紫外线作用下,进行一系列的光化学反应形成一种毒性较大的浅蓝色烟雾。光化学烟雾是臭氧(O_3)、NO_2、过氧化酰基硝酸盐(PAN)、硫酸盐、颗粒物及还原剂等的混合物。

实验证明,对眼睛有刺激作用时氧化剂(以 O_3表示)的浓度为 0.10 ~ 0.90mg/m^3。引起人体有下列症状的 1h 氧化剂浓度为:头痛 0.10mg/m^3;咳嗽 0.53mg/m^3;胸部不适 0.58mg/m^3。

5. 二氧化硫(SO_2)

SO_2是一种无色气体。空气中 SO_2浓度达 1 ~ 3mg/m^3时,大多数人都会有感觉,当浓度再高一些时便感觉有刺鼻的气味。由于 SO_2的高度可溶性,大部分可被鼻腔和上呼吸道吸收,很少达到肺部。

SO_2对植物有危害,如温州蜜橘开花期受浓度 8.58mg/m^3的 SO_2影响 6h 便产生伤害症状,在果实成熟期受浓度 14.3mg/m^3的 SO_2影响 24h 便产生症状。

6. 颗粒物 TSP

TSP 是英文"Total Suspended Particulate"的缩写,其中文含义可译为"总悬浮颗粒物"。它是指悬浮在空气中,空气动力学当量直径≤100μm 的颗粒物。它源自烟雾、尘埃、煤灰或冷凝气化物的固体或液态水珠,能长时间悬浮于空气中,包括碳基、硫酸盐及硝酸盐粒子。

机动车排气中的颗粒物主要有铅化物微粒和燃料不完全燃烧而生成的碳烟粒等。铅进入人体后主要损害骨髓造血系统和神经系统,对男性的生殖系统也有一定的损害,如果采用无铅汽油,铅化物微粒影响便可基本消失。碳烟主要是危害人体的呼吸系统。

巩固练习

1. 什么是空气污染?
2. 公路交通大气污染源是什么?
3. 公路交通大气污染的控制措施有哪些?
4.《环境空气质量标准》(GB 3095—2012)中公路建设环境敏感区的空气质量要求有哪些?

任务二　公路建设的空气环境保护

一、公路建设施工期的空气环境保护

公路建设项目中,施工期污染物的排放相对简单,主要有粉尘和沥青烟气,对环境空气的影响相对较小。施工污染主要来自以下环节:一是施工活动中的灰土拌和、沥青混凝土拌和以及车辆运输等产生的扬尘；二是沥青混凝土制备过程及路面铺浇沥青等产生的沥青烟气（土、石和混凝土路面无此项）。

（一）施工期的扬尘

在公路建设项目的施工期，平整土地、打桩、铺筑路面、材料运输、装卸和搅拌物等环节都有扬尘产生，其中最主要的是运输车辆道路扬尘和施工作业扬尘（混凝土搅拌、水泥装卸和加料等）。

1. 运输车辆道路扬尘

施工区内车辆运输引起的道路扬尘占场地扬尘总量的50%以上。道路扬尘的起尘量与运输车辆的车速、载重量、轮胎与地面的接触面积、路面含尘量、相对湿度等因素有关。根据同类项目建设经验，施工期施工区内运输车辆大多行驶在土路便道上，路面含尘量高，道路扬尘比较严重，特别是在混凝土工序阶段，灰土运输车引起的扬尘对道路两侧影响更为明显。据有关资料，干燥路面在距路边下风向50m，TSP浓度约为10mg/m^3；距路边下风向150m，TSP浓度约为5mg/m^3。主要防治措施为洒水抑尘。

2. 施工作业扬尘

各种施工扬尘（平整土地、取土、筑路材料装卸、灰土拌和等）中，以灰土拌和所产生的扬尘最严重。灰土拌和有路拌和站拌两种方式：在采取路拌方式时，扬尘对周围环境空气的影响时间较短，影响程度也较轻，但影响的路线较长；采用站拌方式时，扬尘影响相对集中，但影响的时间较长，影响程度较严重。

3. 扬尘的防治

灰土拌和尽量采用站拌方式，但要慎重选择地址，拌和站应远离环境敏感点，并采取先进的除尘设施，距离应大于300m。

注意粉状筑路材料的堆放地点的选择并采取保护措施，减少堆放量并及时利用。筑路材料堆放点应选在环境敏感点下风向，距离应在100m以上。堆放时应采取防风措施，必要时设置围栏，并定时洒水防止扬尘，遇恶劣天气加篷布覆盖。

对出入料场的道路、施工便道以及未铺装的道路应经常洒水，以减少粉尘污染。路基施工时应及时分层压实，并注意洒水除尘。

对粉状材料如水泥、石灰等应采用罐装或袋装方式，禁止散装运输，严禁运输途中扬尘、散落。堆放应用篷布遮盖，运至拌和场应尽快与黏土混合，减少堆放时间，物料运输禁止超载，并盖篷布，严禁沿途散落。

（二）施工期沥青烟气

1. 沥青烟的危害

沥青烟是由一百多种有机化合物组成的混合气体，其中大部分是多环芳烃，尤以苯并[a]芘对动植物及人体危害最大。

沥青烟尘降落在植物叶片上，会堵塞叶片呼吸孔，使叶片变色、萎缩、卷曲甚至落叶。动物试验证明，沥青烟可使动物致癌。

沥青烟对人体造成伤害的主要成分有苯并[a]芘、吖啶类、酚类、吡啶类、蒽萘类等。长期处于沥青烟污染的环境中可引起人体的急、慢性伤害。易受伤害的部位是呼吸道和皮肤。皮肤受害以面颊、手背、前臂、颈部等裸露部分最明显，常见症状有日光性皮炎、痤疮型皮炎、毛囊炎、疣状赘生物等。沥青烟还会引起人体头晕、乏力、咳嗽、畏光、流泪等中毒症状，严重的可引起皮肤癌、呼吸道系统的癌症等。因此，必须重视对沥青烟的防治。

2. 沥青烟的防治

在公路建设中散发沥青烟主要有两道工序。一是沥青路面施工现场，沥青混合料由车辆倾倒时散发大量沥青烟，随后摊铺、碾压过程中也散发沥青烟，施工现场散发沥青烟的治理难度较大，至今尚未见有治理实例报道。二是沥青混合料的生产场（站）在熬油、搅拌、装车等工序中产生、散发沥青烟。对于沥青混合料生产场（站）的沥青烟散发可用下列方法防治：

（1）吸附法

吸附法是利用吸附原理，采用比表面积大的吸附剂吸附沥青烟的技术。吸附法的关键是选择合适的吸附剂，常见的吸附剂有焦炭粉、氧化铝、白云石粉、滑石粉等。吸附法是防治沥青烟的一种很好的方法。

（2）洗涤法

洗涤法是利用液体吸收原理，在洗涤塔中采用液相洗涤剂吸收沥青烟的技术。工艺流程通常是使沥青烟先进入捕雾器捕集，而后进入洗涤塔洗涤。洗涤塔的形式以喷淋塔居多，洗液由泵送至塔顶，沥青烟则由塔底部进入，烟尘与洗液在塔内相向接触，经洗涤后的烟气由塔顶排入大气，洗液落到塔的底部重复使用。洗涤液可用清水、甲基萘、溶剂油等。

（3）静电捕集器

静电捕集器是由放电极和捕集极组成的捕集装置。其基本原理是，当沥青烟进入电场后，由放电极放电使沥青烟中微粒带电驱向捕集极，达到清除沥青烟微粒的目的。静电捕集器的运行电压一般在40 000～60 000V之间。静电捕集器的捕集效率较高，一般大于90%。

（4）焚烧法

由于沥青烟是由一百多种有机化合物组成的混合气体，在一定温度和供氧的条件下是可以燃烧的，因此，可以用焚烧法处理沥青烟。沥青烟在大于790℃时才能燃烧完全。沥青烟的浓度越高越易燃烧。为了在较低的温度下使沥青烟能完全燃烧，可用催化燃烧方法。

目前，公路施工中已普遍采用设有除尘设备的封闭式厂拌工艺，用无热源或高温容器将沥青运至铺浇工地，因此沥青烟气的排放浓度较低，可以满足《大气污染物综合排放标准》（GB 16297—1996）中沥青烟气最高允许排放浓度，对周围环境影响较小。

二、公路营运期的空气环境保护

由于公路建设规模和等级的不同，公路营运期的环境空气影响因素存在一定的差异。高等级公路一般采用沥青混凝土路面，营运车辆较多，营运中主要环境空气污染物为车辆排放尾气中的有害物质；偏远地区低等级公路，由于受资金和材料运输条件等限制，路面采用砂石路面，这种道路一般营运车辆较少，车辆运行对环境空气质量的主要影响为车辆扬尘。

据有关资料报道，机动车辆排放尾气中含有120～200种不同物质的化合物。各种物质的含量多少，主要取决于车型、燃料、行驶状况、路面条件等因素。机动车辆行驶产生的空气污染物主要由尾气排放出来，占总排放量的65%～70%。此外，曲轴箱泄漏燃油约占20%，油箱、化油器等燃料系统的泄漏约占10%。各种泄漏产生的空气污染物是燃油的汽化物，即碳氢化合物。

这些污染物对其他动物、植物和人类赖以生存的水、土等环境均有不同的危害。

（一）机动车辆空气污染物排放量的估算

在公路交通的空气污染预测中，机动车辆空气污染物的排放量是其基础数据，直接影响空气污染预测的准确性。

1. 空气污染物排放量的估算方法

（1）实测法

实测法是用仪器监测车辆排气中污染物的浓度（C_i）和废气的排放量（Q），废气中污染物的排放量（m_i）可按式（5-1）计算：

$$m_i = C_i Q \tag{5-1}$$

交通管理部门对机动车辆的性能有定期检测的制度。对车辆性能定期检测的同时，用实测法估算排气中污染物的排放量是较为方便的。

（2）经验计算法

经验计算法，是利用机动车辆消耗单位燃料的空气污染物排放系数（K）、单车运行一定吨公里（t·km）所消耗的燃料量（Q），按下式计算排气中污染物的排放量（m_i）：

$$m_i = KQ \tag{5-2}$$

式中，K 值可按表 5-2 和表 5-3 取值。

机动车辆大气污染物排放系数表 表 5-2

污染物	以汽油为燃料（g/L）	以柴油为燃料（g/L）	
	小汽车	载货汽车	机车
铅化合物*	2.1	1.56	3.0
二氧化硫	0.295	3.24	7.8
一氧化碳	169.0	27.0	8.4
氮氧化合物	21.1	44.4	9.0
烃类	33.3	4.44	6.0

注：* 使用无铅汽油时，该项可不考虑。

机动车辆消耗单位燃料大气污染物排放系数（g/L） 表 5-3

车的种类		CO	C_nH_m	NO_X	RCHO	SO_X	烟尘
公共汽车	轻型机动车	370	179	4.14	0.672	0.470	—
	轿车（用汽油）	191	24.1	22.3	0.324	0.291	—
	轿车（用柴油）	—	—	—	—	—	—
	同上（发动机汽车）	19.3	2.34	28.6	0.267	8.35	
货车	小型（汽油发动机）	322	40.3	22.2	0.315	0.290	—
	普通（发动机）	33.8	3.67	21.9	0.631	8.95	3.10

各类车辆的单车运行一定吨公里所消耗的燃料量（Q）用下列公式计算。

①载货汽车燃料消耗量。

载货汽车燃料消耗量按下式计算：

$$Q_1 = \left(q_a \frac{S}{100} + q_b \frac{wS}{100} + q_c \frac{\Delta GS}{100}\right) K_r K_t K_h K_e \tag{5-3}$$

式中：Q_1——同一运行条件下的燃料消耗量，L；

q_a——空驶基本燃料消耗量,L/100km;

q_b——货物周转量的基本附加燃料消耗量,L/100t·km;

q_c——整车整备质量变化的基本附加燃料消耗量,L/100t·km;

S——在同一运行条件下的行驶里程,km;

w——承载质量(包括挂车整车整备质量),t;

ΔG——整车整备质量增量,t;

K_r——公路修正系数;

K_t——温度修正系数,各地应采用相应的 K_t 值;

K_h——海拔修正系数,海拔高度大于500m 的地方,取 $K_h = 1.03$;

K_e——其他修正系数,一般情况下取1,最大不大于1.05。

②大型客车燃料消耗量。

大型载客汽车燃料消耗量按式(5-4)计算:

$$Q_2 = \left(q_a \frac{S}{100} + q_b \frac{NS}{100} + q_c \frac{\Delta GS}{100}\right) K_r K_t K_h K_e \tag{5-4}$$

式中:N——旅客总质量,t;

其余符号的物理意义同式(5-3)。

③小型客车燃料消耗量。

小型客车燃料消耗量按式(5-5)计算:

$$Q_3 = q \frac{S}{100} K_r K_t K_h K_e \tag{5-5}$$

式中:q——小型客车综合基本燃料消耗量,L/100km;

上述各式中的各种参数取值请参阅有关资料。

(3)燃烧理论计算法(物料衡算法)

由于燃烧理论计算法较繁琐,这里不作介绍,请查阅有关资料。

2.公路交通线源源强估算方法

公路上行驶的机动车辆排气形成了空气污染线源,线源的中心线取为公路中心线。公路线源污染物的源强按式(5-6)计算:

$$Q_j = \frac{\sum_{i=1}^{3} E_{ij} A_i}{3\ 600} \tag{5-6}$$

式中:Q_j——公路交通 j 类气态污染物线源源强,mg/(s·m);

E_{ij}——i 型车在预测年的单车排放 j 类气态污染物的排放系数,mg/(m·veh);各类车的排放系数按表5-4 的推荐值取值,车辆的分类参见表5-5;

A_i——i 型车预测年的小时交通量,veh/h;

3 600——小时和秒的换算系数(1h = 3 600s)。

车辆单车排放系数推荐值[g/(km·veh)]　　表5-4

平均车速(km/h)		50.00	60.00	70.00	80.00	90.00	100.00
小型车	CO	31.34	23.68	17.90	14.76	10.24	7.72
	THC	8.14	6.70	6.06	5.30	4.66	4.02
	NO_X	1.77	2.37	2.96	3.71	3.85	3.99

续上表

平均车速(km/h)		50.00	60.00	70.00	80.00	90.00	100.00
中型车	CO	30.18	26.19	24.76	25.47	28.55	34.78
	THC	15.21	12.42	11.02	10.10	9.42	9.10
	NO_X	5.40	6.30	7.20	8.30	8.80	9.30
大型车	CO	5.25	4.48	4.10	4.01	4.23	4.77
	THC	2.08	1.79	1.58	1.45	1.38	1.35
	NO_X	10.44	10.48	11.10	14.71	15.64	18.38

车型分类标准 表5-5

车　型	车辆总质量	车　型	车辆总质量
小型车	<3.5t	大型车	>12t
中型车	3.5～12t		

注:大型车包括集装箱车、拖挂车、工程车等。实际汽车质量不同时可按相近归类。

(二)机动车辆排气污染物的监测

1.机动车辆排气污染物的监测方法

机动车辆排气污染物的监测必须在一定的工况条件下进行。根据工况条件不同,可把监测方法分为工况法、强制装置法和怠速法三种。

1)工况法

工况法是将被测试的汽车放在底盘测功机(转鼓试验台)上运转,并模拟汽车在公路上实际行驶所受到的阻力。该测试方法可以近似地呈现汽车实际行驶的工况,故称工况法。由于该方法需要底盘测功机、测试运转的控制系统、复杂而精密的污染物分析仪等。因此,该方法应用不普遍,主要用于作定型车的鉴定、科研以及生产车的抽样检验。我国摩托车的污染物监测方法《摩托车污染物排放限值及测量方法》(GB 14622—2007)采用的是工况法。

2)强制装置法

强制装置法要求汽车制造厂在新生产的汽车上安装相应的装置,以控制曲轴箱通风和燃料系统的汽油蒸发所排放的HC污染物,即在现有车上安装减少排放HC和NO_X的装置。该方法应用较少。

3)怠速法

怠速法是在怠速工况下进行的测试方法。“怠速”是指机动车辆的驱动轮处于静止状态,发动机运转,化油器的节气门处于最小位置,阻风门全开,转速符合车辆使用说明书规定的运行状态。怠速工况测试法比较简便,它不需要特殊的试验台,应用便携式的测定仪器,在交通路口的验车处就可以进行测试。因此,怠速法在各国都广泛应用。

2.怠速法监测车辆排气污染物的基本方法

怠速工况下,机动车辆排气中主要污染物是CO和HC。因此,怠速法只监测车辆排气中的CO和HC。怠速法监测的基本程序是受检车辆准备、监测仪器准备、排气取样、排气中污染物分析、数据处理等。

1)受检车辆准备

受检车辆应作检查并具备监测规定的各项条件,关于监测规定请参阅有关资料。

2)监测仪器准备

监测仪器准备主要是按有关标准和规范要求准备好采样仪器、分析仪器、转速计和点温计等。仪器在每次使用前后应作零点飘移和量程校正,误差不得超过满量程的 ±3%。

3)排气取样

排气的取样方法有直接取样法、全量取样法、比例取样法和定容取样法四种。各种方法请查阅有关资料。

4)排气中污染物分析

根据我国国标《轻型汽车污染物排放限值及测量方法》(GB 18352.3—2005)规定:

一氧化碳(CO)和二氧化碳(CO_2)分析:分析仪应是不分光红外线吸收(NDIR)型。

碳氢化合物(HC)分析—点燃式发动机:分析仪应是氢火焰离子化(FID)型。用丙烷气体标定,以碳原子(C_1)当量表示。

碳氢化合物(HC)分析—压燃式发动机:分析仪应是加热式氢火焰离子化(HFID)型。其检测器、阀、管道等加热至463K(190℃)±10K。应使用丙烷气体标定,以碳原子(C_1)当量表示。

氮氧化物(NO_X)分析:分析仪应是化学发光(CLA)型或非扩散紫外线谐振吸收(NDUVR)型,两者均需带有 NO_X-NO 转换器。

5)数据处理

首先应去除有误数据,然后按有关规则和各种测试方法的规定进行数据处理,以保证数据的正确性。

(三)公路运营期空气污染的防治措施

公路交通空气污染,主要由机动车辆行驶中排放有毒有害物质及在公路上产生的扬尘所致。公路交通空气污染防治主要有七种途径:采用新的汽车能源;采用新燃料;对现有燃料改进及前处理;改进发动机结构及有关系统;在发动机外安装废气净化装置;控制油料蒸发排放;加强和改进公路交通管理。

1. 采用新的汽车能源

为防治汽车空气污染,世界各国汽车行业都在寻找不产生空气污染物的汽车新能源。现已获得试验成功的新能源有太阳能和电能。欧、美、日的太阳能汽车和电力汽车已试验成功,但距商品化还有一定距离。我国也在积极研制新能源汽车,清华大学研制的太阳能汽车已试运行成功,标志着我国新能源汽车研究已跻身于世界先进之列。

2. 采用新燃料

液化石油气、甲醇、氢气已被列为汽车的新燃料而进行研究,在今后还会有新的发现。

1)天然气

天然气作为机动车用燃料可直接使用,也可以压缩后使用。天然气的主要成分是甲烷(CH_4),其含量在81% ~98%之间,甲烷不易着火,抗爆性好,甲烷的氢原子和碳原子比例高达4,是汽油和柴油的2倍左右。产生同样的热能时,甲烷燃烧产生的 CO_2 比柴油和汽油少30%左右。根据对使用汽油和天然气的车辆实测,使用天然气的 CO 排放减少 60% 以上,

NO_X排放降低80%以上，HC的总量虽略有增加，但能导致产生臭氧的非甲烷碳氢化合物却减少了90%以上。

2）液化石油气

液化石油气发动机是比较成熟的机型，许多国家都有定型产品。

液化石油气在发动机的工作温度下以气态存在，它可以和空气混合得十分均匀，从而获得完全燃烧。燃烧液化石油气排放的空气污染物数量比燃烧汽油有所减少。它的缺点是汽车需携带沉重的储气罐，在运行和更换时有爆炸的危险存在，是难以解决的隐患。因此，液化石油气只能在特殊运输工作中使用，如定线行驶的公交车等。

3）甲醇

甲醇是一种高辛烷值的燃烧，在常温下呈液态，沸点为64.7℃，在发动机工作温度下易于汽化。由于其汽化热比汽油高两倍多，使其和空气混合及汽车起动造成困难。燃用甲醇汽油混合燃料与燃用汽油相比，HC和CO的排放明显减少，NO_X的排放量也有一定的减少。其缺点是甲醇具有毒性，需防止蒸发。另外，甲醇能溶解塑料零件和使金属腐蚀，这些都需研究克服。

4）氢气燃料

氢气是一种理想的清洁燃料，以氢气为燃料的氢气发动机只排放NO_X。氢燃料的特点是：氢与空气混合气的着火界限很宽，氢的含量在4%~75%的范围内均可燃烧；氢的点火能量较低，与其他燃料相比，约差一个数量级；氢火焰的传播速度很快，为普通燃料的7~9倍；氢完全燃烧后，其容积有所缩小。这些特点要求氢在稀混合气条件下工作，以减少NO_X的产生量。不过实验表明，当空气系数近于1时，NO_X的排放量也不多。研究还发现，用1%的氢和99%的汽油混合燃烧，可以节油，并减少CO和HC的排放量。

目前，许多国家都在致力于氢发动机的研究，并取得了不少成果。由于氢气的制取和储存问题还有待于进一步研究解决，目前氢发动机还停留在实验阶段。

3.对现有燃料的改进及前处理

1）燃油掺水

燃油掺水后在气缸中燃烧时，由于水具有较高的比热，尤其是水蒸气的生成要吸收大量潜热，使燃烧最高温度下降。同时水蒸气稀释燃气降低了氧浓度，因而使NO_X的产生量减少。

燃油掺水的缺点是机件易锈蚀，冬季有结冰现象发生，乳化油储存时易发生水油分离，特别是喷水量随负荷变化的控制难以实现，因而该方法的应用受到限制。

2）采用无铅汽油

采用无铅汽油，可以杜绝汽车排气的铅污染。

3）汽油裂化为可燃气体

使汽油裂化为可燃气体的方法也称汽油裂化前处理方法。该方法是将液体燃料（例如无铅汽油或柴油）经裂化汽化器转变为可燃气体后，送入气体发动机工作。由于可燃气体与空气形成的混合气较均匀，燃烧完全，使空气污染物的排放量减少。目前该项技术尚处于试验研究阶段，有待完善。

4.改进发动机结构及有关系统

1）分层燃烧系统

汽油发动机基本上是均匀混合气的燃烧，空燃比的变化范围较窄，通常在10~18范围内变化。所谓空燃比是指混合气中空气与燃料的质量之比。在分层燃烧系统中,使进入气缸的混合气浓度依次分层,在火花塞周围充有易于点燃的浓混合气(空燃比为12~13.5)以保证可靠的点火,在燃烧室的大部分区域充有稀的混合气。这样,燃烧室内总的空燃比平均在18:1以上,以减少CO和NO_X的排放量。

2)均质稀燃技术

均质稀燃技术是对现有发动机稍作修改,如改进燃烧室的形状、结构,以改善混合气的形成与分配。实现该技术的实例有丰田的扰流发生罐,三菱的喷流控制阀系统及火球型燃烧室等。这些实例的共同特点是在实现稀混合气稳定燃烧的同时,力求增大燃烧速度,以实现快速燃烧,获得高的热效率和降低排污量。

3)汽油直接喷射技术

发动机采用汽油喷射系统的最大优点是使各缸的喷油量非常均匀,并且能按照发动机的使用状况和不同工况,精确地供给发动机所需的最佳混合气空燃比。它可以在较稀的混合气条件下工作,从而减少HC和CO的排放量。试验结果表明,该技术还可以提高功率约10%,节省燃料5%~10%,因此,它得到了实用性的发展。特别是电子控制式汽油喷射系统的采用,每缸的喷油量控制得更精确,混合气空燃比控制得更严格,使CO和HC的排放量达到最少,但NO_X的排放量接近最大值。再采用消除NO_X的机外技术,可以获得减少CO、HC、NO_X排放量的效果。

4)电子控制发动机

电子控制发动机系统主要控制的参数是混合气的空燃比和点火准时,也可以控制二次空气喷射及废气循环等,从而减少CO、NO_X的排放量。

5)化油器的净化措施

化油器对混合气的空燃比有直接影响,改进化油器的结构及使用调整,对减少排气中的CO、HC和NO_X有重要作用。关于这方面的技术已发展了许多种,如控制阻风门的开度、热怠速补偿装置、怠速转数调整及减速时的空燃比等。

5.发动机外安装废气净化装置

当对发动机本体进行改进,尚不能符合汽车排气标准时,可加装机外净化装置,使其符合汽车排气标准要求。机外废气净化装置有多种,下面对主要的几种简单作介绍。

1)二次空气喷射

二次空气喷射是用空气泵把空气喷射到汽油发动机各缸的排气门附近,借助于排气的高温使喷射空气中的氧和废气中的HC、CO相混合后再燃烧,以减少HC和CO的排放量,达到排气净化的目的。

2)热反应器

热反应器通常与二次空气喷射技术一起使用。热反应器是由壳体、外筒和内筒三层壁构成,壳体与外筒之间填有绝热材料,使热反应器内保持高温,以利于HC和CO的再燃烧。由喷管向排气门喷射的二次空气与排气相混合后进入热反应器的内筒及热反应器的心部,利用热反应器和排气的高温,使HC和CO燃烧变为无害物质。

3)氧化催化反应器

氧化催化反应器是具有很大表面并具有催化剂的载体。当汽车排气经过反应器时,排气中的HC和CO在催化剂的作用下可以在较低的温度下与O_2反应,生成无害的H_2O和CO_2,从而使排气得以净化。由于所用催化剂为贵重金属铂和钯,使该方法的应用受到了限制。在20世纪70年代,发现用稀土金属作催化剂也可收到良好的效果,给氧化催化反应器的实际应用带来了希望。

4)三元催化反应器

三元催化反应器是一种能使CO、HC和NO_X三种有害成分同时得到净化的处理装置。这种反应器要求把空燃比精确地控制在理论空燃比的最佳范围内,以实现同时对三种有害成分的高效率净化。为做到这一点,将三元催化反应器与电子计算机控制系统结合使用。该反应器净化效率高,但成本费用大,只适用于汽油发动机。

6.控制油料蒸发排放

油料蒸发排放的有害气体主要是HC,蒸发排放的部件主要有曲轴箱、油箱、化油器。

1)曲轴箱油料蒸发控制

曲轴箱油料蒸发是指从气缸窜入曲轴箱的混合气体和箱内润滑油蒸汽,经通风管直接排到大气中。美国首先对曲轴箱的窜气加以控制,采用强制通风系统把窜气引入气缸内燃烧。目前,该系统有开式的和闭式的两种,闭式的是对开式的改进。

2)油箱和化油器油料蒸发控制

油箱和化油器油料蒸发主要是在汽车行驶和受热时引起排放HC蒸汽对大气污染。控制油箱和化油器油料蒸发的方法较多,它们的基本思路如下:

(1)消除和减少周围热源对油箱和化油器的影响,减少油料蒸发污染。可采取对油箱和化油器防热和隔热的措施。

(2)对油箱和化油器中的油料蒸汽直接引入发动机的进气系统,在气缸内烧掉。

(3)把油箱和化油器产生的油料蒸汽输送到曲轴箱内,靠曲轴箱设置的强制通风系统把蒸汽送入气缸内烧掉。

(4)将油箱和化油器产生的油料蒸汽送入进气系统的储存器内,随滤清的空气进入气缸燃烧。

7.加强和改进公路交通管理

为减少公路交通对环境空气的污染,应从以下几方面加强和改进对公路交通的管理:

(1)加强对公路的养护,使公路保持平整,保证汽车在良好的路况下行驶,减少排放有害气体。

(2)加强汽车保养管理,以保证汽车安全和减少有害气体的排放量。

(3)制定各种机动车辆的废气排放标准,控制机动车辆的废气排放量。

(4)限制拖拉机、载重柴油机车在城市市区公路上行驶。

(5)取消公路上各种关卡和收费站(以其他收费方式取代),减少车辆的怠速状态。

(6)改善城市交叉口的通行条件和交通干道的通行条件,以减少有害物质的排放。

(7)加强油料质量管理,防止产生严重污染的劣质油料上市。

(8)加强公路两侧绿化,种植能吸收(或吸附)CO、HC和NO_X等有害气体的树种,以减小公路交通大气污染的范围。

能力训练

请分析如图5-1所示的公路建设阶段应注意的空气环境因素有哪些?应该采取哪些措施进行相应的保护?

图 5-1　能力训练图

巩固练习

1. 公路交通空气污染物排放量的估算方法有哪几种?
2. 机动车辆排气污染物的监测方法有哪些?
3. 公路交通空气污染的防治措施有哪些?
4. 如何防治沥青混合料生产场(站)的沥青烟散发?
5. 公路交通管理中可以从哪些方面来考虑减少空气环境的污染?

项目6 公路的其他环境建设

学习目标

1. 了解公路交通可能涉及的社会环境问题;
2. 能根据公路建设的阶段分析应该采取的社会环境影响控制措施;
3. 了解水环境污染的类型;
4. 了解我国水环境保护的法规;
5. 能分析公路水环境污染源并采取相应的处理方法;
6. 掌握公路交通振动的概念、对人体的影响及传播特点;
7. 掌握公路交通振动的防治措施。

公路在建设期和营运期除对生态环境、声环境和空气环境有影响外,还会影响社会环境、水环境,并引起振动等其他环境问题。

公路对沿线两侧一定范围内社会的影响成为不可忽视的社会环境问题,如占地、拆迁、灌排水系统、出行阻隔、文物景观保护等,都应在可持续发展与社会安定的前提下妥善解决。防止水污染已成为社会共识。公路施工中对水泥及外加剂、沥青、桥面防水剂等容易造成污染的材料应远离河流和渠道以防止污染水源。应改进施工工艺,防止桥梁施工造成的水体污染。公路运营期要建立完善的排水系统,设置必要的沉淀池,防止路面污水对水体、耕地的污染。同时尽可能降低施工过程中的机械振动,以减少营运期车辆激振对道路两侧产生的振动影响。

任务一 基本概念

一、公路交通的社会环境

(一)社会环境

社会环境是人类生存环境要素(自然环境、社会环境)之一,它的内涵很广,包括政治、经济、宗教、法律、生产力、生产关系、人口及其质量、文化教育、社团组织、家庭和人类创造的物质财富等。公路交通社会环境,主要是指公路沿线范围内人类在自然环境基础上,经过长期有意识的社会劳动所创造的人工环境。

一般情况,公路交通可能涉及的社会环境问题如图 6-1 所示。我国地域辽阔,各地的自然环境及社会环境有着较大的差异,每条公路的建设都应针对各地的特点,认真分析筛选出主要社会环境问题。

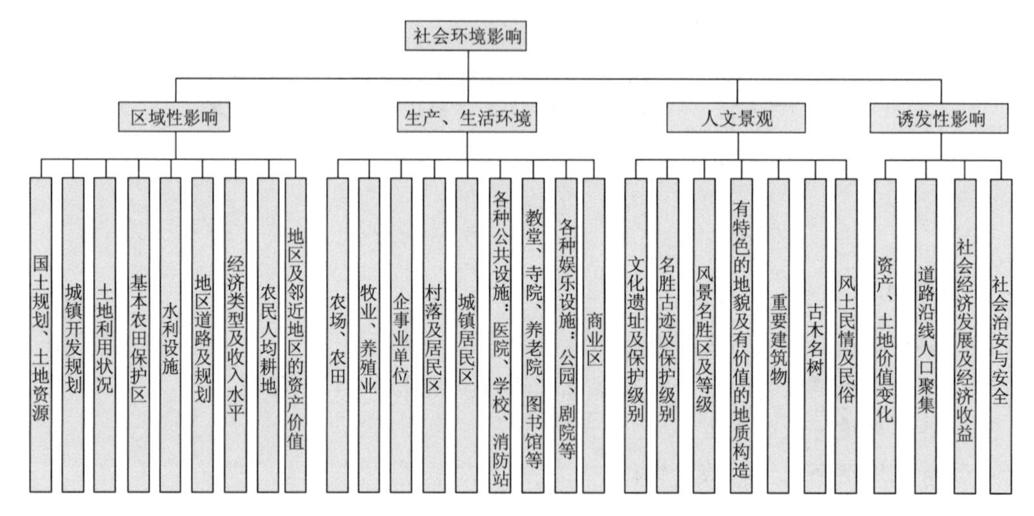

图 6-1　公路交通主要社会环境影响因素

(二)社会环境影响分析

公路交通对社会环境的影响有正面的,也有负面的,但正面影响是主要的,为挖掘公路建设对环境的负面影响,教材着重讨论负面影响。由于公路建设项目涉及的社会环境问题较多,这里只对较为普遍的、主要的问题作简要讨论。

1. 土地资源

土地资源是人类赖以生存和发展的基础,也是陆地生物生长和生存的基础。土地是农业生产中最基本的生产资料,也是工业、交通、城市建设等不可缺少的宝贵自然资源。我国山地多、平原少,960 万 km^2 国土(约 144 亿亩)中耕地约 16.5 亿亩,只占国土面积的 11.5%,占世界总耕地面积的 7%。我国的耕地面积正在逐年减少,除气候等自然因素外,建设用地影响很大。据统计,1949—1980 年建设用地 1 500 万亩,1980—2000 年建设用地约 700 多万亩,其中大部分是耕地。

公路建设是用地大户,高速公路和一级公路平均每公里占用土地约 80 亩。就“五纵七横”12 条国道主干线而言,总里程约 3.5 万 km,约占土地 280 万亩,其中耕地占 80% 左右。当然,公路建设占地是必然的,问题是如何少占耕地,保护良田。

2. 基本农田保护区

各地的基本农田保护区都是当地的稳产、高产良田,一般不能在保护区内占地进行项目建设。当非占不可时,必须补偿同等数量同等质量的农田。

人口、粮食、资源是影响当今世界可持续发展的主要问题。我国用世界 7% 的耕地生产了占世界产量 17% 的谷物,养活了占世界 21% 的人口,这是了不起的成就。但我国毕竟人多地少,人均耕地仅为世界平均水平的 40%,高产良田更是少而宝贵。国家实行基本农田保护区方针,是缓解人口、粮食、资源矛盾,实现 21 世纪可持续发展战略的重要举措。公路建设应不占或少占基本农田保护区内的耕地。

3. 水利设施

水利是农业的命脉,水利设施是国家、地区重要的基础设施,也是人民生产、生活和经济建设的保障设施。公路建设必须保护农田排灌系统、蓄水防洪工程及其他水利设施。

4. 拆迁安置

(1)拆迁安置民房

房屋是民众生活的基本条件,也是民众最主要的财产。拆迁民房会对民众生活造成干扰,经济上造成损失。公路建设应尽可能少拆迁民房,拆迁时应做到拆迁安置合理,尽可能的保护民众利益。

(2)拆迁企、事业单位

拆迁企、事业单位将涉及单位人员的就业,生活资金来源及迁址后的交通、生活条件等,影响的人员及因素较多。一般情况不宜拆迁较大的企、事业单位,避免产生不安定因素。

5. 出行阻隔

高速公路和一级公路普遍存在对民众出行的阻隔问题,公路两侧民众对此反映较为强烈,一般存在横向通道的数量、质量和位置等问题。随着地区(特别是经济发达地区)交通条件及交通工具的改善,通道的数量问题已不很突出,较突出的是通道的质量问题。如下雨积水使老人、儿童难以通行,有的公路清扫人员从路的中央排水口向通道内倾倒垃圾,使通道内肮脏不堪。通道的设置位置也存在一些问题,如有的通道离学校太远,不但给小学生的上学造成不便,也产生了不安全因素。

6. 文物

文物(包括古迹、遗址等)是不可再生的文化景观资源,具有很高的历史、政治、文化和经济价值。原则上,不论其属于何种保护级别,都应合理保护。

我国的文物破坏很严重,而且有逐年加重的趋势。主要是不法分子的盗掘破坏和大型工程建设破坏。公路建设项目往往途经几个地区,干扰文物常有发生。因此,在项目建设的各个阶段都应十分重视文物的保护和利用。

7. 景观环境

高速公路和一、二级公路的投资巨大,占用了大量资源,是国家重要的永久性建筑物。因此,公路建设应研究公路美学,研究其与所经地域的地形地物、文化风情和人文景观的协调性,使公路融合到环境中去,减少或防止因高填深挖等对环境景观造成损害。

二、水环境

(一)水资源

水资源是自然资源的组成部分。水资源和当今世界面临的人口、资源、环境、生态等四大问题有着密切的关系,因此,水资源已成为世界各国关心的一个重要问题。随着人口的增长,经济的发展以及人类生活水平的提高,人类社会对水的需求量日益增长,不少国家和地区已经发生了不同程度的水资源危机,水资源已成为不亚于能源和粮食的严重问题。现以淡水资源为例,据联合国 1997 年发表的《对世界淡水资源的全面评估》报告,缺水问题将严重制约 21 世纪的经济和社会发展,并可能导致国家间的冲突。目前世界上有五分之一的人口,即 12 亿人口面临中高度到高度缺水的压力。到 2025 年,世界人口将增至 83 亿,除非更有效地使用淡水资源,控制河流和湖泊污染,以及更多地利用净化后的废水,否则全世界将有三分之一的人口遭受中高度到高度缺水的压力。

衡量一个国家淡水资源多少的标准是，淡水消耗量占全国可用淡水的20%～40%为中高度缺水，超过40%的为高度缺水。

淡水资源分为地表水资源和地下水资源两部分。地表水资源包括河川径流、冰川雪融水、湖泊沼泽水等地球表面上的水体，其中河川径流占90%以上。地下水资源是指埋藏在地表以下岩层中的水。通常，由于地下水在流动过程中被岩层吸附、过滤和微生物净化，其水质多数比地表水好。我国的河川径流量为2.7万亿m^3，地下水约8 300亿m^3，水资源绝对量居世界前列，但人均占有量约2 600m^3，低于世界平均水平。

（二）水环境污染

作为环境介质的水通常不是纯净的，其中含有各种物理的、化学的和生物的成分。水的感官性状（色、嗅、味、浑浊度等）、物理化学性质（温度、pH、电导率、氧化还原电位、放射性等）、化学成分、生物组成和水体底泥状况等，均因污染程度不同而有很大差别。

早期的水体污染主要由人口稠密的城市生活污水造成。工业革命以后，工业排放的废水和废物成为水体污染物的主要来源。20世纪50年代以后，一些水域和地区由于水体严重污染而危及人类的生产和生活。70年代以来，人们采取了一些防治污染措施，部分水体的污染程度虽有所减轻，但全球性的水污染状况还在发展，尤其是工业废弃物对水体的污染还具有潜在的危险性。水源因受到污染而降低或丧失了使用价值，使水资源更加短缺。

水环境污染按水体污染物进行分类，有以下几种类型：

（1）病原体污染。生活污水、畜禽饲养场污水以及制革、洗毛、屠宰业和医院等排出的废水常含有各种病原体，水体受到病原体污染会传播疾病。如：1848年和1854年英国两次霍乱流行，每次死亡约一万余人；德国汉堡1892年发生的霍乱流行，死亡7 500余人。这几次大的瘟疫流行，都是因水污染而引起的。

（2）需氧物质污染。生活污水、食品加工和造纸等工业废水含有碳水化合物、蛋白质、油脂、木质素等有机物质。这些物质以悬浮或溶解状态存在于污水中，通过好氧微生物的作用分解而消耗氧气，因而称为需氧污染物。这些物质使水中的溶解氧减少，影响鱼类及其他水生生物的生长。当水中溶解氧不足时，有机物将在厌氧菌的作用下进行厌氧分解，产生硫化氢、氨和硫醇等小分子有机化合物以及具有毒性和难闻气味的物质，使水质进一步恶化。

（3）富营养化物质污染。生活污水和某些工业废水常含有一定量的磷、氮等植物营养物质，这些物质排入水体后，引起水体富营养化，使水质恶化。

（4）石油污染。石油类物质在水面形成油膜，阻碍水体的复氧作用，致使鱼类和浮游生物的生存受到威胁，并使水产品的质量恶化。石油污染主要由于海洋石油运输的事故泄漏。

（5）放射性污染。放射性物质进入水体造成放射性污染。放射性物质来源于核动力工厂排出的废水，向海洋投弃的放射性废物，核动力船舶事故泄漏的核燃料，核爆炸进入水体的散落物等。受放射性物质污染的水体使生物受到危害，并可在生物体内蓄积。

（6）热污染。它是由工矿企业向水体排放高温废水造成的。热污染使水温升高，水中化学反应、生化反应速度随之加快，溶解氧减少，破坏了水生生物的正常生存和繁殖的环境。一般水生生物能生存的水温上限为35℃。

（7）有毒化学物质污染。有毒化学物质主要指重金属和微生物难以分解的有机物。重金属在自然界不易消失，它们通过食物链而被富集。难分解的有机物中不少属于致癌物质。

水体一旦被有毒化学物质污染,其危害极大。

(8)盐类物质污染。各种酸、碱、盐等无机化合物进入水体,使淡水的矿化度增高,降低了水的使用功能。

三、振动环境

(一)公路交通振动的传播

公路交通振动是指由公路上行驶车辆的激振而产生的地面振动,因而公路交通振动很大程度上取决于公路结构和地质条件。振动在半无限弹性介质中(如地面)传播时,在弹性体内产生纵波(压缩波)和横波(切变波),同时还存在一种沿表面传播的波,称为瑞利表面波。介质内纵波和横波的传播速度表达式如下:

纵坡(P 坡)波速:

$$v_{\mathrm{p}} = \sqrt{\frac{E(1-\mu)}{2\rho(1+\mu)}} \approx \sqrt{\frac{B}{\rho}} \tag{6-1}$$

横波(S 波)波速:

$$v_{\mathrm{S}} = \sqrt{\frac{E}{2\rho(1+\mu)}} \tag{6-2}$$

式中:E——介质的弹性模量,kg/cm^2,弹性模量大的介质对振动的反应大;

μ——介质的泊松比;

ρ——介质的密度,kg/cm^3;

B——介质的体积弹性模量。

瑞利表面波(R 波)的波速 v_{R} 与横波的波速 v_{S} 之间有如下关系:

$$\frac{1}{8}(\frac{v_{\mathrm{R}}}{v_{\mathrm{S}}})6 - (\frac{v_{\mathrm{R}}}{v_{\mathrm{S}}})4 + \frac{2-\mu}{1-\mu}(\frac{v_{\mathrm{R}}}{v_{\mathrm{S}}})2 - \frac{1}{1-\mu} = 0 \tag{6-3}$$

根据地表面激振的波动理论分析,点振源上、下方向振动,表面瑞利波的振幅以传播距离 $r^{-\frac{1}{2}}$ 衰减,地表内(地基中)纵波和横波的振幅以 $\left(\frac{1}{r}\right)^2$ 衰减。对于线振源,纵波和横波的振幅以 $1/r$ 衰减。

实际上,公路交通振动随传播距离的衰减与地质条件有关,软土地基比一般黏土地基随距离衰减要小,一般黏土地基比砂砾地基随距离衰减亦小,岩石地基随距离衰减最小。据资料介绍,在公路边测得振动在水平面内的分量比垂直面内上、下方向的分量要小得多,而且距公路边越远,表面波的波动越占优势,但是表面波一旦进入地表内便迅速衰减。

(二)公路交通振动的测量

反映振动强弱的物理量是振动的位移(γ)、速度(v)和加速度(α),三者之间有如下关系:

$$\alpha = \omega v = \omega^2 \gamma \tag{6-4}$$

式中:ω—— 振动的圆频率($\omega = 2\pi f$)。

对于公路交通振动,其振动频率(f) 是车辆的固有频率和路面的凹凸不平产生的综合作用,其中由路面的凹凸不平产生的振动影响占支配地位。

与噪声相类似,振动的位移、速度和加速度等也可用分贝数来表达它们的相对大小,国家标准《城市区域环境振动测量方法》(GB 10071—1988)规定采用振动加速度级。振动－加速度级的定义是,加速度与基准加速度的比值以10为底的对数乘以20,记为VAL上,单位为分贝(dB)。其表达式为:

$$VAL = 20\lg^{\frac{\alpha}{\alpha 0}} \tag{6-5}$$

式中:α——振动加速度有效值,m/s^2;

α_0——基准加速度,$\alpha_0 = 10^{-6} m/s^2$。

一般采用铅垂向的Z振级表示振动的强弱。Z振级是按国际标准ISO规定的全身振动Z计权因子修正后得到的振动加速度级,记为VL,单位为分贝(dB)。

测量振动的方法较多,最简单的是用振动级计直接测定环境振动的加速度级。振动级计采用加速度计作为测量振动加速度的传感器(拾振器),测量时传感器的底座平稳地安置在平坦而坚实的地面上。在野外测量时,先将传感器固定在一平整的平板上,再将平板安置在经压实的地面上。平板的尺寸和质量要尽可能的小,使对振动的影响可以忽略不计。测量点设置在各类建筑物室外0.5m以内的振动敏感点,必要时可置于建筑物室内地面的中央。

应用传感器和磁带记录仪可以将振动信号记录下来,再用信号分析仪对记录的振动信号进行分析,可获取振动频率、加速度、速度和位移等振动参数。

(三)振动对人体的影响和振动标准

1. 振动对人体的影响

振动通过人体各部位与其接触而产生作用,根据振动作用范围的不同,对人体的影响可分为全身振动和局部振动两种。全身振动是指人体直接站(或坐)在振动体上所受的振动,局部振动是指人体只有部分部位(如手)与振动体接触所受的振动。由于公路交通振动激起的是地面振动,所以对人体的影响是全身的,车内的乘客振动亦是全身的。

人体对振动的反应相当于一个复杂的弹性系统,当振动的频率与人体的某些固有频率一致(或接近)时,因产生共振而对人体的影响特别大。实验表明,人体对频率2~12Hz的振动感觉最敏感,对低于2Hz或高于12Hz的振动,敏感性逐渐减弱。

人体全身垂直振动时,在频率4~8Hz范围内有一个最大的共振峰,称第一共振频率,它主要由胸腔共振产生,对心脏、肺脏的影响最大。在频率10Hz附近存在第二个共振频率,主要由腹腔共振产生,对肠、胃、肝脏等的影响较大。人体其他器官的共振频率头部为25Hz,手为30~40Hz,上下颌为6~8Hz,中枢神经系统为250Hz。

频率给定时,振动对人体的影响主要决定于振动的强度。其次与振动的暴露时间也有很大关系,短暂时间可以容忍的振动,在长时间就可能不能容忍。

当振动增强到某一程度人就感到不舒适,这是人对振动的心理反应。当振动继续增强,人对振动产生心理反应的同时产生生理反应,与此相应的振动强度叫作疲劳阈。当振动强度超过疲劳阈时,人的神经系统及其功能会受到不良影响。如果振动进一步增强,达到极限阈强度时,对人不仅有心理及生理影响,还会产生病理性损伤。长期在超极限阈的强烈振动下工作,会使感受器官和神经系统产生永久性病变,这种由振动引起的病变叫作振动病,它的全身症状是指头晕、头痛、烦躁失眠、食欲不振和疲乏无力等,局部症状是指承受强烈振动的部位,如手、肘、肩关节等发生损伤,手指肿胀僵硬,手臂无力等。

2. 振动容许标准

振动容许标准有两类,一类是关于人的健康所建立的标准,另一类是关于机器设备、房屋建筑及特殊要求(如天文台、文物古迹等)所制定的标准。下面介绍前一类标准,关于后一类标准请查阅有关资料。

(1)城市区域环境振动标准

我国于1988年颁布了《城市区域环境振动标准》(GB 10070—1988),目的是控制城市环境振动污染。标准规定的振级值见表6-1,表中给出的是铅垂向Z振级容许值,即各个区域的Z振级不得超过表中的限值。

各类区域铅垂向Z振级标准值(单位:dB)　　表6-1

适用地带范围	昼间	夜间
特殊住宅区:特别需要安静的地区	65	65
居民、文教区:纯居民区和文教、机关区	70	67
混合区、商业中心区:一般商业与居民混合区;工业、商业、少量交通与居民混合区	75	72
工业集中区:城市或区域内规划明确确定的工业区	75	72
交通干线公路两侧:车流量每小时100辆以上的公路两侧	75	72
铁路干线两侧:距每日车流量不少于20列的铁道外轨30m外两侧的住宅区	80	80

(2)对人体影响的评价标准

国际标准ISO关于人体全身铅垂向振动暴露评价标准见图6-2。该标准给出了三个振动容许界限和暴露时间。

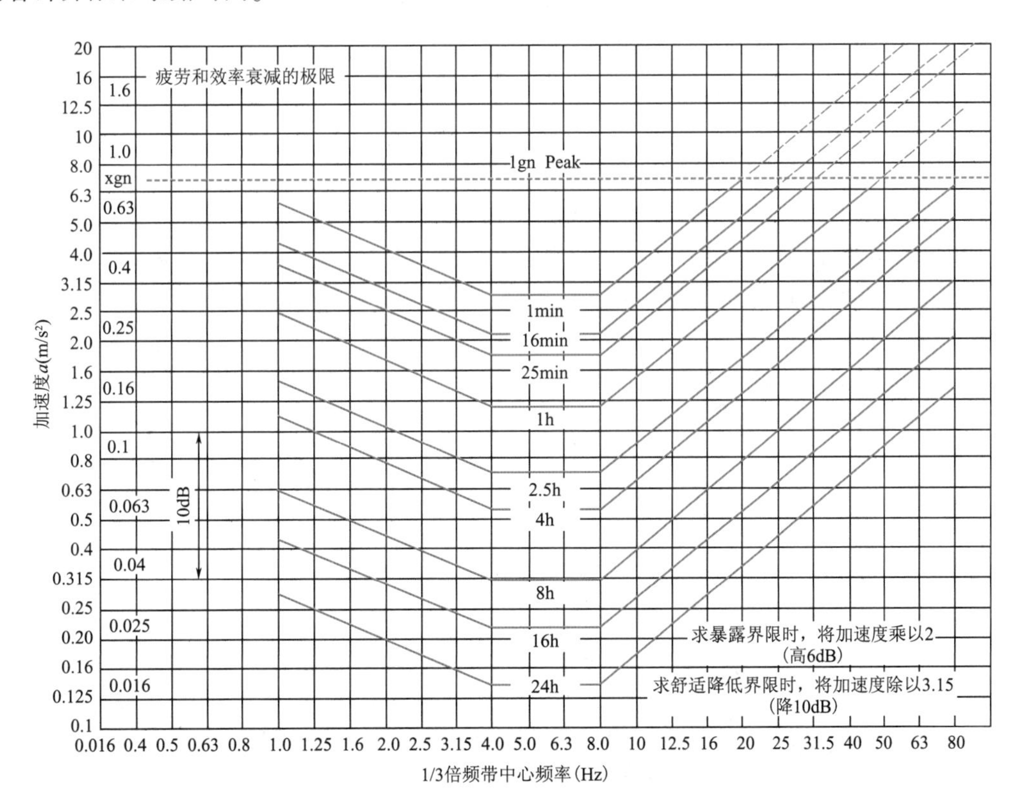

图6-2　铅垂向的振动暴露标准(ISO2631)

①疲劳、效率降低界限。图6-2中给出的曲线是疲劳和效率降低振动标准,即当振动强度超过该疲劳阈时,人体不能保持正常工作效率。

②舒适性降低界限。将图中每条曲线的加速度除以3.15(减10dB)便是舒适性降低界限,即当振动强度超过该界限时,人体对振动产生心理不舒适感。

③暴露界限。将图6-2中每条曲线的加速度乘以2(加6dB)便是振动暴露界限,即当振动强度超过该极限阈时,人体不仅产生心理反应,而且会产生生理病变。

④暴露时间。图6-2中每条曲线上的时间,即表示在该振动强度下允许的暴露时间。用以控制人的工作时间,以保持正常工作和身体健康。

另外,从图6-2中还可看出,人体对频率在4~8Hz范围内振动的反应最敏感。

1. 公路交通可能涉及的社会环境问题有哪些?
2. 水环境污染的类型有哪些?
3. 什么是公路交通振动?其特点是什么?
4. 公路交通振动对人体有哪些影响?
5. 什么是振动容许标准?

任务二　公路其他环境的保护

一、社会环境影响控制对策

公路交通社会环境影响及其控制对策,对我国的公路工作者来说是个较为陌生的课题。2010年5月发布的《公路环境保护设计规范》(JTG B04—2010)(以下简称《规范》)中第3节,对社会环境的保护设计作了原则性的规定,这是确定公路交通社会环境影响控制对策的依据和评定标准。公路交通社会环境影响控制,应采取保护措施为主的原则,并应贯彻在公路整个建设过程中。根据《规范》要求,表6-2列出了公路建设中可能造成的(或应关注的)主要社会环境影响及其控制对策,供参考和讨论。关于社会环境影响控制的管理措施及经济补偿政策等,请参考有关专业书籍。

公路交通社会环境影响控制对策　　表6-2

工程阶段或名称	社会环境影响	控制对策
路线设计	①占用耕地和良田; ②占用基本农田保护区耕地; ③分割城镇小区及村落; ④阻隔出行; ⑤影响风景名胜区、文物保护区和其他人文景观	①对项目建设地区的自然环境、社会环境等作全面详细调查、统计和分析; ②路线方案比选分析时,对社会环境有重大影响的重点部位应用可持续发展的战略进行多方案论证分析; ③路线占地应少占耕地、保护良田; ④尽可能的绕避城镇居民区和较大的村落,对少数民族居住区尤应关注; ⑤避免将小学与主要生源的居民区和村落分隔; ⑥绕避省级以上文物保护单位、风景名胜区、名胜古迹,并尽量绕让其他有价值的人文景观; ⑦路线应与沿线地区自然景观、人文景观相协调,并合理保护和利用

续上表

工程阶段或名称	社会环境影响	控制对策
路基和桥涵设计	①占用耕地、良田； ②影响水利设施； ③拆迁安置； ④阻隔出行和交往； ⑤影响文物古迹、风景名胜和其他人文景观	①尽可能地降低路基高度，在良田路段的路基采用陡边坡，减少路基占地； ②路基、桥涵设计应确保当地排洪、防洪要求，确保水利设施的安全。按《规范》规定保护农田水利设施； ③尽可能地减少拆迁数量。对拆迁对象，特别是老、弱、病、残等脆弱群体应做好安置设计，切实保护公众利益； ④认真调查确定通道或天桥的数量及位置。应做好通道内的排水设计，或在通道的一侧设人行台阶，以方便通行。在牧区设放牧通道； ⑤文物古迹等保护及利用设计
公路施工	①影响土地资源； ②影响农田水利设施； ③影响地方道路； ④影响出行； ⑤影响文物和人文景观； ⑥影响安全	①认真调查做好取、弃土设计，取土坑、弃土场尽可能复耕、还耕或植草种树，保护土地资源； ②料场等临时用地尽量不用耕地，不能使用良田。施工结束及时恢复原土地以便利用； ③合理安排桥涵施工，不影响农田排灌； ④及时修复因施工损坏的地方道路，确保安全通行； ⑤在可能有文物遗址的地区，施工前会同文物管理部门作文物勘探，防止损坏文物； ⑥设安全防范设施和安全监督措施
公路养护	①影响土地资源； ②影响农田水利设施； ③影响交通； ④污染环境； ⑤影响安全	①认真调查做好取、弃土设计，取土坑、弃土场尽可能复耕、还耕或植草种树，保护土地资源； ②料场等临时用地尽量不用耕地，不能使用良田。施工结束及时恢复原土地以便利用； ③合理安排桥涵保养维修，不影响农田排灌； ④设置维持通车的临时设施并及时修复损坏部分，确保安全通行； ⑤认真做好废渣等的处理及堆放工作，不占用土地，不污染环境； ⑥设安全防范设施和安全监督措施

二、水环境保护

(一)水环境防护法规

水体的自净能力是有一定限度的，自净过程也是缓慢的。随着城市和工业的发展，污水量不断增加，往往上游河段受到的污染尚未恢复，又再次受到下游城市或工厂污水的污染，以致整条河流处于不洁净状态，影响水体的利用。

为保护水体而制定的一系列法规，是作为向水体排放污水时确定其处理程度的依据。法规既要有保护天然水体的功能，又要使天然水体的自净能力得以充分利用，以降低污水处理的费用。水环境保护有两个方面，一是直接控制水体的污染，二是规定各种用途天然水体的水质标准。

1. 防治水污染法规

(1)海洋污染防治法规

海洋是一种特殊的环境要素，是人类生命系统的基本支柱。海洋调节着全球气候，创造了人类生存的自然环境。它拥有丰富的生物资源和各种矿产资源、药物资源、动力资源，是社会物质生产的原料基地。为了保护海洋环境，防治海洋污染，我国自20世纪70年代起，先后颁布了多项海水保护专门法规。

①海水水质标准。

1997年颁布的国家标准《海水水质标准》（GB 3097—1997），根据海水的用途，将海水水质分为四类：第一类适用于保护海洋渔业水域、海上自然保护区和珍稀濒危海洋生物保护区；第二类适用于水产养殖区、海水浴场、人体直接接触海水的海上运动或娱乐区，以及与人类食用直接有关的工业用水区；第三类适用于一般工业用水区、海滨风景旅游区；第四类适用于港口水域和海洋开发作业区。该标准对各类水质分别规定了不同的要求和海水中有害物质的最高允许浓度，并规定了防护措施。

②海洋环境保护法。

1982年我国颁布了海洋环境保护的综合性法律《海洋环境保护法》。为了贯彻该法，又颁布了保护海洋环境的一系列条例，如《中华人民共和国防止船舶污染海域管理条例》、《中华人民共和国海洋倾废管理条例》、《中华人民共和国防治陆源污染物污染损害海洋环境管理条例》和《中华人民共和国防治海岸工程建设项目污染损害海洋环境管理条例》等。该一系列法规和条例，对保护我国海洋环境提供了法律依据。

（2）陆地水污染防治法规

陆地水包括江河、湖泊、渠道、水库等地表水体和地下水体。我国是水资源缺乏且时空分布极不均衡的国家。目前不但水源紧缺，且现有水体已受到严重污染。据国家环保总局《1993年中国环境状况公报》称，1993年全国废水排放总量约为355亿t，其中相当大的部分未经任何处理直接排入江河湖海，每年约有1 000万t固体废物直接倾入水体。河流污染日益突出，长江、黄河、淮河等七大水系近一半河流有严重污染，86%的城市河段水质超标。湖泊普遍受重金属污染，富营养现象明显增加。缺水和水体污染已成为制约国民经济发展和人民生活水平提高的重要因素。保护水资源和防治水污染是国民经济和社会发展中的一项重要任务。为了保护水资源，防治陆地水体污染，国家颁布了一系列法规。

①水污染防治法。1984年颁布的《水污染防治法》是陆地水污染防治方面比较全面的综合性法律，1989年国务院又颁布了该法的实施细则。依据该法，国家有关部门先后发布了《水污染物排放许可证管理暂行办法》、《饮用水水源保护区污染防治管理规定》等专项行政规章。

②地表水环境质量标准。国家地表水质标准主要有《地表水环境质量标准》（GB 3838—2002）、《污水综合排放标准》（GB 8978—2002）、《农田灌溉水质标准》（GB 5084—2005）和《渔业水质标准》（GB 11607—1989）等。这些国家标准为保护地表水环境提供了技术和法律依据。

2. 水资源保护法规

由于各种因素造成水源破坏，天然水面不断缩小，水体受污染，用水浪费及过量开采地下水，再加上水资源分布不均衡等原因，我国水源短缺问题十分突出。国家非常重视对水资源保护的立法，1988年第六届全国人民代表大会第二十四次常务委员会议通过了《水法》，标志着我国开始进入依法用水、保护水和治水的新阶段。除国家立法外，各地还针对本地区的水资源问题颁布了地方性水资源保护法则和规定。如《天津市境内海河水系水源保护暂行条例》《江苏省太湖水源保护条例》《上海市黄浦江上游水源保护条例》《北京市密云水库、怀柔水库和京密引水渠水源保护管理暂行办法》等。

《水法》规定，开发利用水资源应当全面规划、统筹兼顾、综合利用、讲求效益，发挥水资源的各种功能。采取有效措施保护自然植被,种树种草,涵养水源。实行计划用水,厉行节约用水。国家对水资源实行统一管理与分级分部门管理相结合的制度。《水法》还对保护江河湖泊、地下水、饮用水源、农业灌溉水源等作了明确的法律规定。

(二)公路水环境污染防治

1. 公路服务设施污水处理

公路建成投入营运后,其服务设施将排放一定数量的污水,如服务区的生活污水、洗车台(场)的污水、加油站的地面冲洗水、路段管理处及收费站的生活污水等。当这些设施的所在地远离城镇不能直接排入污水系统时,排放的污水须经处理达标后排放。

(1)生活污水处理

①化粪池。化粪池是污水沉淀与污泥消化同在一个池子内完成的处理构筑物,其构造简单,类似平流式沉淀池(图6-3)。污水在池中缓慢流动,停留时间为12~24h,污泥沉淀于池底进行厌氧分解。污泥的储存容积较大,停留时间为3~12个月。由于污泥消化过程完全在自然条件下进行,所以效率低,历时长,有机物分解不彻底,且上部流动的污水易受到下部发酵污泥的污染。通常化粪池作为初步处理,以减轻污水对环境的污染。

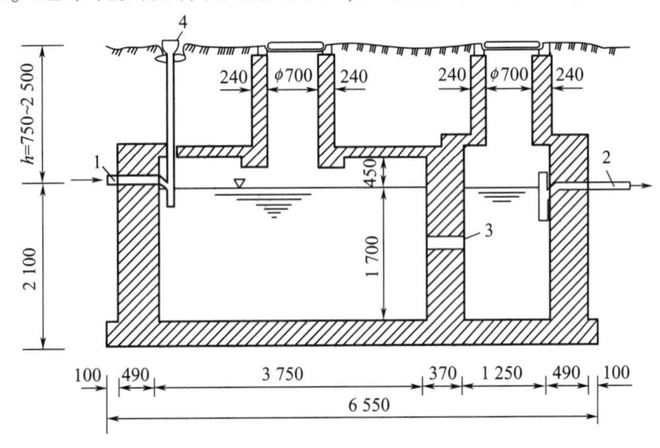

图6-3 化粪池示意图(尺寸单位:mm)

1-进水管;2-出水管;3-连通管;4-清扫口

②双层沉淀池。双层沉淀池又称隐化池。它具有使污水沉淀,并将沉淀的污泥同时进行厌氧消化的功能(图6-4)。污水从上部的沉淀槽中流过,沉淀物从槽底缝隙滑入下部污泥室进行消化。在沉淀槽底部的缝隙处设阻流板,使污泥室中产生的沼气和随沼气上浮的污泥不能进入沉淀槽内,以免影响沉淀槽的沉淀效果和污水受到污染。双层沉淀池的污泥消化仍在自然条件下进行,当污水冬季平均温度为10~15℃时,污泥的消化时间需60~120d,因此,消化室的容积较大。

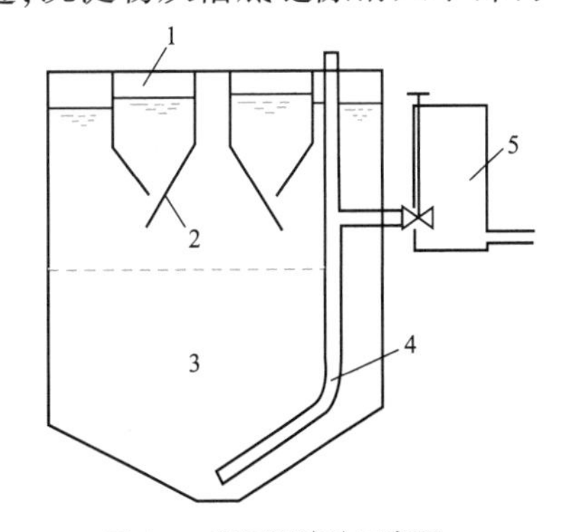

图6-4 双层沉淀池示意图

1-沉淀槽;2-阻流板;3-消化室;4-排泥管;5-窨井

双层沉淀池的沉淀槽设计与前述平流式沉淀池相同,排泥静水压头应不小于1.5m,沉淀槽的宽度不大于2.0m,其斜底与水平的夹角不小于50°,底部缝宽一般为0.15m,阻流板宽度一般取0.15~0.35m。沉淀槽底部到消化室污泥表面应有缓冲层,其高度一般为0.5m。消化室的容积根据当地年平均气温按表6-3确定。

消化室容积确定　　表6-3

年平均气温(℃)	每人所需消化室容积(L)
4~7	45
7~10	35
>10	30

③生物塘。当公路服务设施附近有取土坑(或洼地)可以利用时,可将取土坑(或洼地)适当整修作为生物塘。生物塘是一种构造简单、管护容易、处理效果稳定可靠的污水处理方法。生物塘可以作为化粪池或双层沉淀池的后续处理,也可单独使用。

污水在塘内经较长时间的停留和储存,通过微生物(细菌、真菌、藻类、原生动物等)的代谢活动与分解作用,对污水中的有机污染物进行生物降解,最后达到稳定。因此,生物塘又称为生物稳定塘。生物塘可分为好氧塘、兼性塘、厌氧塘和曝气塘四种。

a.好氧塘。好氧塘的深度较浅,有效水深一般小于1m,通常采用0.5m,阳光可以透入池底。塘内存在着藻—菌—原生动物生态系统(图6-5)。

在阳光照射的时间内,藻类光合作用而释放大量氧,塘表面由于风力的搅动而进行自然复氧,使塘内保持着良好的"好氧"条件。好氧异养性微生物通过生化代谢活动,对有机污染物进行氧化分解,代谢产物 CO_2 供作藻类光合作用所需要的碳源。藻类利用 CO_2、H_2O、无机盐及光能合成其细胞质,并释放出氧气。

好氧塘的设计参数应根据当地气候等具体条件而定。可参考下列数据:有效水深不大于0.5m,停留时间2~6d;BOD5负荷10~22g/(m^2·d),BOD5去除率80%~95%。

b.兼性塘。兼性塘的水深较好氧塘深,因而塘内的污水有较长的停留时间,对于污水流量和浓度的波动有较好的缓冲能力。兼性塘内存在着好氧层、兼性层和厌氧层三个区域(图6-6)。好氧层在塘的上层,阳光能透入,藻类光合作用旺盛,溶解氧充足,好氧微生物在这个区域内进行代谢活动。兼性层在塘的中间,藻类光合作用减弱,溶解氧不足,白天处于好氧状态,而夜间则处于厌氧状态,兼性微生物占优势。塘的底部厌氧微生物占主导,对沉淀池的底泥进行酸性发酵和甲烷发酵。

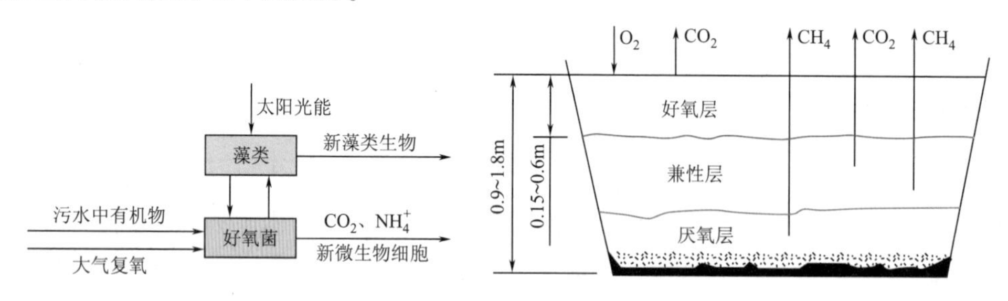

图6-5　好氧塘内藻菌共生关系　　图6-6　兼性塘的三个区域示意图

兼性塘的设计参数一般为:有效水深0.6~2.4m,停留时间7~50d;BOD5负荷2~6g/(m^2·d),BOD5去除率70%~90%。

c.厌氧塘。塘内有机物质分解需氧量超过大气复氧和水生植物光合作用释放氧量时,生物塘便处于厌氧状态。减小塘的表面积和加大塘的水深,都能降低光合作用的强度,塘内呈厌氧状态。有机物在厌氧微生物的代谢作用下缓慢降解,最后转化为甲烷,并释放出 H_2S 及其他致臭物,如乙硫醇、硫甘醇酸、粪臭素等。

厌氧塘的设计参数为：有效水深2.4～4.0m，停留时间30～50d；BOD5负荷20～60g/(m^2·d)，BOD5去除率50%～70%。

d.曝气塘。采用人工曝气（多采用曝气机）在水面进行曝气充氧，以维持良好的充氧状态。由于曝气具有搅拌和充氧双重功能，当曝气机的动力足以维持塘内全部固体处于悬浮状态，并向污水提供足够的溶解氧时，这种塘称为好氧曝气塘。当曝气机的动力仅能供应污水必要的溶解氧，并使部分固体处于悬浮状态，而另一部分固体沉积塘底并发生厌氧分解时，这种塘称为兼性曝气塘。

曝气塘的设计参数为：有效水深1.8～4.5m，停留时间2～10d；BOD5负荷30～60g/(m^2·d)，BOD5去除率80%～90%。

(2)含油污水的处理

大型洗车场和加油站的污水，常含有泥沙和油类物质。油类不溶于水，在水中的形态为浮油或乳化油。乳化油的油滴微细，且带有负电荷，需破乳混凝后形成大的油滴才能除去。洗车场和加油站的含油污水以浮油为主，通常采用隔油池进行处理。当污水进入隔油池后，泥沙沉淀于池的底部，浮油漂浮于水面，利用设置在水面的集油管收集去除。隔油池的形式有平流式、波纹板式、斜板式等。关于隔油池的设计可参考有关污水处理专著。

2.公路路面径流水环境污染防治

公路路面径流水环境污染是指公路营运期，货物运输过程中在路面上的抛撒，汽车尾气中微粒在路面上的降落，汽车燃油在路面上的滴漏及轮胎与路面的磨损物等，当降水形成路面径流就挟带这些有害物质排入水体或农田。对于这种污染及其污染程度，至今研究甚少，一般说来，不会对水体和土壤造成大面积的污染。但当公路距水源保护地、生活饮用水源和水产养殖水体较近时，应考虑路面径流对水环境的污染，由于路面排水不能排入这些水体，必要时可设置生物塘（好氧塘），将路面径流引入塘内得到隔油沉淀和净化处理。

3.施工期的水环境污染防治

公路施工期间无论是施工废水，还是施工营地的生活污水，都是暂时性的，随着工程的建成其污染源也将消失。通常公路施工期的污水对水环境不会有大的影响，可采用简单、经济的处理方法。如施工营地的生活污水采用化粪池处理，施工废水设小型蒸发池收集，施工结束将这些池清理掩埋。

大桥、特大桥施工期对水环境的污染主要是向水体弃渣，向水体抛、冒、滴、漏有毒化学物品，如各类桥面防渗使用的化学材料等。在桥梁桩基采用钻孔灌注桩施工中，用以清渣护壁的泥浆往往含有多种化学成分，施工中乱排放容易对水体造成污染。防止此类污染的有效措施是加强监督管理与采用先进的施工工艺。

三、公路交通振动防治

公路交通激振引起公路两侧地面振动，会给人体、建筑、精密设备和文物等产生影响。公路交通振动的防治较为困难，根据国际、国内经验，公路交通振动防治可以采取下列措施：

1.控制公路与敏感点的距离

振动在地面传播时，其振动强度随传播距离衰减较快。一般情况，公路交通振动传至距路边30m左右便不会有太大的影响，传至50m便可安全。对于有特殊要求的敏感点如天文台、文物古迹等，可根据相应的振动标准控制路线距这些地点的距离，这是唯一可行的措施。

在村庄附近做强振动施工时（如地基夯实、振动式压路机操作等），或爆破施工时，应对临近施工现场的民房进行监控,防止事故发生,对确受工程施工振动影响较大的民房应采取必要的补救措施。

2. 降低公路交通振动强度

(1)提高和改善路面平整度。由于路面的不平整是公路交通振动的主要激振因素,因而提高和改善路面的平整度是降低公路交通振动的主要措施。

(2)研究采用有橡胶树脂的沥青混凝土防振路面。

(3)选择合适的桥梁伸缩缝,减小车辆的冲击振动。

3. 防振沟

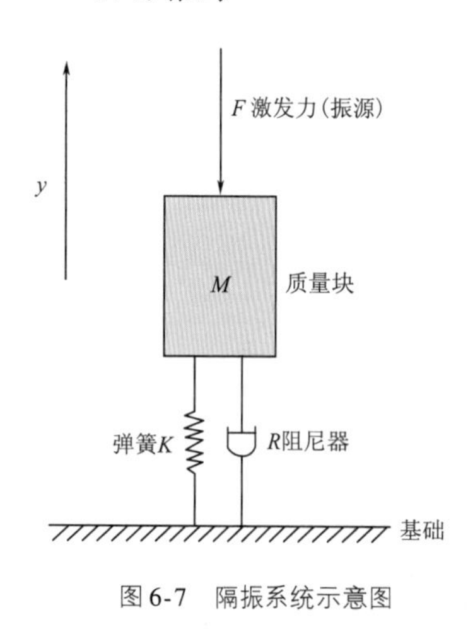

图 6-7 隔振系统示意图

一般的隔振系统由质量块、弹簧和阻尼器构成(图6-7),以减弱振动源向基础(地基)传递振动。对于公路交通振动,一般的隔振措施显然是不可行的。

防振沟是在振动源与保护目标之间挖一道沟,以隔离地面振动的传播,所以又叫隔振沟。一般防振沟的宽度应大于60cm,沟深应为地面波波长的1/4(在低频时其波长较长,如$f=10\text{Hz}$时,波长可达数百米),因此防振沟深度应在被保护建筑物基础深度的两倍以上。为了有效地隔离公路交通振动,防振沟的长度应大于保护目标沿公路方向的长度,有时需在保护目标的周围挖一圈防振沟。防振沟内最好是不填充物体而保持空气层,但实际中较难实现,通常是填充砂砾、矿渣或其他松散的材料。需注意,防振沟内如被填充坚实,或者被灌满水将会失去隔振作用。

由上述可见,防振沟本身是一项比较艰巨的工程,因此,只有在特别需要时才采用,一般情况不宜采用。

巩固练习

1. 分别说出公路设计阶段、公路施工阶段、公路养护阶段中对社会环境影响控制的对策有哪些?

2. 简述我国有哪些水环境保护的法规?

3. 什么是公路路面径流水环境污染?你认为应该怎样处理?

4. 公路交通振动的防治措施有哪些?

项目7 公路环境影响评价

1. 了解影响评价制度的作用和意义；
2. 了解环境质量现状评价的定义、内容及评价的程序；
3. 能说出环境影响评价在环境管理中的作用；
4. 明确环境影响评价工作是如何开展的；
5. 掌握项目筛选的目的、原则；
6. 明确我国项目分类的类别和要求；
7. 掌握环境影响因子识别及评价因子筛选；
8. 能准确描述公路建设项目在进行环境影响评价时通常设置的专题及各专题的主要内容；
9. 明确环境影响评价常用的方法；
10. 会确定噪声污染指数和交通噪声冲击指数；
11. 明确水环境质量评价和环境空气质量评价的方法；
12. 能确定环境质量综合评价常规评价目标环境要素的选择要点；
13. 掌握常用的环境质量综合评价方法；
14. 会表示风险的定量化；
15. 明确工程项目的环境风险定量分析包括几个阶段；
16. 明确公路交通环境风险防范的关键和主要防范措施。

环境影响评价制度是防止产生环境污染和生态破坏的法律措施，是贯彻环境保护“预防为主，防治结合，综合治理”方针的主要手段。其目的是通过评价，查清公路建设项目拟在地区环境质量现状，针对工程特征和污染特征，预测项目建成后对当地环境可能造成的不良影响及其范围和程度，从而制订避免污染、减少污染和防止破坏的对策，起到为主管部门提供决策依据，为设计工作制订防止措施，为环境学提供科学数据的作用。

环境影响评价不但具有工程技术性，而且具有很强的政策性，所以开展这项工作时，从现状调查、评价因素筛选到专题设置、监测布点、测试、取样、分析、数据处理、模式预测以及评价结论，都应以严肃认真的科学态度进行。环境影响评价报告书是环境影响评价工作成果的集中体现，是环境影响评价承担单位向其委托单位——工程建设单位或主管单位提交的工作文件。应按照全面、客观、公正、重点突出的原则，以及公路建设项目环境影响报告书编制的基本要求、编制要点，分析所得到的各种资料、数据，给出结论，完成环境影响报告书的编制。

任务一　环境质量现状评价

一、环境质量现状评价概念

某一地区，由于人们近期和当前的生产开发活动和生活活动，会引起该地区环境质量发生或大或小的变化，并引起人们与环境质量的价值关系发生变化，对这些变化进行评价称为环境质量现状评价。

环境质量的现状是人们近期已经实施和当前正在实施的行为对环境影响的结果。所以环境质量现状评价既有现状评价的含意，也包含一定成分的回顾性评价的成分。

在不同的地区，由于环境质量状况不同，社会经济发展程度不同，人们对环境质量要求的着眼点也不同，这样环境质量现状评价就有不同的侧重面。

人们所关心的、环境质量现状所能反映的价值不外乎自然资源价值、生态价值、社会经济价值和生活质量价值等。

人们把大气、水体、土壤等环境组成部分看成是一种有限资源，这种认识是人们付出了沉重代价才换来的。这些环境要素的质量如何构成了自然资源价值。目前，人们对大气、水和土壤等进行评价时更多注意的是污染评价，即评估人类的生产与生活活动动向环境中所排放的各种污染物对大气、水和土壤的污染程度，以及由此对人体健康所造成的危害程度。

生态价值的评价主要以生态学原理为基础，以保护生态平衡，达到永续利用自然资源为目的，评价在某一地区范围内，由于人的行为对生态系统破坏的程度。

社会经济价值和生活质量价值可称为文化价值，其可由不同角度去评价。如一个企业要选在投资环境好的地方发展，这就要对投资环境进行评价。人们为了健康的生活，除要求环境不受污染外，还有居住、购物、交通、娱乐、子女受教育等方面的要求。所以，生活质量价值是多方面的，要对多方面进行综合评价，才能反应环境的生活质量价值。

环境质量现状评价应该是多方面的，目前较多注意的是污染方面的评价，但在概念上不应认为环境质量现状评价就只是污染现状评价。

二、环境质量现状评价的程序

环境质量现状评价的工作内容很多，因每个评价项目的评价目的、要求及评价要素不同，在具体做法上，不同评价项目可能略有差异。但总体上讲，不同的评价项目都是把污染源—环境—影响作为一个统一的整体来进行调查和研究。由此观点，环境质量现状评价的基本程序如下。

1. 准备阶段

在准备阶段，首先要确定评价目的、范围、方法、评价的深度和广度，制订出评价工作计划。组织各专业部门分工协作，充分利用各专业部门积累的资料，并对已掌握的有关资料做初步分析。初步确定出主要污染源和主要污染因子。做好评价工作的人员、资源及物资的准备。

2. 监测阶段

在准备工作的基础上，根据确定的主要污染因子和主要污染项目，开展环境质量现状监测工作。在监测工作中，定区、定点、定时间很重要，应当一年按不同季节开展几次，至少要在冬季、夏季开展两次。如果需要应重复开展几年，这样才能获得比较可靠的资料。在监测工作中，要注意监测资料的代表性、可比性和准确性。具体监测方法应按国家规定标准进行。有条件的地方，监测工作可由不同学科角度进行。如除进行环境污染物的监测外，还可进行环境生物学监测和环境医学监测，由不同专业来评价环境污染状况，这样可能更全面的反应环境的实际情况。

3. 评价和分析阶段

评价就是选用适当方法，根据环境监测资料、生物学监测资料和环境医学监测资料，对不同地区、地点、不同季节和时间的环境污染程度进行定量和定性的判断和描述，得到不同地区、不同时间环境质量如何的概念。并分析说明造成环境污染的原因，重污染发生的条件，以及这种污染对人、植物、动物的影响程度。

4. 成果应用阶段

通过评价得到的结论就是重要的成果。这一成果对于环境管理部门、规划部门都是很有意义的基础资料。据此，可以制订出控制和减轻一个地区的环境污染程度的具体措施。对一些主要环境问题，可以通过调整工业布局，调整产业结构，进行污染技术治理，制订合理的国民经济发展计划等措施来加以解决，所以，评价结果是进行环境管理和决策的重要依据。

三、大气环境质量现状评价

影响大气环境质量状况的因素很多，目前人们最为关心的是由于污染造成大气环境质量的恶化。大气环境受到污染是由于污染源排放污染物所致。污染物进入大气后，在大气运动作用下，不断发生输送和扩散。当大气中污染物浓度达到一定数值时，就会构成对人群健康的威胁，这时就发生了大气污染。现主要讨论由于污染，引起大气环境质量变化的现状评价。

（一）大气污染监测评价

大气中各种污染物的浓度值是进行大气污染监测评价的最主要资料，资料获得的主要手段是大气污染监测。为了正确进行大气污染监测评价，要注意以下几个方面。

1. 评价因子的选择

根据本地区大气污染例行监测资料并结合污染源评价结果，即可确定本地区的主要污染物，这些主要污染物就可列为评价因子。目前各地通常所见的评价因子有：

(1)尘。如总悬浮微粒。

(2)有害气体。如二氧化硫、氮氧化物、一氧化碳、臭氧。

(3)有害元素。如氟、铅、汞、镉、砷。

(4)有机物。如苯并[a]芘、总碳氢。

在一个地区范围内进行监测评价，可以从上述因子中选择几项，项目不宜过多。例如，以燃煤为主要污染源的地区可选总悬浮微粒、二氧化硫、苯并[a]芘等为评价因子。以有色金属冶炼为主要污染源的地区可选总悬浮微粒、二氧化硫、铅(或汞、镉、砷)等为评价因子。总之评价因子的选择一定要结合本地的具体情况,切忌照搬照抄。

确定了评价因子之后,就要有计划地安排大气污染监测,取得各监测因子的监测数据。

2. 评价方法

目前我国进行大气污染监测评价的方法绝大多数是采用大气质量指数评价方法。大气质量指数是评价大气质量的一种数量尺度,用它来表示大气质量状况可做到简明、可比,可以综合多种污染物的影响,反映多种污染物同时存在情况下的大气质量。这里介绍国内外几种大气质量指数供参考,建议选择时考虑以下几点:

(1)指数能包括所选择的评价因子,不削弱主要因子的作用。

(2)所选指数能反映本地区各地点污染状况的差别。

(3)指数的表达形式本地区容易接受。

(4)希望能综合表达污染水平,不是突出单一污染物的污染水平。

(5)因为条件变化,评价因子有增减,这时所选指数应力求简单,又能适应因子变化,评价结果仍能比较。

总之,应当结合本地区的实际情况,选择适当的指数,才能很好地评价出本地区大气环境质量的好坏。

(二)大气污染生物学评价

植物长期生活在大气环境中,其生理功能与形态特征常常受大气污染作用而发生改变。大气中某些污染物会被植物叶片吸收,并在叶片中积累。这些变化可在一定程度上指示大气污染状况。正是由于植物长期生活在一个固定的地方,所以它指示的大气污染状况具有很强的代表性。但大气污染引起的植物伤害症状往往缺乏唯一性,即其他一些不良条件(如热、冻、旱、涝、盐、风、虫害等)都可以引起同样或类似的伤害症状。因此,任何人都不可能只观察少数几张叶片就对大气环境污染状况作出结论。这里既需要必备的基础知识,又需要经验。尽管如此,由于生物学评价的样品采集和分析都比较简单,一般部门都具备采用生物学评价的必要手段。因此,生物学评价受到各地的广泛重视。

生物学评价方法很多,为了适应在城市环境中进行工作,我们选择树木作为指示植物。就树木而言。由于长期暴露在污染空气中,其树高、胸径、新梢长度、叶片面积等生长量以及叶片中化学元素含量都能作为评价的因子,这里介绍用叶片生长量和分析叶片中化学元素含量的方法来指示大气污染状况。

调查叶片生长量的方法很简单,将取回来的叶片晒叶迹图,用求积仪求出叶片面积,就可以按叶片生长量的差异指示大气污染程度。

分析叶片中化学元素含量时,将采集的样品仔细冲洗干净,这一步很重要,一定要认真地冲洗干净,不然会由于尘土的存在影响分析的结果。洗干净的叶片除去水分,分析其中化学元素含量。指示二氧化硫污染可以分析叶片中硫含量,指示氟、铅、镉污染可分别分析叶片中氟、铅、镉的含量。分析方法目前还没有统一的方法,工作时可以自己选择分析方法。但要注意为相互比较样品,应选用同一方法进行分析,或者用相互标定过的方法进行分析,不然很难进行比较。获得不同地点叶片中化学元素含量,就可以根据含量的多少来划分污染等级。

巩固练习

1. 环境影响评价制度的作用和意义是什么？
2. 什么是环境质量现状评价？
3. 环境质量现状评价的内容是什么？
4. 环境质量现状评价的程序是怎样的？

任务二　环境影响评价概述

一、环境影响评价的作用与程序

（一）环境影响评价的作用

环境质量的好坏，以对人类生活和工作，特别是对人类健康的适宜程度作为判别的标准。为了控制建设项目对环境产生新的污染，造成重大的潜在影响，必须实行建设项目环境影响评价制度。

环境影响评价在环境管理中的主要作用如下：

（1）为地区发展规划和环境管理提供科学依据。

（2）通过环境影响评价了解拟建项目所在地区的环境质量现状，预测拟建项目对环境质量可能造成的影响。

（3）针对项目对环境质量造成的不利影响，提出有效的、经济合理的防治措施，使不利影响降至最低程度。

总之，环境影响评价是正确认识经济发展、社会发展和环境之间相互关系的科学方法，是正确处理经济发展与国家整体利益和长远利益关系、强化环境规划管理的有效手段，是对经济发展和保护环境一系列重大问题作决策的依据。

（二）环境影响评价程序

环境影响评价工作大体分为三个阶段（图7-1）。

第一阶段为准备阶段，主要工作为研究有关文件，进行初步的工程分析和环境现状调查，筛选重点评价内容，确定各单项环境影响评价的工作等级，编制评价工作大纲。

第二阶段为环境影响评价工作阶段，其主要工作为完成工程分析和环境现状调查监测评价、建设项目环境影响预测和评价。

第三阶段为报告书编制阶段，其主要工作为汇总、分析第二阶段工作所得到的各种资料、数据，编制完成环境影响报告书。报告书中应给出项目环境影响控制对策与环保措施、项目建设评价结论与建议。

二、项目筛选分类

（一）项目筛选的目的

从原则上讲，不论建设项目的性质和规模，只要有可能对环境造成影响的都要进行环境影响评价。但从人力、物力和管理方面来讲,每年成千上万个建设项目全部作环境评价是不可能的。因此,应预先对建设项目进行筛选,识别出需要进行环境评价的项目。项目筛选的目的是保证将具有重大环境问题的项目识别出来进入环评程序,将不具有潜在环境影响的项目挑出来不进入环评程序(或填环境影响报告表),以保证环境不受重大影响,也可节约资金和人力。

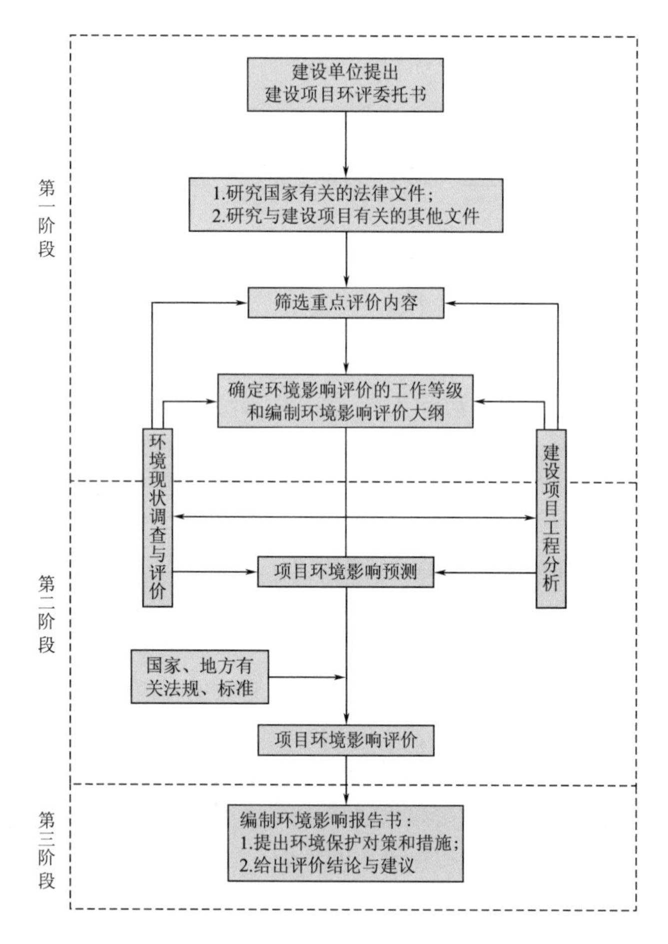

图 7-1　环境影响评价工作程序

项目筛选是一项行政管理程序,在多数国家,这一决策是由国家经济计划部门和环保部门商讨做出的。我国的项目筛选决策由国家和地方环保局进行,至于决策权限在国家或地方(省、市)哪一级环保局,主要由项目性质、规模等因素决定。目前,我国项目筛选识别尚无明确的标准和正规程序,为确保项目筛选的可靠性和合理的使用财力,该问题亟待研究解决。

(二)项目筛选的原则

项目筛选一般依据项目类型、项目规模和项目建设位置。

1. 项目类型

项目类型决定其潜在的环境影响的性质。一般下列项目需进行环境影响评价。

(1)基础设施。如机场、公路、铁路、港口、防洪系统、市政工程等。

(2)农业及乡村开发。如灌溉系统、渔业及水产养殖、自然资源和流域开发、海滩开发等。

(3)工业。如化工、水泥、肥料、矿产、电力、钢铁、油气管道等。

2. 项目规模

项目规模决定其可能造成的潜在环境影响的大小。表示项目规模的主要参数有建设投资总额、受影响的人数、生产能力及占地面积等。

3. 项目建设位置

项目位置决定其潜在的环境影响的后果。

(三)项目分类

通过项目筛选,将建设项目进行分类,确定其是否需进行环境影响评价及评价工作的要求。

1. 国际金融机构贷款项目分类

向世界银行、亚洲开发银行等国际金融机构贷款建设项目的环评,需按相应机构对环评工作的要求进行项目筛选分类。据世界银行有关规定,将项目分为三类,见表7-1。

世界银行项目筛选分类表 表7-1

A 类	B 类	C 类
1. 水坝与水库	1. 农业加工业	1. 教育
2. 林业及其生产项目	2. 电力传输	2. 计划生育
3. 工业厂矿(大规模)	3. 淡水和海水养殖	3. 健康
4. 水利工程(大规模)	4. 灌溉和排水(小规模)	4. 营养
5. 土地平整	5. 再生能源	5. 机构开发
6. 矿产开发(包括油、气)	6. 农村电气化(包括小型电站)	6. 技术援助
7. 港口开发	7. 工业(小规模)	7. 人力资源开发项目
8. 开垦和新土地开发	8. 农村供水和卫生	
9. 移民和新土地开发	9. 旅游	
10. 河流流域开发	10. 流域管理和整顿	
11. 热电和水电开发	11. 城乡公路	
12. 交通(机场、公路、铁路、水运航道)	12. 乡镇开发(小规模)	
13. 城镇开发(大规模)	13. 调整、维护和更新项目(小规模)	
14. 旅游资源开发		
15. 杀虫剂和其他有毒有害材料的制造、运输和使用		

(1)A类。需完整环境评价的项目。此类项目有着重大的潜在环境影响,如:引起空气、水或土壤污染;对周围地表或生态环境大规模损坏;大量消耗或损害自然资源;对水文产生巨大影响;对环境造成潜在风险;人口大量迁居或其他重大的社会影响。属A类的项目或子项目见表7-1。

(2)B类。不需完整的环境评价,但需进行一些环境分析的项目。此类项目通常规模较小,或者为维护、整修和更新项目(表7-1),一般对环境不会造成潜在重大影响。

(3)C类。不需环境评价和环境分析的项目。此类项目(表7-1)对环境具有轻微的影响,或者其影响无明显后果,但对某些项目的局部(如医院的医疗废弃物)设计时需作环保处置。

2. 我国项目分类

项目经筛选后,将对环境有影响的项目分为三类。

(1)Ⅰ类。小型基本建设项目和限额以下技术改造项目,只需填报环境影响报告表。

(2)Ⅱ类。对环境影响较小的大中型基本建设项目和限额以上技术改造项目,经省级环保部门确认可只填报环境影响报告表。

(3)Ⅲ类。对环境有较大影响的建设项目,需要编制环境影响报告书。

三、环境影响评价工作等级

环境影响评价工作等级,是指需要编制环境影响报告书的项目各专题的工作深度划分。工作等级划分的依据如下:

(1)建设项目的工程特点,如性质、规模、能源及资源的使用数量和类型等。

(2)项目所在地区的环境特征,如自然环境和生态环境特点、环境敏感性、环境质量现状及社会经济状况等。

(3)国家或地方政府颁布的有关法规,包括环境质量标准和污染物排放标准等。

目前我国环境影响评价将专题评价工作划分为三个等级:一级评价最详细;二级次之;三级较简略。在进行建设项目环评时,根据环境影响和环境状况的需要,确定各专题的评价工作等级,在工作中亦可作适当调整。

评价工作等级划分的详细规定,可参阅国家环保总局颁发的环境影响评价技术导则。

1. 在环境管理中,环境影响评价具有怎样的作用?
2. 环境影响评价工作是怎样进行的?
3. 什么是项目筛选?为什么要进行项目筛选?
4. 项目筛选遵循的原则是什么?
5. 我国的建设项目经项目筛选后可分为几类?

任务三　公路交通环境影响评价内容

一、环境影响因子识别与评价因子筛选

(一)环境影响因子识别

公路项目一般为大型建设项目,对自然环境、生态环境和社会环境(社会经济、社会生

活）有较大影响。每个公路项目因其工程性质（如城市道路，高速公路，一、二级公路，大桥）和所在地区（如平原、山区）的不同，对环境影响的种类和程度有差别。因此，对某个公路项目进行环境影响评价时，在项目工程分析和所在地区环境分析的基础上，应对项目可能产生的潜在环境问题，即环境影响因子进行分析识别，以便进行环境影响评价因子筛选。

环境影响因子识别的方法较多，如叙述分析法和项目类别矩阵法等。表7-2为常用的公路项目环境影响因子识别矩阵，表中列出了项目施工期、营运期的主要工程活动及主要环境影响因子。对于某个公路项目，针对具体情况，表中用符号标出了各阶段可能产生的环境问题及其影响大小。

（二）环境影响评价因子筛选

经环境影响因子识别后，需进行环境影响评价因子（简称评价因子）筛选。筛选是为了找出项目建设可能对环境产生有较大影响的因子，确定环境影响评价专题及其评价内容，同时确定各专题评价工作等级及项目建设环境保护目标。

环境影响因子识别和评价因子筛选，对环评工作非常重要，既能使环评抓住主要环境问题，又可及时反馈给工程设计和建设单位，针对潜在的重大环境问题采取相应的环境保护对策。

二、环境影响评价专题及其主要内容

建设项目环境影响评价的专题及其内容，由项目性质和当地的环境状况等经环境影响评价因子筛选后确定。下面简要介绍公路建设项目进行环评时通常设置的专题及其内容。

（一）社会环境影响评价专题

社会环境影响评价专题内容，由地区社会环境现状分析、项目影响预测评价和缓减（或降低）影响措施（建议）三部分组成。

项目对社会环境的影响预测评价应针对筛选出的评价因子进行。公路建设对社会环境的正面影响是主要的，除公路交通自身的经济效益外，对地区的经济发展有很大的推动作用，对老、少、边、贫地区有促进民族团结和扶贫致富等深远意义。其负面影响主要是征用土地、拆迁民房、阻隔通行等对社会经济和生活环境造成影响，此外，还可能对文物有影响。

（二）生态环境影响评价专题

生态环境影响评价专题主要包括地区生态环境现状分析、项目影响预测评价和防治措施（建议）三部分内容。

生态环境评价因子因公路建设地区的不同而差异较大。城市道路主要是城市生态和人的生活环境。

公路项目的评价因子主要有：植被破坏和土地利用改变而引起的生物量变化、土地沙漠化和土壤侵蚀；山区地貌扰动引发水土流失、崩塌和泥石流；路线阻隔陆生生物栖息地对生物多样性的影响；路基高填、深挖对土壤侵蚀和景观生态环境的影响以及影响地区水文而引发灾害等。

表 7-2

公路项目环境影响因子识别矩阵

工程及活动		自然(物理)环境				生态环境						社会环境							生活环境						
		噪声	地表水	空气	振动	保护区	植被	土壤侵蚀	土地资源	野生动物	水文	征地	再安置	农业生产	公路交通	水利设施	发展规划	社会经济	文物	通行交往	环境质量	就业	经济	安全	环境景观
施工期	施工前准备											●	●										▲		
	取、弃土																								
	路基施工	▲		▲	▲	●	●	●	●	●					▲	●			●	▲	★	△	△	★	▲
	路面施工																								
	桥梁施工																								
	隧道施工																								
	材料运输																								
	料　场																								
	施工营地																								
	施工废水																								
	沥青搅拌																								
	绿化及防护工程																								
营运期	养护与维修																								
	交通运输	●		▲	★	●									○		○	○		▲	★	☆	△		
	路面径流																								
	交通事故																								
	路　基																								
	构筑物																								
	服务设施																								

注:○/●表示正/负重大影响;△/▲表示正/负中等影响;☆/★表示正/负轻度影响。

（三）土壤侵蚀及水土保持方案专题

土壤侵蚀及水土保持方案专题的主要内容是地区土壤侵蚀（包括风蚀和水蚀）现状评价，项目影响预测评价，拟定水土保持方案。

公路项目引起土壤侵蚀主要在施工期，其原因是路基工程的填挖、取土、弃土和隧道弃渣，造成大面积植被破坏及产生新的土壤侵蚀源。

水土保持方案是为防治土壤侵蚀而拟定的措施方案，应针对土壤侵蚀的形式、规模和地点等设计，进行设计时应执行相应的技术规范。路基防护工程和排水工程设计，是项目水土保持方案的重要组成部分。

（四）声环境影响评价专题

声环境影响评价专题的内容主要有地区声环境现状评价，项目施工期噪声和营运期公路交通噪声对环境的影响预测评价，敏感点的噪声污染防治措施（建议）等。

公路项目对声环境的影响主要是施工期的机械噪声和材料运输噪声、营运期的公路交通噪声。公路交通噪声扰民随交通量增加而上升，其防治措施应认真研究。

（五）环境空气影响评价专题

环境空气影响评价专题的内容由地区环境空气质量现状评价，项目对环境空气影响预测评价和空气污染减缓措施（建议）等三部分组成。

公路项目对环境空气的影响因子主要有施工期扬尘和沥青烟尘、营运期汽车排放的有害气体（以 CO、NO_X 为主）。对于长隧道需评价其通风设施，防止隧道内空气严重污染影响行车安全和人员健康。

（六）水环境影响评价专题

水环境影响评价专题的主要内容是地区地表水环境质量现状评价，项目对水环境影响预测评价，水环境污染防治措施（建议）以及交通事故风险分析等。

公路项目对地表水环境的主要影响因素有：路基、桥梁对水文的影响；桥梁施工对水质的影响；施工期的施工废水和施工营地污水对水质的影响；营运期的路面径流、服务区的生活污水和洗车废水、收费站等地的生活污水对水质的影响。

通常公路项目仅对地表水有影响。根据地表水的类别，我们关心的是生活饮用水源、水产养殖水体和特殊保护的水源地。

上述专题并非每个公路项目千篇一律，可根据具体情况有增有减。对各专题的评价内容或因子应认真研究，有针对性地确定。

巩固练习

1. 什么是环境影响因子识别？

2. 为什么要对评价因子筛选？

3. 公路建设项目在进行环境影响评价时通常设置的专题有哪些？各专题的主要内容是什么？

任务四　环境影响评价方法

一、环境影响预测评价方法

世界各国环境影响预测评价的方法较多，公路项目环评常用的有数学模型预测法、类比调查法和图形叠置法等。

（一）数学模型预测法

数学模型预测法是人们熟知的应用最广泛的一种预测方法。在公路项目环境影响评价中交通噪声级预测、环境空气污染物浓度预测、水质污染物浓度预测和土壤侵蚀量预测等，都采用数学模型预测法，有关数学模式及模式中各项参数的取值请查阅有关资料，这里不赘述。在各种参数或资料具备的条件下，采用数学模型预测较为方便，结果亦较准确。

（二）类比调查法

当缺乏必要的参数资料且获取它们又有困难时，常用类比调查法来预测评价拟建项目对环境的影响，该方法因简单直观而为广大环境科学工作者所青睐。采用类比调查法必须选择恰当的类比原型，选择类比原型应符合下列原则：

（1）类比公路与拟建公路的等级、路面类型相同。

（2）类比公路与拟建公路的交通量和平均行车速度相近。

（3）类比公路与拟建公路在同一个地区。

（4）类比公路的环境监测点位，应选择与拟建公路环境影响预测路段的环境相似。

（三）图形叠置法

图形叠置法由 Mcharq 于 1968 年提出。该方法首先将研究地区分成若干个地理单元，在每个单元中通过各种手段获取有关环境因素的资料，利用这些资料为每个环境因素绘出一幅环境图，这样可绘出一系列环境图。然后把这些图衬于整个地区的基本地图之上，做出地区的环境复合图。通过对该图的综合分析，就可对土地利用的适用程度和工程建设的可能性等做出评价，并采用颜色、阴影的深浅等形象地表示工程项目对地区环境影响的大小。

该方法使用简便，但不能对影响做出确切的定量表示。它主要用于预测评价和表达某一地区适合开发的项目及其程度，对环境影响的范围（如确定洪水泛滥的范围）、公路选线以及景观环境影响等评价。

二、环境质量评价方法

环境质量评价常用的方法，是将环境污染物的监测值（或预测值）与评价标准容许值进行比较，由是否超出标准值及超出量的大小进行评价并得出结论。为了更加直观、定量地对环境质量进行评价，世界各国对噪声、水质、空气和土壤等环境质量规定了评价方法。下面就我国环境质量评价中常用的评价方法及其指标作简要介绍。

(一)声环境质量评价

1. 噪声污染指数

对区域声环境质量可用噪声污染指数进行分级(表7-3)。

声环境质量等级划分表　　表7-3

类　型	指　数 P_N	分　级	噪声级 L_{Aeq}(dB)
一	<0.6	很好	<45
二	0.60～0.67	好	45～50
三	0.67～0.75	一般	50～55
四	0.75～1.00	坏	55～75
五	>1.00	恶化	>75

噪声污染指数的定义为:

$$P_N = \frac{L_{Aeq}}{L_b} \tag{7-1}$$

式中:P_N——噪声污染分级指数;

L_{Aeq}——环境噪声级(等效A声级),dB;

L_b——基准噪声级,对于区域环境质量评价,取 $L_b=75$dB。

噪声污染指数计算简单,可以表示区域的声环境质量状况,但不能反映噪声的实际污染程度,即对人的影响程度。

2. 噪声污染度

噪声环境影响是指对人的影响。噪声污染度是指项目噪声对人的袭击程度,或者说项目使区域内受环境噪声污染(超标)人数的百分率,即:

$$\text{噪声污染度(NPD)} = \frac{\text{环境噪声超标的人数} - \text{原超标人数}}{\text{区域内总人数}} \times 100\% \tag{7-2}$$

噪声污染度直观地反映了项目噪声对声环境质量的影响量,适用于公路项目环境影响评价,特别是路线方案比选分析。但目前噪声污染度还没有等级划分指标,一般认为,NPD<30%为轻度污染,NPD=30%～50%为中度污染,NPD>50%为重度污染。

3. 交通噪声冲击指数

实际上,人对噪声的主观感受因其从事的工作、环境状况、身体条件及年龄的不同有很大差别。为了综合评价公路交通噪声对沿线地区声环境的影响程度,引入交通噪声冲击指数。其定义为:

$$\text{TNII} = \frac{\sum P(L)_i W(L)_i}{\sum P(L)_i} \tag{7-3}$$

式中:TNII——交通噪声冲击指数;

$P(L)_i$——某噪声级下的人口数;

$W(L)_i$——某噪声级的权重系数;

$\sum P(L)_i$——评价区域内的总人口。

权重系数是指人在某噪声级影响下,主观评价的量化系数。人对噪声的主观评价,昼间为吵闹程度,夜间为是否干扰睡眠。近几年原西安公路交通大学对多条公路沿线地区人群进行了噪声的主观评价调查、噪声测定及统计计算,表7-4给出了昼间、夜间不同噪声级的权重系数供参考。实践表明,交通噪声冲击指数对路线方案比选分析有着独特的优越性。

公路交通噪声权重系数 表7-4

噪声级 $L_{A\,eq}$(dB)	40~45	45~50	50~55	55~60	60~65	65~70	70~75	75~80	>80
昼间(吵闹)W值	0.30	0.45	0.60	0.75	0.83	0.89	0.93	0.97	1.00
夜间(干扰睡眠)W值	0.55	0.65	0.75	0.85	0.90	0.95	0.98	1.00	1.00

(二)水环境质量评价

水环境质量采用水质指数或水污染指数进行评价。用它表示水体的污染程度,也可以用来对水体进行污染分类和分级。

1.单因子污染指数

单因子污染指数,亦称为污染分指数。其计算式如下:

$$P_i = \frac{C_i}{C_{oi}} \tag{7-4}$$

式中:P_i——某种污染物的污染分指数;

C_i——某种污染物的实测浓度值(或预测计算浓度值),mg/L;

C_{oi}——某种污染物的评价标准值,mg/L。

2.平均综合污染指数

一般水体受到多种因子污染,对水质应作综合评价,即用式(7-5)计算水质平均综合污染指数,并按表7-5对水质进行分级。

$$P = \frac{1}{n}\sum_{i=1}^{n}\frac{C_i}{C_{oi}} = \frac{1}{n}\sum_{i=1}^{n}P_i \tag{7-5}$$

式中:P——水质平均综合污染指数;

n——参与水质评价的因子数;

P_i——某种污染物的污染分指数。

地表水质分级标准 表7-5

指数P值	级别	分级依据
<0.2	清洁	多数因子未检出,个别检出也在标准范围内
0.2~0.4	尚清洁	检出值均在标准范围内,个别接近最大允许值
0.4~0.7	轻污染	个别因子检出值超过标准
0.7~1.0	中污染	有两项检出值超过标准
1.0~2.0	重污染	相当一部分检出值超过标准
>2.0	严重污染	相当一部分检出值超标数倍或几十倍

3.加权平均综合污染指数

在评价中考虑某些污染物对水质影响的权重,采用加权平均综合污染指数对水质进行评价,评价分级与表7-5基本相同。其表达式为:

$$P = \frac{1}{n}\sum_{i=1}^{n} W_i P_i \tag{7-6}$$

式中：P——水质加权平均综合污染指数；

W_i——第 i 种污染物的加权值，且 $\sum W_i = 1$；

P_i——某种污染物的污染分指数。

(三)环境空气质量评价

环境空气质量采用质量指数(或污染指数)进行评价。

1. 质量指数

采用质量指数对环境空气质量进行评价，其分级标准见表7-6。质量指数的计算式为：

$$P = \sum_{i=1}^{n} P_i \quad 且 \quad P_i = \frac{C_i}{C_{oi}} \tag{7-7}$$

式中：P——环境空气质量指数；

P_i——第 i 种污染物的污染指数，亦称单因子污染指数；

C_i——第 i 种污染物的实测(或预测)浓度，mg/m^3；

C_{oi}——第 i 种污染物的评价标准值，mg/m^3。

北京西部环境空气质量分级标准　　表7-6

指数 P 值	0～0.01	0.01～0.1	0.1～1.0	1.0～4.5	4.5～10	>10
级别	清洁	微污染	轻污染	中度污染	重污染	严重污染

2. 综合质量指数

综合质量指数，是在单因子质量指数的基础上考虑污染物的权重。采用该指数对空气质量评价，其分级标准见表7-7。综合质量指数计算式为：

$$P = \sum_{i=1}^{n} W_i P_i \quad 且 \quad \sum_{i=1}^{n} W_i = 1 \tag{7-8}$$

式中：P——环境空气综合质量指数；

P_i——第 i 种污染物的污染指数，$P_i = C_i / C_{oi}$；

W_i——第 i 种污染物的权重值；

n——参与评价的污染物数量。

环境空气质量分级标准　　表7-7

综合质量指数 P 值	<0.3	0.3～0.5	0.5～0.8	0.8～1.0	>1.0
级别	清洁	尚清洁	轻污染	中污染	重污染

(四)土壤环境质量评价

土壤质量包括土壤生产质量(即肥力)和土壤环境质量两个方面，其好坏以对人类生产、生活和发展的适宜程度为判断标准。环境科学研究土壤质量，侧重于土壤环境质量，以对人类健康的适宜或影响程度为标准。

公路交通对土壤环境质量影响主要是重金属铅(Pb)污染。当采用无铅汽油后，新建公路可不考虑铅对土壤环境的影响。

土壤环境质量评价与水和空气的评价相类似，其评价指标为污染指数。即：

$$P_i = \frac{C_i}{C_{oi}} \tag{7-9}$$

式中：P_i——某污染物的污染指数(单因子污染指数)；

C_i——某污染物的实测值，mg/kg；

C_{oi}——某污染物的评价标准，mg/kg。

我国土壤环境质量标准的铅含量容许值见表7-8。

有时土壤会受到多种重金属(汞、镉、铬、铅、锌、铜、镍)、无机毒物(砷、氟、氰等)和有机毒物(酚、石油、苯并[a]芘、666、三氯乙醛)污染。计算多因子的综合污染指数方法与前述相似。

土壤环境质量标准含铅量容许值 表7-8

土壤类别(pH)	<6.5	6.5~7.5	>7.5
铅含量(mg/kg)	≤250	≤300	≤350

三、环境质量综合评价方法

人类的生活环境是在多项环境要素(如空气、水、土壤、声音、食物、文化生活等)相互作用、相互影响和相互制约下形成的综合环境体系。环境质量综合评价就是按照一定目的，在一个区域内各个单项环境要素评价的基础上，对环境质量进行总体的定性或定量评定。

环境质量综合评价是将某一环境体系(可大可小，大至一个国家，小至一个功能区)作为一个整体，在考虑其他功能的同时，突出其中某一项或几项主要环境要素，将其与人体健康和防治对策作为主要研究目标。

(一)环境要素选择

在进行环境质量综合评价时，应根据评价的目的、目标及区域环境状况等，合理地选择环境要素，以不漏掉主要评价要素为原则，使评价结果能客观地反映评价区域的环境特征及演变规律。下面介绍几种常规评价目标环境要素的选择。

(1)以控制环境污染为主要目标。应抓住与人体健康、生存条件等有关的环境要素，并力求突出其中的主要问题。一般将空气、水、土壤和生物等作为评价要素。

(2)以改善城市人民生活环境质量为主要目标。应抓住与人们生活、生产及文化娱乐等活动有关的要素，如各种社会设施、公路交通、居住条件、园林绿地、医疗及文化娱乐等。

(3)以保护生态环境、生态资源为主要目标。应抓住与地区生态环境特征和演变规律有关的要素，如水、地貌、植被、土壤侵蚀、土地利用、野生生物等。

(4)以保护、利用和开发风景旅游区为主要目标。应抓住景观环境质量要素，如自然景观、人文景观、建筑艺术、园林艺术等。

通常一项综合评价中，兼有上述两种或两种以上的评价目标，则应同时包含有关的环境要素，以满足评价目的与要求。

(二)环境质量综合评价方法

关于环境质量综合评价，不同学科从各自的角度出发，提出并运用不同的方法进行研究，因此，环境质量综合评价的方法很多。下面就国内外较常采用的方法作简要介绍。

1. 均权叠加法

在各环境要素质量评价的基础上，计算环境质量综合评价指数，即：

$$P=\sum_{j=1}^{k}P_j \quad 且 \quad P_j=\sum_{i=1}^{n}P_i \tag{7-10}$$

式中：P——环境质量综合评价指数；

P_j——某种环境要素的质量指数；

P_i——某种环境要素的单因子污染（或质量）指数；

n——某种环境要素参加评价的因子数；

k——选择的环境要素数量。

均权叠加法将各种环境要素同等对待，未突出危害大、影响严重的因素，所以存在着一定的局限性。为了粗略了解某区域环境质量总体情况时，可以采用此方法。

2. 加权求和法

一般不同的环境要素及其污染物，对人体、生物和环境的影响程度是不同的。例如，空气污染和水污染是城市的主要问题，但对居民来说，呼吸污染的空气却是难以避免的。为使评价结果接近或符合环境质量及其变化的实际状况，对环境要素应引进权重值，即：

$$P=\sum_{j=1}^{k}W_jP_j \quad 且 \quad P_j=\sum_{i=1}^{n}W_iP_i \tag{7-11}$$

式中：P——环境质量综合评价指数；

W_j——某种环境要素的权重值；

P_j——某种环境要素的质量指数；

W_i——某种环境要素的单因子权重值；

n——某种环境要素参加评价的因子数；

k——选择的环境要素数量。

用此法计算环境质量综合指数的关键是确定权重值。确定权重值有下列几种方法：

（1）根据人们的主观评价（或判断）确定。将选择的环境要素（包括它的污染因子）及其影响分级制成表格，大量发放给民众做主观评价调查。对调查表进行统计分析，并结合区域环境特点提出相应权重值。

（2）根据项目排污或环境功能确定。

（3）根据环境可纳污量确定。所谓环境可纳污量是指环境对某种污染物可容纳的程度，即污染物开始引起环境恶化的极限。环境纳污量及权重值可用式（7-12）计算：

$$V_i=\frac{C_{oi}-B_i}{B_i};\quad G_i=\frac{1}{V_i};\quad W_i=\frac{G_i}{\sum G_i} \tag{7-12}$$

式中：V_i、G_i——对某种污染物环境可纳污量的百分数及其倒数；

C_{oi}——某种污染物的标准值；

B_i——某种污染物的背景值；

W_i——某种环境要素的单因子权重值。

除上述几种综合评价方法和计算权重值的方法外，还有不少其他方法，这里不一一介绍，如需要时可参阅有关资料。

巩固练习

1. 环境影响评价常用的方法是什么?
2. 什么是噪声污染指数、交通噪声冲击指数?
3. 如何进行水环境质量评价?
4. 环境空气质量评价的方法有哪几种?
5. 什么是环境质量综合评价?常规评价目标环境要素的选择要点是什么?
6. 简述常用的环境质量综合评价方法。

任务五　环境风险评价

环境风险评价是环评专业工作中的一个新课题。20 世纪 70 年代起,很多发达国家对开发项目的环境影响采用风险评价方法,把开发项目自身的社会效益和事故风险损失同时进行衡量,决定取舍,因此,风险评价是决策者的主要工具之一。20 世纪 80 年代,美国环保局确立了"风险评价—风险决策—风险管理"的管理体制,作为环境保护管理的决策方法。

我国环境风险评价工作起步较晚,目前正处于研究探索阶段,还缺乏系统的方法和规则。

本节简要介绍环境风险评价的基本概念和方法。

一、基本概念

(一)风险和环境风险

1. 风险

"风险"一词在字典中的定义是"生命与财产损失或损伤的可能性"。在一些情况下"风险"是指一种危害或危险,在另一些情况下"风险"又被理解为遭受某种危害或某些损失的可能性。由此,风险具有两重性,第一,具有发生或出现人们不希望的危害事件(如死亡、受伤、失业、破产等)的可能性;第二,具有不确定性或不肯定性,即危害事件是否会发生,何时发生,影响范围和影响程度有多大,哪些人受到影响等都不能肯定。

2. 环境风险

环境风险是指在自然环境中产生,或是通过自然环境传递,对人们健康和幸福产生不利影响,同时又具有某些不确定性的危害事件。一般环境风险可分为以下三大类:

(1)化学性风险。指有毒、有害材料引起的风险。

(2)物理性风险。指交通事故等立即造成伤亡的风险。

(3)自然灾害引发的风险。指地震、台风、龙卷风、洪水等引发的物理性和化学性风险。

(二)风险的定量表达

风险的定量化通常采用风险度和风险影响两个量来表示。

1. 风险度

风险度是指危害事件发生的频率。它的表达式为：

$$P = \prod_{i=1}^{n} Q_i = Q_1 Q_2 Q_3 \cdots Q_n \tag{7-13}$$

式中：P——风险度，即危害事件（不期望事件）发生的频率，次/时间；

Q_i——事件链中某一个事故的发生率，%，$i=1,2,3\cdots$；

Q_n——一定时间内第 n 件事件的发生次数，次/时间。

公路营运期，因运输有毒有害物品（称化学危险品）对水环境的风险分析中，应用式（7-13）估算风险度的计算式为：

$$P = Q_1 Q_2 Q_3 Q_4 Q_5 Q_6 \tag{7-14}$$

式中：Q_1——地区当前每年发生车辆相撞、翻车等重大交通事故的频次，次/（百万辆·km）；

Q_2——预测年的年交通量，百万辆/年；

Q_3——高速公路和一级公路对交通事故的降低率，%；

Q_4——运输化学危险品车辆占货车比例，%；

Q_5——货车占总交通量的比例，%；

Q_6——主要水域（江、河大桥，沿江河公路等）路段长度，km。

2. 风险影响

风险影响是指风险事件影响大小的程度，简称为风险。其定义式为：

$$R = PC \tag{7-15}$$

式中：R——风险，风险事件影响程度量化；

P——风险度，危害事件发生的频率；

C——危害事件的影响后果（如影响面积、人口伤亡情况等）。

二、环境风险评价

（一）风险评价模型

由上述可见，风险是危害事件发生的频率和其影响后果的函数。因此，可用图7-2对风险进行定性的评价，并可粗略地描述建设项目是否可接受。即风险小，项目可以接受；风险较大，但是采取一定措施可降低或减免风险仍可接受；风险太大，项目不能接受。

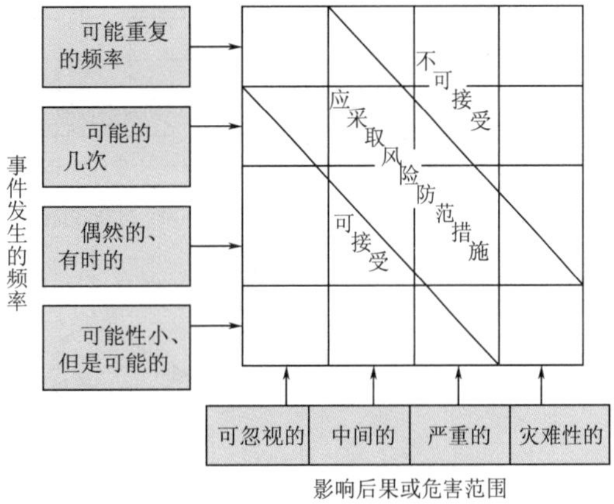

事件发生的频率
可能重复的频率
可能的几次
偶然的、有时的
可能性小、但是可能的
不可接受
应采取风险防范措施
可接受
可忽视的
中间的
严重的
灾难性的
影响后果或危害范围

图7-2　风险评价模型

（二）环境风险评价程序

环境风险评价是建设项目环境影响评价中的一种评价分析手段，其评价方法和程序可根据项目性质和实际需要来确定。对于工程项目的环境风险定量分析，一般应包括风险识别、风险度和后果估算、风险计算、风险评价和提出风险减缓措施等四个阶段。

1. 风险识别

风险识别是环境风险评价的基点，也是难点。公路建设项目的风险识别应注意下列要点：

(1)重大事故可能发生的地点

公路运输可能发生重大事故的地点，通常是人口集中居住区、水源地保护区、饮用水源保护区、水产养殖水体、自然保护区、泥石流及山崩等地质病害区等。

(2)事故发生潜在源的研究

公路项目可能发生重大事故的潜在源，有施工开挖、放炮、运输化学危险品严重泄漏或发生重大交通事故等。这些潜在源产生的危害事件将对人、家畜、水产养殖、野生生物等造成重大伤亡。

(3)自然条件引发事故的研究

台风、大暴雨、大雾等不利气候多发季节和地区，是识别公路运输事故风险的重要资料。

(4)承受风险影响的人数

预测范围内的人群是测算风险损失的重要依据。

2. 风险评价程序

环境风险评价的程序见图7-3，评价工作通常分为四个阶段。第一阶段的主要工作是风险识别，确定危害事件的性质及其影响范围。第二、三阶段的任务是估算风险度和后果，进行风险计算，分析事故造成的影响程度(人员伤亡及财产损失等)。第四阶段是环境风险评价和提出风险防范措施与应急计划。

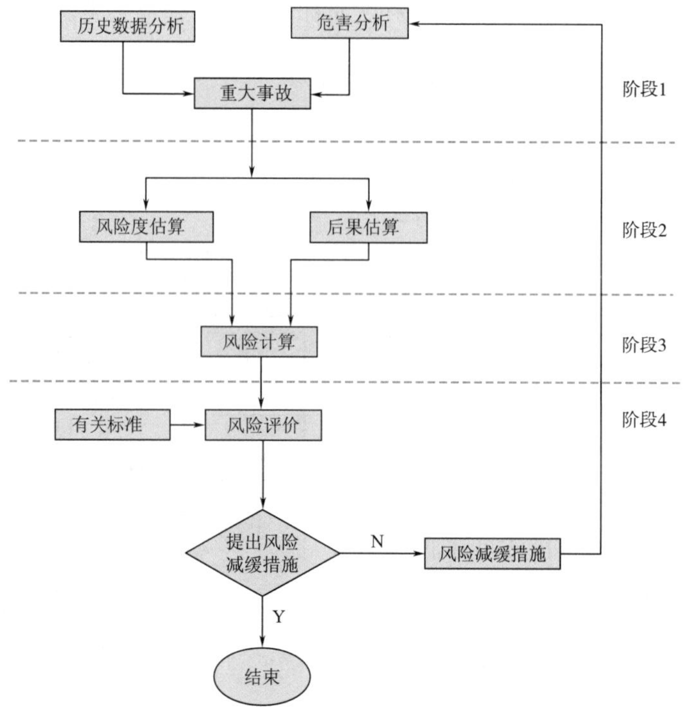

图7-3　环境风险评价程序

三、风险减缓措施

(一)风险防范措施

公路交通环境风险防范的关键是路线设计和运输管理，主要有下列措施：

(1)公路线位应尽量避开重大事故可能发生的地点,并作多方案比选。公路路线设计是防范事故风险的主要环节。

(2)加强安全设施。对江河大桥、沿江河路段、居民集中点路段、邻近有各种保护区及易发生泥石流等地质病害路段,加强安全设施的设计与实施。

(3)施工期加强施工监督与安全措施。

(4)运输安全管理。按交通运输管理有关规定,对运输化学危险品的车辆实施监控措施。

(5)对车辆加强安全检查,将事故降至最低程度。

(6)对管理人员进行事故风险应急处治培训。

(二)应急计划

事故风险的应急计划,一般应包括下述内容:

(1)设应急组织,明确其职责。

(2)应急设施、设备与器材。

(3)应急通信联络与安全保卫。

(4)应急监测与事故后评价。

(5)应急医疗救援。

(6)应急教育、演习和报告等。

巩固练习

1. 如何表示风险的定量化?
2. 什么是环境风险?一般情况下有几类环境风险?
3. 什么是环境影响评价?
4. 一般情况下,工程项目的环境风险定量分析包括几个阶段?
5. 公路交通环境风险防范的关键是什么?主要有哪些措施?

任务六　环境影响报告书的编制

一、编制环境影响报告书的目的与原则

(一)编制环境影响报告书的目的

编制环境影响报告书的目的是在项目可行性研究阶段(对公路项目可延至初步设计阶段),对项目可能给环境造成的潜在影响和工程中采取的防治措施进行评价,拟定环境保护对策与措施,论证和选择技术经济合理、对环境有害影响较小的最佳方案,为领导部门决策提供科学依据。

环境影响报告书是从环境保护的角度,对建设项目编制的可行性研究报告,也是项目环境影响评价工作的最终成果。经环境保护部门审查批准的环境影响报告书,是计划部门和

主管部门审批建设项目和作决策的重要依据之一，是设计单位进行环境保护设计的主要技术文件，是环保管理部门对建设项目进行环境监测、管理和验收的依据。

(二)编制环境影响报告书的原则

在编写环境影响报告书时应遵循下列原则：

(1)环境影响报告书应该全面、客观、公正、概括地反映环境影响评价的全部工作。

(2)文字应简洁、准确，图表要清晰。

(3)论点要明确。大(复杂)项目的报告书应有主报告和分报告(或附件)，主报告应简明扼要，分报告应列入专题报告、计算依据等。

二、环境影响报告书的内容提要

这里给出的“提要”是为大型公路建设项目的环境影响报告书编排的。承担环境影响评价工作时，可根据公路项目规模的大小和地区环境的不同，以及对环境影响的差异等具体情况，选择下列全部或部分内容进行工作。

(一)总则

(1)综合评价项目的特点，阐述编制环境影响报告书的目的。

(2)编制依据。编制环境影响报告书的依据通常有：

①项目建议书。

②评价大纲及其审查意见。

③评价委托书(合同)或任务书。

④建设项目可行性研究报告。

⑤国家有关环境保护法律和规范等。

(3)使用标准。包括国家标准、地方标准或拟参照的国外有关标准。参照的国外标准应按国家环保局规定的程序报有关部门批准。

(4)环境影响评价范围。

(5)环境影响评价工作等级、评价年限。

(6)项目建设控制污染与环境保护的目标。

(二)项目工程概况

(1)项目名称及建设的必要性。

(2)沿线地理位置(附图)、基本走向(附路线图)及主要控制点。

(3)交通量预测、建设等级及技术标准。

(4)建设规模及主要工程概况。主要内容为：

①建设里程、投资、占用土地(数量、土地类型)及主要工程数量表。

②路基(包括防护及排水)、路面、桥涵、交叉工程及服务设施等概况。

(5)污染源分析及对环境的影响分析。

(6)主要筑路材料。用图表说明土、石、砂砾、粉煤灰等地方材料供应方案，取土、弃土方案及数量。

(7)项目实施方案。

（三）项目地区环境（现状）概况

1. 自然环境

自然环境包括地貌、地质、土壤、气象等概况及其特征；地表水分布或地区水系及水文资料；自然灾害（包括洪涝、旱灾、风沙暴、泥石流等）概况。

2. 生态环境

生态环境主要内容如下：

(1)生态环境类型及其基本特征。

(2)植被类型、林地、草场及农业种植等。

(3)水生生物及水产养殖。

(4)野生动物。

(5)土壤侵蚀等。

3. 社会环境

社会环境主要内容如下：

(1)项目建设社会经济影响区划（附图）。

(2)地区社会经济概况，包括现有工矿企业分布，居住区分布及人口状况，农业、牧业及其他生产概况，土地利用概况，农民人均耕地、平均亩产及农民人均收入，教育及医疗条件，民众生活质量等。

(3)地区发展规划。

(4)主要基础设施，包括公路、铁路、航道、管道、水利工程及农业水利等。

(5)文物古迹、风景名胜、自然保护区等有价值的景观资源分布及其概况。

(6)评价范围内环境敏感点统计，统计格式见表7-9。

评价范围内敏感点统计表 表7-9

序号	路线桩号	敏感点名称	户数（户）	人口（人）	首排建筑距路中心线距离（m）	地区（市、县、乡镇）	备　注

注：表中户数、人口栏，对于学校（或医院）填教师（或医务人员）、学生（或床位）。

（四）地区环境质量现状评价

地区环境质量现状评价包括如下内容：

(1)环境现状评价（也可以与生态环境现状概况部分合并）。

(2)环境质量现状评价。

(3)环境质量现状评价。

(4)境空气质量现状评价。

(5)壤中铅含量现状评价（一般可不做）。

（五）项目环境影响预测评价及减缓措施建议

公路建设期、营运近、中、远期对环境影响预测评价及减缓措施，应做到预测数据可靠，评价客观，措施恰当。

1. 社会环境影响预测分析及减缓措施建议

主要内容有：

(1)项目经济效益及社会经济效益分析。

(2)征地、拆迁影响分析及减缓措施。

(3)农业、牧业、养殖业等影响分析及减缓措施。

(4)通行阻隔分析及减缓措施。

(5)水利设施、公路交通等基础设施影响分析及减缓措施。

(6)文物古迹、风景名胜、景观资源和景观环境影响分析及减缓措施。

(7)水文及灾害影响分析及减缓措施。

(8)安全影响分析及减缓措施。

(9)社会环境影响评价结论。

2. 生态环境影响预测评价及减缓措施建议

主要内容有：

(1)植被影响分析及减缓措施。

(2)土地利用改变对生物量的影响分析及减缓措施。

(3)公路绿化措施。

(4)土地资源影响分析及保护措施。

(5)路线阻断生物迁移和对生物多样性影响分析及减缓措施。

(6)自然保护区、湿地等生物库影响分析及保护措施。

(7)公路绿化效益分析。

(8)生态环境影响评价结论。

3. 土壤侵蚀影响分析及水土保持方案

(1)施工期土壤侵蚀影响分析及水土保持方案。

①土壤侵蚀因素分析，侵蚀强度(或侵蚀量)预测估算。

②土壤侵蚀影响分析。

③水土保持方案及其效果分析。

(2)土壤侵蚀发展趋势分析。

①土壤侵蚀强度的变化分析。

②是否存在洪涝、泥石流等灾害隐患。

③必要的防治措施。

4. 声环境影响预测评价及减缓措施建议

主要内容有：

(1)营运近、中、远期公路交通噪声预测计算，计算敏感点的环境噪声级及超标量。

(2)交通噪声环境影响评价及减缓措施。

(3)施工期噪声影响分析及减缓措施。

(4)声环境影响评价结论。

5. 水环境影响预测评价及减缓措施建议

主要内容有：

(1)施工期水环境质量影响分析及减缓措施。

(2)工程对地表水流形态及水文的改变及其影响分析。

(3)营运期水环境质量影响预测评价及减缓措施，包括路面径流，服务区、收费站、管理处等污水和固体废弃物的影响防治措施。

(4)营运期交通事故对水环境的风险分析及减缓措施。

(5)水环境影响评价结论。

6. 环境空气影响预测评价及减缓措施建议

主要内容有：

(1)施工期环境空气影响分析及防治措施。

(2)营运期环境空气污染物浓度预测，计算近、中、远期敏感点环境空气污染物浓度及超标量。

(3)营运期环境空气影响评价及减缓措施。

(4)环境空气影响评价结论。

7. 施工期取料场、材料运输环境影响分析及减缓措施建议

主要内容有：

(1)主要材料数量及料场位置(附材料供应及运距图)。

(2)料场环境影响分析及减缓措施。

(3)材料运输影响分析及减缓措施(以噪声、空气影响为主)。

(六)路线方案比选分析

(1)路线各方案简介。

(2)路线各方案比较。主要从工程数量、征地数量及类型、拆迁数量、影响人口、环境质量影响及环保投资等进行比较。

(3)路线方案比选结论。

(七)公众参与

(1)检查方式、地点、对象、成员及人数等。

(2)检查结果统计分析。

(3)公众意见及建议。

(4)公众意见的处理建议。

(八)环保计划、环境监测计划

1. 环境保护计划

拟订(或正在实施)项目在可行性研究阶段、设计阶段、施工期及营运期的环保计划，并用表格列出措施、时间、执行单位、主管部门等。

2. 环境监测计划

用表列出项目施工期、营运期环境监测地点、监测项目、频次、监测单位、主管部门等。

3. 环保机构

用框图表示施工期、营运期环保组织机构。列出必要的监测设备及人员培训计划。

(九)环境经济损益分析

(1)环境保护经费估算。经费估算应包括所有环保措施的费用。关于工程设计中的环保措施,如防护工程、拆迁等可将因环境影响评价而增加的环保措施费用计入,或根据具体情况确定。

(2)环保投资经济损益分析。

(十)环境影响评价结论

(1)项目地区环境质量现状评价结论。

(2)公路建设各环境要素影响评价结论。

(3)路线布设是否符合环保要求。

(4)环境影响评价结论。

简明扼要地表述如下:

①路线布设是否符合环保要求或作必要的修正。

②工程中环保措施是否恰当或必要的加强补充。

③应采取的环保措施。

④公路建设是否存在不可协调或重大的环境制约因素。

⑤从环保角度衡量项目建设是否可行。

(十一)存在的问题及建议

主要针对环境影响的关键问题或对环境潜在着重大隐患等提出工程设计及环保设计建议。

(十二)主要参考资料

略。

(十三)附件、附图

略。

巩固练习

1. 影响报告书的编制目的是什么?

2. 影响报告书的编制原则是什么?

3. 环境影响报告书有哪些主要内容?

项目8 公路环保监理与监测

学习目标

1. 掌握公路工程环保监理与监测的定义、目的和意义；
2. 明确环保监理制度的作用；
3. 能准确描述公路环保监理与监测的主要内容；
4. 能准确描述公路建设项目可行性研究阶段的环保监理内容；
5. 能准确描述环保监理工程师在初步设计和施工图设计阶段的监理工作；
6. 能准确描述施工阶段环保监理工作的内容及具体要求；
7. 明确公路营运期的环境监测工作的承担部门及环境监测工作内容。

公路工程环保监理与监测工作在我国利用世行或亚行贷款修建的高速公路建设中已开始实施。我国在对外开放的过程中，在引进外资的同时也引进了国外先进的环保理念与做法，有力地促进了我国公路建设的环境保护制度和法规的贯彻与落实。

公路工程环保监理与监测是环保部门依照国家环境保护的法律、法规、国家环保标准及环境监测技术规范，对公路项目在设计选线阶段、施工阶段、营运管理与养护阶段进行现场监督检察与监测，有效促进"三同时"制度的落实，促进公路建设沿线环境质量的改善，减少各类污染，提高沿线人民的生活质量。

公路工程环保监理、监测人员应明确该项工作的主要内容、主要法规依据，掌握公路建设阶段、公路施工阶段及公路营运期环境监理、监测的主要内容、监测方法，履行好环保监理的职责。公路工程环保监理与监测工作同工程项目监理相比在组织机构、管理制度、资金投入方面还有一定差距，随着可持续发展战略的实施，环保力度的加大，公路环保监理与监测工作将会有广阔的发展前景。

任务一　基 本 知 识

环境监理的含义是：依据国家相关的环境法规，站在一定的高度，通过对事物、现象的直接观察和客观分析、判断，并依法进行处置、处理的行为和活动。环境监理是一种具体的、直接的执法行为。

公路工程的环保监理是建设项目环境监理的一部分，一是对公路建设项目执行环境影响评价制度情况的现场监督检查；二是对执行"三同时"制度情况的现场监督检查。具体贯彻执行环境监理行为的专职机构应在政府环保部门的领导之下。而公路环保监理如同工程质量监理一样,应该是受业主委托且代表业主对承包商在施工过程中所产生的一切环境问题负责监督和检查。

一、公路工程环保监理与监测的目的和意义

公路工程环保监理与监测工作,在国外的公路工程中已开展多年。我国的公路工程项目中,凡利用世界银行或亚洲开发银行贷款修建的公路项目中,两行的官员或负责环境方面的专家,在项目的进展过程中也经常提出这样的问题,并要求中方业主单位向外国聘请环保方面的专家,如生态环境专家,水土保持方面专家等。其主要目的是协助中国开展公路工程环保监理与监测,真正做到公路建设与环境的协调发展,使公路建设项目中产生的环境问题能够在早期就得到重视并采用预先防治的措施。对于工程项目环境问题提前防治所投资的费用要远远小于产生污染后再治理所投资的经费,应避免重蹈先污染后治理的覆辙。也只有如此,才能够贯彻落实我国所制定的“预防为主”“谁污染谁治理”“强化环境管理”的三大环境保护基本政策,才能保证我国公路建设的可持续发展,才能使公路交通运输在国民经济的发展中充分发挥纽带和桥梁作用。

二、实行公路环保监理的作用

在我国公路工程建设中实行环保监理才刚刚开始,还没有制定环保监理资格和环保监理工程师资格的审查制度,现有的环保监理工作,由工程监理工程师代管。随着国民经济的深入发展,全国人民的环境保护意识均得到了很大的提高。就公路建设而言,在公路工程施工过程中机械噪声对附近人群的噪声污染,施工粉尘对沿线农作物的污染,固体废弃物对水域、耕地的污染等,对于公路战线上的广大建设者来说均有所感受,为了保护公路沿线人民的生活质量,减少水土流失,保护耕地,减少水域污染,在公路建设的过程中,实行环保监理已提上日程了,其作用有以下几个方面:

(1)可以有效地促使环境保护设施“三同时”制度的贯彻与落实。

(2)进一步提高公路战线广大建设者的环保意识,促进环境保护制度的贯彻落实。

我国环境保护已形成了由环境保护基本法及各专项环境保护法律和行政法规组成的比较全面的法规体系,基本做到了有法可依。但有了法不等于公路战线上的广大建设者能够按照法规去执行,在公路上实行环保监理,可以进一步提高环保意识,加强排污单位学法、懂法、守法,提高公路建设沿线广大人民的自我保护意识,促进我国环境保护制度的贯彻落实。

(3)促进公路战线上排污单位(主要是工程施工单位)加强环境管理。

(4)促进施工企业及有关单位加强污染治理。

公路施工沿线特别是公路施工现场,施工车辆及施工机械所造成的对附近居民点及施工住地的噪声污染;公路施工车辆对公路沿线,特别是施工便道为土路时所造成的粉尘对环境空气质量的影响及沿线农作物的危害;在山岭重丘地区,公路的高填或深挖方路段,对原地貌与地表植被破坏而引起水土流失量的增加;公路与桥梁或隧道施工中取土或弃土、弃渣场地所产生的水土流失及施工废水的排放对水域水质及水生保护物种的影响等,如果超过了有关的环境质量标准,均应采用相应的措施加以治理,以免违法而受到处罚。

(5)实行公路环保监理可促进施工企业预先采取防污措施,变被动为主动。

在施工全过程中进行工程质量控制的同时，环境质量也得到了控制，以实现环境效益与经济效益的统一协调发展。

(6)实行公路环保监理可促进公路建设沿线环境质量的改善，减少对沿线居民生活质量的干扰。

三、我国公路环保监理与监测的主要阶段划分

鉴于目前我国在世界各国中尚属于发展中国家，其经济实力还不够雄厚，对有些环境问题治理的有效措施投入研究的经费有限。因此，结合我国的现实情况以及公路建设的特点，针对当前我国公路建设项目中所产生的主要环境保护问题，建议在以下几个阶段中应考虑环保的监理与监测。

(1)设计选线阶段。

(2)施工阶段(路基路面、隧道、桥涵、环境工程设施、绿化工程等)。

(3)营运管理与养护阶段。

四、公路建设对环境的影响分析

(一)施工准备期

(1)公路线位的征地涉及永久性和临时性占地，若占用了基本农田保护区、果园与耕地，将会影响水果与农业的产量，造成受影响户收入的降低，影响其生活质量。

(2)公路的征地将引起部分居民的非自愿拆迁，在短时间内对居民的生活会造成一定的负面影响。

(二)施工期

(1)公路路基以及隧道、桥涵施工时，取土或弃土、路基的挖、填方及桥墩、台的施工等工程行为，将改变原有地形、地貌，砍伐果树及林木、铲除或压盖地表植被及农作物，破坏了动物栖息地与植物生境，同时也改变了原地面的坡度和坡长，增加了土地的裸露面积，且由于工程防护措施，植物防护措施均在该工序之后，从而人为地增加了水土流失量，造成受纳水体悬浮物(S_S)的增加使水质污染，也会暂时性或永久性地改变地表水和地下水的水流形态。

(2)筑路材料的运输和施工过程中，在简易的施工便道上和施工现场都将产生大量的TSP与粉尘，造成施工现场及附近地区的环境空气质量局部恶化而影响人民的生活质量。运输筑路材料的各种车辆会产生交通噪声，当挖掘机、装载机、推土机、平地机等施工机械运转时也会产生噪声。这些施工产生的噪声都会对一定范围内居民造成噪声污染，也能影响学校的正常教学与医院病房住院人员的休息。尤其是夜间，由于声环境质量标准严于昼间，噪声的影响将变得突出。

(3)当路面基层或底基层采用如石灰、水泥等无机材料稳定时，灰土在运输和拌和过程中均会产生粉尘，对环境空气造成污染。

(4)在公路路面施工时将采用沥青混凝土材料，这种材料在拌和时，沥青必须经加热、脱水、熔炼等工序，在这一过程中将产生沥青烟污染空气。砂石料的运输、堆集及混合搅拌，也会产生粉尘的污染。热沥青和砂石材料拌和、运输和摊铺、碾压过程中也将有部分烟雾散发在施工现场，从而污染空气。

（5）由于公路路基的施工，对原地形、地貌会进行开挖与填筑，个别路段将深挖或高填，河流或沟壑处还将架起桥梁。这些工程的实施对原来的自然景观会产生不可避免的破坏。为恢复植被，再造景观，保持水土，必然在裸露坡面进行工程防护或植物工程防护，在施工后期就应对防护工程与公路绿化所产生效果进行监测评定。

（6）施工人员集中驻地生活污水、生活垃圾，若处理不当将对环境造成一定负面影响。

（三）营运期

（1）随着交通量的增加，交通噪声将影响靠近公路路侧居民的工作与夜间休息。汽车排放的尾气中所含多种污染物，如 NO_2、可吸入颗粒物等，会污染环境空气。

（2）服务区排放的生活污水，若污水处理设备不能达标排放将会污染受纳水体。

（3）由于工程产生的边坡坡面与取土场、弃土场的坡面上人工植被恢复均需一定的时间，水土流失依然存在，应对施工期修建的水土保持设施产生的效果进行监测。

（4）突发性的运输事故可能影响正常的交通运输秩序，有害物质的泄漏可能会对公路沿线地表水水质产生污染。

鉴于上述环境影响分析，进行公路建设项目的环保监理与监测是十分必要的。

五、公路环保监理与监测的主要内容

公路环保监理过程中监测的内容应结合公路施工的不同阶段以及公路所处的地域特征选定。一般情况下应进行以下项目的监测。

（一）环境噪声

在可能的影响范围内，通常为毗邻公路或施工场地一侧距施工场地150m以内的第一排敏感建筑物或居民住房之前至少1m处，测量昼间（08:00～20:00）与夜间（23:00～06:00）的环境噪声（L_{Aeq}值）。

（二）环境空气

（1）总悬浮颗粒物（TSP）。指能悬浮在空气中，空气动力学当量直径≤100μm的颗粒物。

（2）氮氧化物（以 NO_2 计）。指空气中主要以NO和 NO_2 形式存在的氮的氧化物。

（3）二氧化硫浓度（mg/m^3，标态）。

（4）烟尘浓度（mg/m^3，标态）。

注：（3）、（4）是针对锅炉排放监测的。

（三）水环境

《地表水环境质量标准》（GB 3838—2002）规定的水环境质量标准基本项目为31项，同时还对湖泊水库与水域有机化学物质规定有特定项目标准。针对公路项目的实际情况，考虑到我国10多年来近500项公路环境影响评价时对水环境的监测内容，主要提出以下项目，而在实际操作时可视具体水域功能对监测项目适当调整。

（1）pH。

（2）高锰酸盐指数。

(3)溶解氧。
(4)化学需氧量(COD_{cr})。
(5)生化需氧量(BOD_5)。
(6)石油类。
(7)悬浮物(S_S)。
注:地表水质标准中对悬浮物未作浓度限值规定,可视水域功能选《农田灌溉水质标准》(GB 5084—2005)或《渔业水质标准》(GB 11607—1989)中对悬浮物浓度限值的规定。

(四)水土保持

(1)监测施工期路基及路堤边坡与挖方路基边坡的水土流失量。
(2)监测公路工程中弃土、弃渣或取土石场地的水土流失量。
(3)监测临时工程所产生的水土流失量。

(五)植物监测

(1)测量公路绿化工程中植物的种植面积、成活率、保存率。
(2)测量公路绿化工程的植被覆盖度(覆盖率)。
注:公路绿化工程的施工质量监理宜委托或聘请园林监理人员进行,并参照待颁发的《园林绿化工程施工及验收规范》(CJJ 82—2012)进行。

(六)声屏障

(1)声屏障工程的施工质量监理请土木工程监理工程师承担。
(2)声屏障隔声效果的监测,应采用同交通流等条件进行对照监测 L_{Aeq}(dB)进行比较。

六、主要的监测仪器

针对公路环保监理和监测的内容提出主要的监测仪器,但是限于目前公路交通部门尚未建立起有资质的环境监测体系或监测机构,要完全适应公路建设的发展,当前是十分困难的,为此有些监测项目可以委托当地有资质的环境监测中心(或站)承担。同时考虑到同类仪器型号多变,这里只是提出监测内容所需的仪器名称,仅供在应用时参考,而对试验室内常规的仪器设备请参考有关的技术资料,本书不一一细列。

(一)环境噪声测量仪器

精密声级计或(精度为二型以上的积分式声级计)自动监测仪器,其性能应符合《电声学 声级计》(GB/T 3785—2010)的要求。

(二)环境空气

总悬浮颗粒物(TSP)测量仪器。

(三)水质分析仪器

1. pH
各种型号的 pH 计、玻璃电极等。

2. 高锰酸盐指数
(1)250mL 锥形瓶。
(2)25mL 滴量管。
(3)沸水浴装置等。
3. COD_{cr}
(1)回流装置。
(2)加热装置。
(3)25mL 酸式滴定管等。
4. 石油类
(1)非分散红外测油仪。
(2)玻璃仪器等。

七、公路环保监理的主要法规依据

(一)公路环保监理的法规依据

(1)国家或部、委、局颁布的法规:
①《中华人民共和国环境保护法》。
②《中华人民共和国海洋环境保护法》。
③《中华人民共和国水法》。
④《中华人民共和国土地管理法》。
⑤《中华人民共和国草原法》。
⑥《中华人民共和国森林法》。
⑦《中华人民共和国森林法实施条例》。
⑧《中华人民共和国渔业法》。
⑨《中华人民共和国水土保持法》。
⑩《国家水土保持重点建设工程管理办法》。
⑪《中华人民共和国文物保护法》。
⑫《中华人民共和国水污染防治法》。
⑬《中华人民共和国水污染防治法实施细则》。
⑭《中华人民共和国大气污染防治法》。
⑮《中华人民共和国固体废物污染环境保护法》。
⑯《中华人民共和国节约能源法》。
⑰《中华人民共和国环境噪声污染防治法》。
⑱《中华人民共和国海洋环境保护法》。
⑲《中华人民共和国自然保护区条例》。
⑳《中华人民共和国野生动物保护法》。
㉑《中华人民共和国野生植物保护条例》。
㉒《中华人民共和国节约能源法》。
㉓《排放污染物申报登记管理规定》。
㉔《矿山地质环境保护规定》。

㉕《环境标准管理办法》。

㉖《环境保护行政处罚办法》。

㉗《污染源监测管理办法》。

㉘《环境保护设施运营资质认可管理办法(试行)》。

㉙《中华人民共和国公路法》。

㉚《中华人民共和国环境影响评价法》。

㉛《环境监测管理办法》。

㉜《建设项目环境保护管理条例》。

㉝《建设项目环境保护设施竣工验收管理规定》。

㉞《建设项目环境保护设施竣工验收监测办法(试行)》。

㉟《建筑施工场界环境噪声排放标准》(GB 12523—2011)。

㊱《中华人民共和国交通运输部公路工程国内招标文件范本》(2007 年版)。

(2)地方性法规:根据国家有关规定,可以立法的地方人民代表大会及其常务委员会可以颁布地方性环境保护法规。迄今为止,有十几个省(直辖市、自治区)颁布了地方环境保护法规。这是法规,亦是公路环境监理的法律依据。

(3)经政府环境保护行政主管部门正式批复的该建项目的“环境影响报告书”。

(二)公路环保监理的质量标准依据

1. 公路环保监理的国家标准

(1)环境噪声标准

①《声环境质量标准》(GB 3096—2008)。

②《声学环境噪声的指标、测量与评价　第 2 部分:环境噪声级测定》(GB/T 3222.2—2009)。

③《建筑施工场界环境噪声排放标准》(GB 12523—2011)。

④《工业企业厂界环境噪声排放标准》(GB 12348—2008)。

(2)环境大气质量与排放标准

①《环境空气质量标准》(GB 3095—2012)。

②《锅炉大气污染物排放标准》(GB 13271—2014)。

(3)水质标准

①《地表水环境质量标准》(GB 3838—2002)。

②《渔业水质标准》(GB 11607—1989)。

③《海水水质标准》(GB 3097—1997)。

④《生活饮用水卫生标准》(GB 5749—2006)。

⑤《农田灌溉水质标准》(GB 5084—2005)。

⑥《污水综合排放标准》(GB 8978—1996)。

(4)振动标准

①《城市区域环境振动标准》(GB 10070—1988)。

②《城市区域环境振动测量方法》(GB 10071—1988)。

2. 公路环保监理的质量标准

环境质量标准、污染物排放标准的种类很多,内容丰富,本节中只是引用了与公路环保有关的，工作中通常采用的标准部分内容。以供环境监理工程师参照执行，并注意标准的更替。

(1)环境噪声质量标准

①《建筑施工场界环境噪声排放标准》(GB 12523—2011)。

适用范围：本标准适用于城市建筑施工期间施工场地产生的噪声。

标准值：建筑施工场界噪声限值 L_{Aeq} 如表 8-1 所示。

建筑施工场界噪声限值 L_{Aeq}(单位：dB)　　表 8-1

施工阶段	主要噪声源	噪声限值	
		昼　间	夜　间
土石方	推土机、挖掘机、装载机等	75	55
结构	混凝土搅拌机、振捣棒、电锯等	70	55
装修	吊车、升降机等	65	55

②《声环境质量标准》(GB 3096—2008)。

本标准规定了城市 5 类区域的环境噪声最高限值(表 8-2)。公路环境保护中通常采用的是 2 类和 4 类。

城市区域环境噪声标准 L_{Aeq}(单位：dB)　　表 8-2

类　别	昼　间	夜　间	类　别	昼　间	夜　间
0	50	40	3	65	55
1	55	45	4	70	55
2	60	50			

(2)《环境空气质量标准》(GB 3095—2012)

本标准对环境空气质量标准中的 14 个项目都作了明确的定义，其浓度限值标准见表 8-3 和表 8-4。

环境空气污染物基本项目浓度限值　　表 8-3

序号	污染物项目	平均时间	浓度限值		单位
			一级	二级	
1	二氧化硫(SO_2)	年平均	20	60	$\mu g/m^3$
		24h 平均	50	150	
		1h 平均	150	500	
2	二氧化氮(NO_2)	年平均	40	40	
		24h 平均	80	80	
		1h 平均	200	200	
3	一氧化碳(CO)	24h 平均	4	4	mg/m^3
		1h 平均	10	10	
4	臭氧(O_3)	日最大 8h 平均	100	160	$\mu g/m^3$
		1h 平均	160	200	
5	颗粒物(粒径小于等于 10μm)	年平均	40	70	
		24h 平均	50	150	
6	颗粒物(粒径小于等于 2.5μm)	年平均	15	35	
		24h 平均	35	75	

环境空气污染物其他项目浓度限值　　表 8-4

序号	污染物项目	平均时间	浓度限值		单位
			一级	二级	
1	总悬浮颗粒物(TSP)	年平均	80	200	$\mu g/m^3$
		24h 平均	120	300	
2	氢氧化物(NO_X)	年平均	50	50	
		24h 平均	100	100	
		1h 平均	250	250	
3	铅(Pb)	年平均	0.5	0.5	
		季平均	1	1	
4	苯并[a]芘(BaP)	年平均	0.001	0.001	
		24h 平均	0.002 5	0.002 5	

(3)锅炉大气污染物排放标准(GB 13271—2001)

锅炉烟生最高允许排放浓度和烟气黑度限值见表 8-5。锅炉二氧化硫和氮氧化物最高允许排放浓度见表 8-6。

锅炉烟尘最高允许排放浓度和烟气黑度限值　　表 8-5

锅炉类别		适用区域	烟尘排放浓度(mg/m^3)		烟气黑度(林格曼黑度、级)
			Ⅰ时段	Ⅱ时段	
燃煤锅炉	自然通风锅炉(<0.7MW　1t/h)	一类区	100	80	1
		二、三类区	150	120	
	其他锅炉	一类区	100	80	1
		二类区	250	200	
		三类区	350	250	
燃油锅炉	轻柴油、煤油	一类区	80	80	1
		二、三类区	100	100	
	其他燃料油	一类区	100	80 *	1
		二、三类区	200	150	
燃气锅炉		全部区域	50	50	

注:＊禁止新建以重油、渣油为燃料的锅炉。

锅炉二氧化硫和氮氧化物最高允许排放浓度　　表 8-6

锅炉类别		适用区域	SO_2 排放浓度(mg/m^3)		NO_X 排放浓度(mg/m^3)	
			Ⅰ时段	Ⅱ时段	Ⅰ时段	Ⅱ时段
燃煤锅炉		全部区域	1 200	900	—	—
燃油锅炉	轻柴油、煤油	全部区域	700	500	—	400
	其他燃料油	全部区域	1 200	900 *	—	400 *
燃气锅炉		全部区域	100	100	—	400

注:＊一类区内禁止新建以重油、渣油为燃料的锅炉。

Ⅰ时段:2000 年 12 月 31 日前建成使用的锅炉。

Ⅱ时段:2001 年 1 月 1 日起建成使用的锅炉(含在Ⅰ时段立项未建成或未运行使用的锅炉和建成使用锅炉中需要扩建、改造的锅炉)。

3.《地表水环境质量标准》(GB 3838—2002)与分析方法

地表水环境质量标准基本项目分析方法见表 8-7。

地表水环境质量标准基本项目分析方法　　　表 8-7

序号	分类 标准值 项目	Ⅰ类	Ⅱ类	Ⅲ类	Ⅳ类	Ⅴ类
1	水温(℃)	人为造成的环境水温变化应限制在: 周平均最大温升≤1 周平均最大温降≤2				
2	pH 值(无量纲)	6~9				
3	溶解氧≥	饱和率 90% (或 7.5)	6	5	3	2
4	高锰酸盐指数≤	2	4	6	10	15
5	化学需氧量(COD)≤	15	15	20	30	40
6	五日生化需氧量(BOD_5)≤	3	3	4	6	10
7	氨氮(NH_3-N)≤	0.15	0.5	1.0	1.5	2.0
8	总磷(以 P 计)≤	0.02 (湖、库 0.01)	0.1 (湖、库 0.025)	0.2 (湖、库 0.05)	0.3 (湖、库 0.1)	0.4 (湖、库 0.2)
9	总氮(湖、库,以 N 计)≤	0.2	0.5	1.0	105	2.0
10	铜≤	0.01	1.0	1.0	1.0	1.0
11	锌≤	0.05	1.0	1.0	2.0	2.0
12	氟化物(以 F^- 计)≤	1.0	1.0	1.0	1.5	1.5
13	硒≤	0.01	0.01	0.01	0.02	0.02
14	砷≤	0.05	0.05	0.05	0.1	0.1
15	汞≤	0.000 05	0.000 05	0.000 1	0.001	0.001
16	镉≤	0.001	0.005	0.005	0.005	0.01
17	铬(六价)≤	0.01	0.05	0.05	0.05	0.1
18	铅≤	0.01	0.01	0.05	0.05	0.1
19	氰化物≤	0.005	0.05	0.2	0.2	0.2
20	挥发酚≤	0.002	0.002	0.005	0.01	0.1
21	石油类≤	0.05	0.05	0.05	0.5	1.0
22	阴离子表面活性剂≤	0.2	0.2	0.2	0.3	0.3
23	硫化物≤	0.05	0.1	0.2	0.5	1.0
24	粪大肠菌群(个/L)≤	200	2 000	10 000	20 000	40 000

注:暂采用以上分析方法,待国家方法标准公布后,执行国家标准。

4.《农田灌溉水质标准》(GB 5084—2005)与分析方法

农田灌溉水质与分析方法见表 8-8。

农田灌溉水质标准与分析方法(单位:mg/L)　　表8-8

序号	项目	水作	旱作	蔬菜
1	生化需氧量(BOD_5)≤	80	150	80
2	化学需氧量(COD_{cr})≤	200	300	150
3	悬浮物≤	150	200	100
4	pH值≤	5.5~8.5		
5	石油类≤	5.0	10	1.0

5.《渔业水质标准》(GB 11607—1989)与分析方法

渔业水质标准与分析方法见表8-9。

渔业水质标准与分析方法　　表8-9

项目	pH	溶解氧	生化需氧量(5日20℃)	悬浮物	石油类
标准值	淡水6.5~8.5 海水7.8~8.5	连续24h、16h以上必须大于5.0,其余任何时候不得低于3.0,对于鲑科鱼类栖息水域冰封期其余任何时候不得低于4	不超过5 冰封期不超过3	人为增加的量不得超过10,而且悬浮物沉积于底部后不得对鱼,虾、贝类产生有害影响	≤0.05

6.《海水水质标准》(GB 3097—1997)与分析方法

海水水质标准与分析方法见表8-10。

海水水质标准与分析方法(单位:mg/L)　　表8-10

序号	项目 \ 标准值 \ 分类	1类	2类	3类	4类
1	悬浮物质	海面不得出现油膜、浮沫和其他漂浮物质	海面无明显油膜、浮沫和其他漂浮物质		
2	pH	7.8~8.5 同时不超出该海域正常变动范围的0.2pH单位		6.8~8.8 同时不超出该海域正常变动范围的0.5pH单位	
3	溶解氧>	6	5	4	3
4	化学需氧量(COD_{cr})≤	2	3	4	5
5	生化需氧量(BOD_5)≤	1	3	4	5
6	石油类≤	0.05	0.05	0.30	0.5

7.《污水综合排放标准》(GB 8978—1996)与分析方法

污水综合排放标准与分析见表8-11。

污水综合排放标准与分析[单位:mg/L(pH 除外)]　　表 8-11

项目		pH	S_S	COD_{cr}	BOD_5	NH_3N	石油类
标准	一级	6～9	70	100	20	15	5
	二级	6～9	150	150	30	25	10

注:在环境工程竣工验收时,可视情况按《农田灌溉水质标准》(GB 5084—2005)验收。

巩固练习

1. 什么是公路工程环保监理与监测?
2. 实施公路工程环保监理与监测的目的和意义是什么?
3. 实行环保监理制度有什么作用?
4. 公路环保监理与监测的主要内容有哪些?

任务二　公路环保监理

一、设计阶段的环保监理

最近几年从中央到地方对工程的施工质量意识已有大的提高,有关公路工程施工质量中出现的问题也曾在中央电视台曝光,并对工程中重大质量事故的直接责任人绳之以法。这对促进我国工程施工质量的提高,是一次很大的推动。但是从公路或隧道、桥梁的设计阶段对设计质量就开始进行监理的项目,其开始时间还不长,而进行环保监理的公路或隧道、桥梁设计项目,起码到目前为止尚处于初始阶段,因此,本章也只能借鉴国外的一些做法以及国内的实际情况,提出对这一命题的见解以供参考。

(一)可行性研究阶段的设计质量监理

关于公路设计质量的全面监理,应归属于设计单位的程序管理,层层把关审查修改,再审查再完善等管理手段来完成。在这一方面各公路设计院已形成了完备的审查报批程序,在此不必细述。

(二)可行性研究阶段的环保监理

就设计中的环保监理而言,我国在公路选线设计当中引起重视的时间还不太长,引起设计人员的全面理解,并且在选线过程中真正运用所积累的实践经验尚不够丰富。但是值得庆幸的是近年来交通运输部有关领导已引起重视,自 1996 年以来先后组织科研、设计等单位的技术力量,紧密结合中国的现实情况,编制并颁布了《公路建设项目环境影响评价规范》(JTG B03—2006)、《公路环境保护设计规范》(JTG B04—2010)。同时在交通运输部颁布的一系列有关公路设计与施工的规范中,如《公路工程技术标准》(JTG B01—2014)、《公路路线设计规范》、《公路路基设计规范》(JTG D20—2006)、《公路工程施工监理规范》(JTG G10—2006)等,均为开展公路的环保监理打下了稳固的基础。

公路的环境保护工作同我国其他行业一样应贯彻"以防为主、防治结合、综合治理"的方针。在公路建设项目的可行性研究阶段，应考虑环保监理的主要内容包括以下几个方面：

(1)公路的走向、线位是否与自然环境融为一体；各种构造物同周围环境是否相互协调或构成新的人造景点。

(2)线位布设是否绕避了前文所述的环境敏感地区或敏感点，绕避的相间距离能否满足环境敏感点对环境质量的法定要求。

(3)在平原、微丘地区，公路的走向及路线布设对耕地尤其是已经被政府认定为基本农田保护区的耕地采取保护措施的力度是否到位，与农田水利灌排系统的影响程度如何，通道设置是否满足当地居民的出行方便。

(4)在山岭、重丘区，公路走向及路线布设对沿线自然景观、植被尤其是森林有何影响。法定保护的野生动植物在公路线位两侧环评范围内是否分布，对法定保护的野生动物活动路线调查有何结果。是否在布线时设计有野生动物通道或动物桥，在牧区是否设计有必要的放牧通道。对水土流失的影响有何治理措施。

(5)绕城线或接城市出口的公路，应注意社会环境的影响，如拆迁与再安置，公路阻隔出行，与城市的总体规划协调性如何。

(6)互通立交的设置位置与城市联系的关系是否合理，立交桥的结构形式是否合理。

(7)隧道的位置选择对两端接线设计以及弃渣如何处治，对地下水流动方向会否产生影响等。

(三)初步设计与施工图设计阶段的环境监理

针对我国建设项目环境保护管理的有关规定，公路建设项目的环境影响评价工作，通常情况下应在工程的可行性研究阶段完成并获国家环保总局或相应环保行政主管部门的批复，但是交通项目经有审批权的环境保护行政主管部门同意，可以在初步设计完成前报批环境影响报告书或者环境影响报告表。经批复的环境影响报告书(表)中所提出的各种环境保护措施或方案，以及所需要的环境保护措施的投资经费概算都应在初设或施工图设计文件中予以落实。这是实现"三同时"的关键因素之一。

本章所称的"三同时"是指国务院1998年第253号令《建设项目环境保护管理条例》第十六条"建设项目需要配套建设的环境保护设施，必须与主体工程同时设计、同时施工、同时投产使用。"

在这一阶段设计人员应考虑的环保的主要内容如下：

(1)在可行性研究阶段，根据公路走向及线位布设，对环境敏感点的绕避距离达不到生态环境、声环境、水环境、环境空气等质量要求目标时，该项目环评报告书(表)中所提出的各类环境保护措施以及各类措施投资经费概算，应在初设或施工图设计文件给予落实。但是，隔声屏障的设计、绿化工程的设计可另行委托有资质的单位承担。

(2)公路应绕避环境敏感点的距离如下：

①公路中心线位距声学敏感点(如学校教室、医院病房、疗养院、城镇居民集中区、农村50户以上的居民点和特殊要求的地区)的距离应大于100m，其中距学校教室、医院病房、疗养院宜大于200m。

②公路中心线位距环境空气敏感点[如省级以上(含省级)的自然保护、风景名胜区、人文遗迹，学校、医院、疗养院、居民集中居住区和农村50户以上的居民点以及有特殊要求的

地区]的距离当执行环境空气一级标准时应大于100m。

③公路中心线距地表水环境敏感点(如饮用水源及养殖水源保护地等)的距离当水环境质量标准执行Ⅰ～Ⅲ类水质时应大于100m。当公路路基边缘距饮用水体小于100m、距养殖水体小于20m时,应采取绿化带或者其他隔离防护措施。

桥位距自来水厂取水口上游应大于1 000m,距下游应不小于100m。

④公路中心线距省级以上自然保护区核心区边界应不少于100m,当必须穿过自然保护区时,应与自然保护区的管理机构协商,并应获得批准自然保护区的政府主管部门同意。进行环境监理时应查看有关批文。

在实际应用时,还应同时考虑公路投资的构成,当利用世界银行或亚洲开发银行贷款修建公路时,农村限50户以上的居民点为敏感点的界限有可能变更为25户或30户。其他敏感点的界定应根据本项目的环境影响报告书(表)而定。

(3)公路设计的取土场、弃土堆、填方路基边坡、挖方的路堑边坡、隧道工程、桥下部结构施工可能产生的废渣处治等,除为了保障公路工程而设计的防护工程之外,水土保持方案所必需的水保工程如拦渣工程(主要包括拦渣坝、拦渣墙、拦渣堤等)、护坡工程、土地整治工程、防洪排水工程、防风固沙工程、泥石流防治工程、绿化工程等均应予以落实。我国高等级公路的排水与防护工程在设计文件中已比较齐全,它同时也能起到环境保护与水土保持的功能。而环保监理的目的与内容,就目前而言,重点是防治大量弃土场产生的水土流失现象。落实《中华人民共和国水土保持法》第十八条"修建铁路、公路和水工程,应当尽量减少破坏植被;废弃的砂、石、土必须运至规定的专门存放地堆放,不得向江河、湖泊、水库和专门存放地以外的沟渠倾倒;在铁路、公路两侧地界以内的山坡地,必须修建护坡或者采取其他土地整治措施;工程竣工后,取土场、开挖面和废弃的砂、石、土存放地的裸露土地,必须种树植草,防止水土流失。"

(4)路基路面的施工组织设计文件中,对稳定土拌和站、沥青混凝土或水泥混凝土拌和站的站(场)址选址应进行环境监理,距敏感点的最小间距为300m,且应设在当地主导风向的下风向一侧。

运输或堆放路用粉状材料时,设计文件中应规定遮盖措施,以防粉尘污染。

施工临时道路及施工路段在旱季施工期间,应规定适时洒水减轻扬尘污染或采取其他降尘措施。

(5)公路沿线设施的管理区、养护工区、服务区等的生活污水或锅炉烟尘设计文件中应设计生活污水处理设施及消烟除尘措施。

除上述环保监理工程师应监理内容的同时,还应按照《公路环境保护设计规范》(JTG B04—2010)的要求,结合本工程项目已获政府环境主管部门批复的《环境影响报告书(表)》中所提出的各类环境保护措施认真审理。

二、公路施工阶段各类污染源的现场监理与监测

从某种意义上讲,公路建设项目产生的环境问题,就整个建设过程分析,在公路开始施工的前一阶段是比较突出的。只有在施工阶段将应该落实的各类环境保护措施得到实施,到公路建成投入营运后所产生的环境问题才能得到有效地控制。我国当前公路建设中易产生的有关环境影响问题,特别是公路施工与沿线人民密切相关的环境问题,必须纳入环保监理的重要内容。但是,环境监测工作的开展必须用专业设备,监测人员须经专业技术培训,

目前公路行业尚不能完全满足工作需要。因此,环境监测工作可以委托当地有环境监测资质的单位承担,按合同要求进行。

(一)施工准备期

1. 工程的招投标阶段

公路工程的招投标文件中,按照交通运输部《公路工程国内招标文件范本》(2009 年版)中关于环境保护的内容应纳入合同文件的相应条款中,其副本应送环保监理工程师实施现场监理时备查与监督管理。

2. 征地与拆迁安置

公路建设的征地、拆迁与再安置工作,归属于社会环境内容。就目前所知,不同省市在操作上有所差别,但这项工作是直接与公路施工沿线人民的切身利益相关的。环境监理工程师应该知道当地政府的征地政策及其补偿标准、拆迁补偿标准以及安置去向,在征地拆迁中直接受影响户从应补偿的经费中能得到多大比例,通过何种补偿办法获得补偿等,协助业主或建设单位做好受影响者的工作,同时也应维护受影响者的合法利益,使被征地户、拆迁户的生活质量不能受到降低的影响。虽然这部分工作是在监理工程师进场之前完成的,但是当公路建设正式开工后,若遗留问题得不到妥善处理,将对工程施工进度造成明显影响。特别应注意的是,我国是一个多民族的国家,在征地、拆迁安置中一定要注意民族政策,注意尊重民族习俗。

(二)公路施工阶段各类污染源的现场监理与监测

1. 各类噪声源的现场监理分类

噪声泛指影响、干扰人们正常工作、生活和休息的声音。随着城市工业、交通运输、建筑施工等行业的发展,噪声已成为人们生活中一个严重的环境污染问题,产生噪声污染的噪声源可分为四类,即工业噪声源、交通噪声源、建筑施工噪声源和生活噪声源。

(1)工业噪声源

工业噪声主要指工业企业各种设备产生的噪声,主要包括各种风机、空压机、发电机、锻压冲压设备、木工机械、内燃机发电设备、电动机、燃烧炉、高压气流管道和阀门、球磨机及振动设备等。

(2)建筑施工机械噪声源

在公路工程施工中除以上要用到的有关机械设备外,用于公路工程施工中的各种主要施工机械如推土机、挖掘机、平地机、压路机、装载机、卷扬机、打桩机,各类拌和场(站)的拌制设备及现场振捣设备等所产生的噪声均属于这一类噪声源。

(3)交通噪声源

各种机动车辆(包括载货汽车、客车、摩托车和拖拉机等)、内河船舶、铁路车辆和飞机等产生的噪声均属交通噪声。在公路工程施工中,机动车辆噪声以各种运料车辆及农用拖拉机为交通噪声的主要声源。

机动车辆噪声主要包括:发动机噪声、排气噪声、进气噪声、传动机构噪声、车体振动噪声和车轮胎与路面摩擦所产生的噪声等。

(4)社会生活噪声源

在日常生活中,各种生活设备和一些社会活动都可以产生使人厌烦的声音。这些设备的噪声声级不高，但与人们的日常生活有密切联系。在公路施工中这类噪声源可忽略不计。

2. 各类噪声源的现场监理

对上述噪声源所产生的综合噪声级，现场环保监理工程师应对施工现场200m之内的声敏感建筑物的环境噪声进行监理与监测，若监测结果超过了应执行的环境噪声质量标准（表8-1、表8-2），达到了扰民程度，影响了沿线居民的生活质量时，环保监理工程师应通知承包方采取减噪措施，或调整机械施工时间。

（1）环境噪声监测地点。公路施工期环境噪声监测地点，主要是依据《中华人民共和国环境噪声污染防治法》中所称的"噪声敏感建筑物"，如医院、学校、机关、科研单位、住宅等需要保持安静的建筑物。或者所称的"噪声敏感建筑物集中区域"，如医疗区、文教科研区和以机关或者居民住宅为主的区域。

具体的监测点应设在临施工面一侧第一排建筑物之前不小于1m处。

（2）监测的项目。用噪声仪监测环境噪声。环境噪声以等效A声级表示（L_{Aeq}，单位：dB）。

（3）监测的频次。在施工设备运转的时间段内，每个敏感点每周监测一次，分为昼间（上午或下午）一次和夜间（22:00～次日06:00之间）一次。

（4）监测时间与监测方法。测量分昼间和夜间两部分分别进行。

3. 环境空气污染源的现场监理

（1）环境空气污染源

人类的活动或自然变化过程会使某些有害物质进入环境空气，当这些有害物质在环境空气中达到足够的浓度并持续足够的时间后，就会影响和危害人类健康，危害自然生态环境，这就是环境空气污染。

①在公路工程施工中主要在拌和场（站）拌制过程中或施工机械摊铺过程中，在能源交换燃烧时会产生烟尘、硫氧化物、氮氧化物、一氧化碳、碳氢化合物等。

②施工运输车辆主要靠燃油提供动力，其排气中主要含有氮氧化物、碳氢化合物、一氧化碳等。

③在路面施工中，砂、石料过筛，生石灰消解后过筛及混合料摊铺过程中的扬尘对环境空气产生了粉尘污染。

④运输车辆在运料过程中产生的扬尘和轮胎刹车片的磨损都会增加对环境空气的污染。

以上污染源对环境空气的污染程度，通过现场环保监理工程师对施工现场200m之内的环境空气敏感点的环境空气质量进行监测来判断。若监测结果超过了应执行环境空气质量标准（表8-3）时，环保监理工程师应通知承包方采取防范措施，并要求达到标准限值以内。

（2）环境空气监测地点

环境空气监测地点主要是公路施工现场200m之内的大气敏感点。包括施工便道经过处、各类拌和场（站）200m之内的学校、医院、疗养院及居民集中住宅点等。

（3）监测项目

①总悬浮颗粒物（TSP）。

②沥青烟（针对沥青混凝土拌和站）。

（4）监测频次

每月一次。

(5) 监测时间

①TSP。拌和站应连续监测 3d,在施工设备运转时间段内分上下午进行,采样时间每天不少于 12h。

施工现场监测 1d,在施工进行中分上下午进行,采样时间每天不少于 12h。

②沥青烟:在沥青混凝土拌和站生产期间进行监测。

4. 水污染源现场监理

(1) 水污染源

①生活污水是指厨房水、卫生用水、洗涤水等污水的总称,其数量、成分和污染物质浓度与居民的生活水平、卫生习惯有关。生活污水中污染物质以有机物为主,占 60% ~70%,并含有大量的病菌和细菌,具有消耗水中溶解氧与传播疾病的危害。施工过程中产生的废水以及建设、监理单位的住所所产生生活污水的排放,是公路施工中的水污染源之一。

②公路施工中拌和场(站)的废水排放后渗漏地下会直接造成当地地下水源的污染。特别是距施工现场有河流、农田灌溉区时,更是造成了对清洁水源的污染。

为了解以上水污染源对江、河水域等地表水造成污染程度,环境监理工程师应对公路施工现场或桥梁下部结构,施工阶段下游 500m 之内的水环境敏感点(区)的水环境质量中的有关项目进行监理与监测。若监测结果超过了应执行的水质环境质量标准时(表 8-6 ~ 表 8-10),环境监理工程师应通知承包方采取防治措施,并要求达到标准限值以内。

(2) 水环境质量监测

鉴于我国《地表水环境质量标准》(GB 3838—2002)中所列的监测项目较多,针对公路建设的实际情况只列出有关项目的监测。

①水质监测采样点位。对于江河水域,水质监测时采水样点位一般应设在桥位施工下游 50 ~150m 的范围内,其垂线点位数量应视水面宽度而定,通常为三点(分为左、中、右),0 ~50cm 水深的混合水样。对大江、大河可设在施工桥位下游 200 ~500m 之内,断面采水垂线可视水面宽度增加点位。同时应视水的深度分层采样。

②监测项目。通常为:pH、石油类、化学需氧量(COD_{cr})、悬浮物(S_S)、高锰酸盐指数、溶解氧等。

③监测频次。桥下部结构施工期内枯水季节每年 1 次。

④监测时间。每次连续至少 2d,分别在上下午各采水样一次。

5. 生态环境的监理与监测

为了减缓公路建设对生态环境的影响,在公路建设时要遵照国家有关生态环境的质量标准执行。

公路施工现场生态环境敏感点的环保监理,以及山区、丘陵区公路、取弃土(渣)场的水土流失监理等,若监理内容的质量达不到设计要求时,环境监理工程师应通知承包方及早采取补救措施直至达到设计要求为止。

(1) 生态环境监理的地点

生态环境监理的地点主要应包括公路处在生态敏感地区的路段,集中取土场处、弃土(渣)场地,高填方或深挖方路段,穿过自然保护区路段以及有法定保护野生动植物路段,有水生保护动物活动水域的桥梁下部结构工程的水域等。

(2) 监理的内容

涉及结构物的施工质量监理应由工程质量监理工程师负责。环保监理的内容主要是落实有关生态环境保护的内容，主要包括以下几个方面：

①应尽量不占用设计文件之外的基本农田。

②在林区、自然保护区的路段施工时，不应扩大林木砍伐量，严禁狩猎以及在法定保护动物活动区设计动物通道等。

③在湿地、水源等保护区附近施工时应禁止向湿地、水源地内弃土（渣）等工程废弃物。

④对公路新增加的边坡坡面、取土场、弃土（渣）场的植被恢复计划以及水土流失防治措施的实施与主体工程“三同时”的兑现问题。应协同园林工程师监测绿化工程的面积，植物成活率、保存率及植被覆盖度等。

⑤沿河、溪路段施工时应做到弃土（渣）对河流不淤、不堵、不影响泄洪能力等。

（3）监理的频次与时间

由于公路施工对生态环境的影响主要发生在施工的前期至路基工程验收之间。在这段时间内应该加强监理与监督。

6. 环境工程设施的施工质量监理

公路建设中设置的环境工程设施主要包括局部路段的声屏障工程、公路用地范围内的绿化工程、公路的水土保持措施，服务区生活污水处理设施等。这些环境工程设施的施工主要是结构工程与园林施工，其施工工程质量的监理工作应由工程质量监理工程师与园林技术人员负责。环境监理应侧重环境工程设施的环境效果是否达到原设计的要求。经监测若达不到原设计要求时，应通知承包方及早采取补救措施，直至达到设计要求为止。

三、公路营运期的环境监测

我国现行的环境管理制度规定，公路建设完工之后，投入试营运期，在营运初期环境监测工作是公路的业主单位正式委托有环境监测资质的单位承担，对公路施工阶段建设的各类环境保护设施的环境效果进行监测、验收，这项验收监测工作是由国家环境保护总局负责，有关的规定请参见《建设项目环境保护设施竣工验收监测办法》。

（一）环境保护设施的效果监测

1. 隔声屏障

同时进行设有隔声屏障与不设隔声屏障（对照）的噪声监测，了解其降噪效果。

布点方式为断面布点，两个断面的布点间距一致，并进行同步监测。

监测方法同环境噪声。

监测频次为昼间、夜间各 1 次。

2. 公路绿化工程

主要进行公路绿化的实际面积统计与植物（乔、灌、草）成活率、保存率以及植被覆盖率的测定工作。

3. 水土保持措施

主要是检验水土保持的工程措施、植物防护措施以及综合措施等实施后，在因修建公路所产生的各种坡面（包括路基填方边坡、挖方边坡、取土场与边坡、弃土场与边坡等）上控制水土流失的效果。

4. 生活污水处理设施

主要是监测生活污水排放的达标率。

采样点为生活污水排放口。

监测频次、时间：每年2次，每次3d，每天早、中、晚分三次采样。

监测项目：通常是pH、S_S、COD_{cr}、BOD_5、石油类等，可根据服务区的设施情况对测定项目进行必要的调整。

执行标准：如无特别提出，验收标准采用《污水综合排放标准》(GB 8978—1996)中二级标准，有时可参照《农田灌溉水质标准》(GB 5084—2005)。

(二)敏感建筑物的环境监测

1. 环境噪声监测

(1)监测地点。参照该公路项目的《环境影响报告书》中提出的在营运期进行环境噪声监测的地点，进行环境噪声的监测。

(2)监测频次。监测频次或视交通量的变化而定，在通常情况下应每年不少于2次。

(3)监测时间。每次的监测时间为1d，分昼间夜间两次进行，鉴于夜间执行的标准严于昼间，因此，夜间(即22:00~06:00)的监测是不可缺少的。

2. 环境空气监测

(1)监测地点。参照本项目《环境影响报告书》中提出的在营运期环境空气监测地点进行。

(2)监测项目。氮氧化物(NO_X)

(3)监测频次、时间。一年2次，每次连续3d。每天采样次数不少于4次。采样的时间如7:00,10:00,14:00,17:00等。

巩固练习

1. 公路建设项目的可行性研究阶段，应考虑哪些环保监理内容？
2. 在初步设计和施工图设计阶段，环保监理工程师一般是从哪些方面开展监理工作的？
3. 施工阶段的环保监理工作包括哪些方面？其具体要求是怎样的？
4. 公路营运期的环境监测工作由什么部门承担？
5. 公路运营期的环境监测工作内容是什么？

项目9 公路环境管理

1. 了解环境管理的定义及分类；
2. 了解环境管理的内容；
3. 熟悉“三同时”制度的内容和要求；
4. 熟悉环境影响评价制度；
5. 明确公路项目环境保护工作的管理机构组成与工作内容；
6. 明确公路项目环境保护工作的监督机构组成及工作内容；
7. 能准确描述公路交通环境管理的任务；
8. 能准确描述公路交通环境管理的主要工作和要求；
9. 明确公路交通环境管理机构及其职能。

我国现阶段的环境管理是以可持续发展的理论为指导，通过对人类行为的限制或禁止，达到保护环境和持续发展的目标。环境管理的主要内容包括：环境计划管理、环境质量管理、环境技术管理和环境监督管理。我国环境管理的八项制度是环境保护部门依法行使环境管理职能的主要方法和手段。我国环境管理新的发展趋势是：

(1)由末端的环境管理转向全过程的环境管理。

(2)由污染物排放总量控制转向对人们经济活动、社会行为实行总量控制。

(3)建立与市场经济相适应的环境管理运行体制。

(4)建立与可持续发展相适应的法规体系。

公路建设者应了解公路交通环境管理的任务与要求，通过对项目环境计划的落实，明确设计、施工、运营各阶段可能出现的环境问题及应采取的相应减缓措施，以实现从源头上避免公路建设带来的生态环境的破坏。

任务一　环境管理与公路环境管理

一、环境管理及其内容

(一)环境管理概念

环境管理既是环境科学的一个重要分支学科，也是一个工作领域，是环境保护工作的重要组成部分。何谓环境管理,目前尚无一致的定义,一般可概括为:运用经济、法律、技术、行政和教育等手段,限制人类损害环境质量的行为,通过全面规划使经济发展与环境相协调,达到既能发展社会经济以满足人类日益增长的物质、文化生活的需求,又不超出环境的允许极限。

环境管理在现代化建设中占有重要地位。科学、技术和管理是现代化的三大要素,三者相互制约、相辅相成,其中管理这一要素具有更加重要的作用。环境保护关键在于管理,只有加强环境管理,才能更有效地利用人力、物力、时间,解决好环境问题。

在"人类—环境"系统中,人是主导方。所以,环境管理的实质是控制人类的行为,使人类的行为不致对环境产生污染和破坏,以维护环境质量和生态环境平衡。从这种意义上讲,环境管理主要是管理人的事务。通过对人类行为的管理,达到保护环境和持续发展的目标。

(二)环境管理内容

环境管理从管理的范围划分,可分为资源管理、区域管理和部门管理。根据管理的内容划分,可分为计划管理、质量管理、技术管理和环境监督管理。此外,还有建设项目环境保护管理。

1.环境管理的范围

(1)资源管理

资源管理包括可更新(再生)资源的恢复和扩大再生产,不可更新资源的合理利用。我国当前资源的主要危机是使用不合理和浪费。资源的不合理使用会导致不可更新资源的提早枯竭,可更新资源的锐减。资源管理主要是研究确定资源的承载能力,资源开发的条件优化,建立资源管理的指标体系、规划目标、标准、政策法规和机构体制等。

(2)区域环境管理

区域是指行政区域(如省、市、自治区及整个国土)、水域、工业开发区、经济协作区等。区域管理主要是协调区域的经济发展目标和环境目标,进行环境影响预测,制定区域环境规划,进行环境质量和技术管理,按规划实现环境目标。

(3)部门环境管理

部门环境管理是按行业部门进行环境管理。如能源环境管理、工业环境管理、农业环境管理、交通运输环境管理、商业和医疗等部门环境管理。

2.环境管理的内容

(1)环境计划管理

通过计划协调发展与环境的关系,对环境保护实行计划指导。环境计划管理首先是制定好环境规划,使环境规划成为整个经济发展规划的必要组成部分。环境规划是环保工作的纲要,并在实践中不断调整和完善。

(2)环境质量管理

环境质量的优劣直接关系到人类的生存和健康,所以对环境质量实行直接管理有其特殊的意义。管理的内容和方法,是对环境质量的现状进行监测和评价,对未来环境质量的变化进行预测和评价。

(3)环境技术管理

环境技术管理,是制定环境保护技术发展方向、技术路线和政策,制定防治环境污染技术、技术标准和技术规范等,以协调科学技术、经济发展与环境保护的关系。使科学技术的发展既能促进经济不断发展，又能保证环境质量不断得到改善。

(4)环境监督管理

环境监督管理是指运用法律、行政和技术等手段，根据环境保护的政策、法律法规、环境标准和环境规划的要求，对各地区、各部门、各行业的环境保护工作进行监察督促，以保证各项环保政策、法律法规、标准、规划的实施。环境监督管理的范围包括由生产和生活活动引起的环境污染，由开发建设活动引起的环境污染和生态破坏等。

3.建设项目环境保护管理

为了更有效地进行环境管理，国内外的经验证明，必须对建设项目实行环境保护管理。建设项目环境保护管理是环境管理学科的重要组成部分。运用经济、法律、技术、行政、教育等手段，去监督建设开发者按照国家的环境政策和有关法规从事开发建设活动，并通过建设项目环境影响评价和“三同时”等制度去协调社会经济、资源、环境三者的关系，使经济建设、城乡建设和环境建设同步发展，以实现经济效益、社会效益和环境效益三者统一。

上述对环境管理内容的划分，只是为了便于研究。实际上，各种环境管理的内容不是孤立的，它们彼此之间是相互关联、相互交叉的关系。

二、环境管理基本理论与指导思想

(一)环境管理的基本理论

环境管理主要通过全面规划，使人类经济活动与环境系统协调发展。因而需要研究人类社会经济活动与环境(生态)系统相互作用的规律与机理，这就是“生态经济学”。所以，生态经济理论是环境管理的基本理论。这就是说，用生态经济理论观点来研究分析环境(生态)—经济系统和经济增长与环境污染的关系，制订正确的环境政策和发展战略。

20世纪80年代以来，国内外对生态经济理论和生态经济模型做了大量研究，并通过制定环境政策来协调社会经济系统与生态(环境)系统之间的关系。

图9-1为环境管理的理论模型。图中第Ⅰ种状态表明了社会、经济和环境(生态)三个相关系统处于稳定、协调发展的过程。在三环交叉中共有六个平衡支撑点，其中三个点落在三个系统共同相关的边界内。由这三个共轭点形成的三角形是向心发展的凸形区域，即社会、经济和环境效益三者协调统一。这个凸形面积愈大，说明三者协调发展的程度愈高。第Ⅱ种状态也是三个环交叉，但只有两个系统相关的五个支撑点，由中间三个点形成的近似三角形是离心发展的凹形区域。这表明社会、经济、环境三者处于稳定的非协调发展的过程，存在着趋于统一或对立发展两种可能性。第Ⅲ种状态表明社会、经济、环境三者处于失调或恶性循环状态，经济增长仅能适应社会发展的部分需求，并且是以牺牲环境质量和一定资源为代价的。

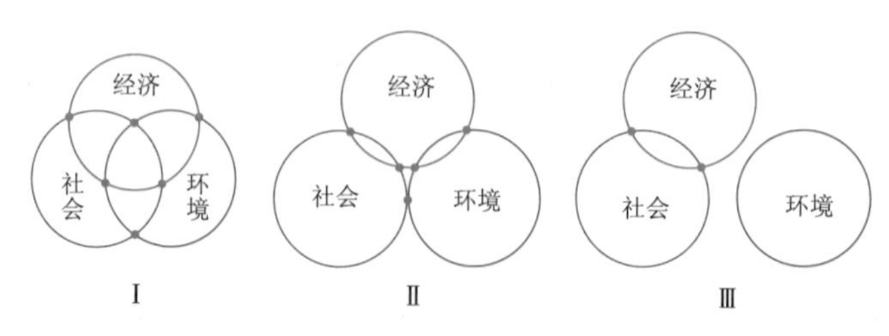

图9-1　环境管理的理论模型

(二)环境管理的基本指导思想

我国是发展中国家,人口庞大,资源相对短缺。针对我国的具体情况,环境管理应遵循以下基本指导思想。

1. 为促进经济持续发展服务

发展经济和保护环境为既对立又统一的整体,要充分发挥其相互促进的一面,同时又要限制其对立的一面,做到既保护环境又促进经济发展。在《中国21世纪议程》中明确指出,我国是发展中国家,持续发展是我们的必要选择。为满足全体人民的基本需求和日益增长的物质文化需要,必须保持较快的经济增长速度,并逐步改善发展的环境质量,这是满足当前和将来我国人民需要和增强综合国力的一个主要途径。只有当经济增长率达到和保持一定的水平,才有可能消除贫困,人民的生活水平才会逐步提高,并且提供必要的能力和条件,以支持可持续发展。在经济快速发展的同时,必须做到自然资源的合理开发利用与环境保护相协调,逐步走上可持续发展的轨道。

2. 从宏观、整体、规划上研究解决环境问题

(1)环境问题是社会整体中的一部分,环保事业是公众事业。因此,环境保护工作不只是环保部门的事,而是整个社会的事。环境保护是我国一项基本国策,只有中央至地方政府齐抓共管,环境保护才能行之有效。

(2)控制和解决环境问题必须从整体考虑。各地方各部门应步调一致,协同奋斗,才能做好环境保护工作。

(3)环境是社会经济—生态系统中的子系统,必须采取综合措施才能有效地控制和解决环境问题。如综合研究区域内人口、资源、经济结构、自然条件和环境质量状况,制定区域的发展规划和环境规划,综合平衡统筹解决环境问题。

(4)环境管理应利用多学科的理论、研究方法和成果,采取行政、经济、技术、法律和教育手段解决环境问题。

3. 建立以合理开发利用资源、能源为核心的环境管理战略

从社会、经济、环境三效益统一上讲,环境保护就是对人类的总资源、能源进行最佳利用的管理工作,保持经济发展与环境、自然资源、能源承受能力的平衡。为此,必须建立以合理开发利用自然资源、能源为核心的环境管理指导思想。在能源利用上应向生产和使用高效率以及更多地依靠可再生能源转变。在资源开发利用上应向依靠自然的"收入",而不耗竭其"资本"的方向转变。同时要密切注视资源、能源利用过程中可能给环境带来的影响,及时提出保护对策,防患于未然。

三、我国环境管理八项制度

我国自1973年召开第一次全国环境保护会议至1990年近20年的实践中,总结出适合我国国情的环境管理八项制度。推行这些制度是为了达到控制环境污染和生态环境破坏,有目标地改善环境质量,实现环境保护的总原则和总目标。同时也是环境保护部门依法行使环境管理职能的主要方法和手段。

(一)"三同时"制度

"三同时"制度是指新建、改建、扩建项目和技术改造项目,以及区域性开发建设项目的

污染治理设施,必须与主体工程同时设计、同时施工、同时投产的制度。该制度于1973年第一次全国环境保护会议通过,是符合我国国情的环境管理制度。它与环境影响评价制度相辅相成,是防止环境新污染和破坏的两大"法宝",是我国环境保护法以预防为主的基本原则的具体化、制度化和规范化,是加强开发建设项目环境管理的主要措施,是防止我国环境质量继续恶化的有效的经济和法律手段。

为了便于执行和检查"三同时"制度,国家计委和国务院环境保护委员会联合发布的《建设项目环境保护设计规定》中,对"三同时"制度的内容和要求作了规定。

(1)在建设项目的可行性研究报告中,应对项目建成后可能造成的环境影响进行评价。内容包括建设项目周围的环境状况,主要污染源和主要污染物,资源开发可能引起的生态变化,控制污染的初步方案,环境保护投资估算,计划采用的环境标准等。在初步设计中必须有环境保护篇章,内容包括环境保护设计依据,主要污染源和主要污染物及排放方式,环境保护设施及工艺流程,对生态变化的防范措施,环境保护投资估算等。在施工图设计中,必须按已批准的初步设计文件及环境保护篇章规定的措施进行环保工程施工图设计。

(2)在施工阶段,环境保护设施必须与主体工程同时施工。施工中应保护施工场地周围的环境,防止对自然环境造成不应有的损害,防止和减轻粉尘、噪声、振动等对周围生活环境的污染和危害。

(3)建设项目在正式投产或使用前,建设单位必须向负责审批的环境保护部门提交"环境保护设施竣工验收报告",说明环境保护设施运行的情况,治理的效果,达到的目标等。

(二)环境影响评价制度

环境影响评价制度是环境管理中贯彻预防为主的一项基本原则,也是防止新污染,保护生态环境的一项重要法律制度。环境影响评价是对可能影响环境的重大工程建设、区域开发建设及区域经济发展规划或其他一切可能影响环境的活动,在事前进行调查研究的基础上,对可能引起的环境影响进行预测和评价,为防止和减少这种影响制订最佳行动方案。

我国在1978年制定的《关于加强基本建设项目前期工作内容》中规定,环境影响评价为基本建设项目可行性研究报告中的一项重要篇章。在1979年颁布的《中华人民共和国环境保护法》(试行)将这一制度法律化。在以后国家颁布的《建设项目环境保护管理办法》中,对环境影响评价的内容和程序作了进一步的规定和完善。1989年颁布的《中华人民共和国环境保护法》更加明确规定:"建设污染环境的项目,必须遵守国家有关建设项目环境保护管理的规定。建设项目的环境影响报告书,必须对建设项目产生的污染和对环境的影响做出评价,规定防治措施,经项目主管部门预审并依照规定的程序报环境保护行政主管部门批准。环境影响报告书经批准后,计划部门方可批准建设项目设计任务书"。

国家根据《建设项目环境影响评价证书管理办法》规定,对从事环境影响评价的单位进行资格审查。环境影响评价证书分甲级、乙级两种。国家和地方对持证单位定期进行考核,从组织上保证了评价工作的质量。

(三)排污收费制度

排污收费制度是指一切向环境排放污染物的单位和个体生产经营者,应当依照国家的规定和标准缴纳一定费用的制度。我国实行排污收费制度的法律依据是1989年颁布的《中华人民共和国环境保护法》，该法规定："排放污染物超过国家或者地方规定的污染物排放标准的企业事业单位，依照国家规定缴纳超标准排污费，并负责治理"。据此，在全国范围内，对超标排放污水、废气、固体废弃物、噪声、放射性等各类污染物的各种污染因子，按照标准收取一定数额的费用，简称排污费。排污费专款专用，主要用于补助重点排污源治理等，并规定排污费可以计入生产成本。

实行排污收费制度，是为了消除对环境的不利影响和恢复环境质量，从而体现出环境资源的固有价值。排污收费也是运用价值规律，促使排污单位防治污染保护环境。

（四）环境保护目标责任制

环境保护目标责任制，是一种具体落实地方各级人民政府和有污染的单位对环境质量负责的行政管理制度。该制度以社会主义初级阶段的基本国情为基础，以现行法律为依据，以责任制为核心，以行政制约为机制，把责任、权力、利益和义务有机地结合在一起，明确了地方行政首长在改善环境质量上的权力、责任和义务。

环境保护目标责任制是在我国环境管理实践中，结合我国国情，总结提炼出来的。它解决了环境保护的总体动力问题，责任问题，定量科学管理问题，宏观指导与具体落实相结合的问题。环境保护是一项十分复杂且综合性很强的系统工程，涉及方方面面，这一巨大的系统工程必须统一指挥，统一规划，统一实施。第三次全国环境保护会议规定，地方行政领导者对所管地区的环境质量负责。环境保护目标责任制就是在这种情况下出台的，这也是环境保护工作深入发展的需要。

实践证明，环境保护目标责任制在环境保护工作中发挥了很大作用，在各项环境管理制度中具有全局性的影响。首先，它明确了保护环境的主要责任者、责任目标和责任范围，解决了谁对环境质量负责这一首要问题。其次，这个制度的容量很大，在确定责任制的指标体系和考核方法时，可以把其他制度的内容包括进去。所以，抓住了责任制就能带动全局，促进其他制度和措施的全面实行。责任制的各项指标可以层层分解，使保护环境的任务落实到行政各部门和社会各行业，调动全社会参与保护环境的工作，收到牵一发而动全身的效果。

环境保护责任制的实施大体可分为四个阶段，即责任书的制定阶段、下达阶段、实施阶段和考核阶段。责任制是否真正得到贯彻执行，关键在于抓好以上四个阶段。

（五）城市环境综合整治定量考核

城市是一种特殊的生态环境。城市不但人口多、密度大，而且工业集中、经济活动强度大。同时城市也是国家和地方的政治、经济、文化教育、科学技术的中心，在现代化建设中，城市起着主导作用。由于城市的这些特点，使得环境污染特别突出。1984 年中共中央《关于经济体制改革的决定》中指出："城市政府应该集中力量做好城市的规划、建设和管理，加强各种公用设施的建设，进行环境的综合整治"。1988 年国家发布了《关于城市环境综合整治定量考核的决定》，在第三次全国环境保护会议上把定量考核定为环境保护工作的重要制度，并提出了一些具体要求。从此，城市环境综合整治定量考核作为一项制度纳入了市政府的议事日程，在全国普遍展开。

城市环境综合整治，是在市政府的统一领导下，以城市生态理论为指导，以发挥城市综合功能和整体最佳效益为前提，采取系统分析的方法，从总体上找出制约和影响城市生态系统发展的综合因素;理顺经济建设、城市建设和环境建设的相互依存和相互制约的辩证关系;采用综合对策进行整治、调控、保护和塑造城市环境,为市民创建一个适宜的生态环境,使城市生态系统良性发展。

该制度的考核内容包括5个方面、21项指标。5个方面是:大气环境保护;水环境保护;噪声控制;固体废弃物处置和绿化。21项指标是:大气总悬浮微粒年日平均值;二氧化硫年日平均值;饮用水源水质达标率;地表水COD平均值;区域环境噪声平均值;城市交通干线噪声平均值;城市小区环境噪声达标率;烟尘控制区覆盖率;工业废气达标率;汽车尾气达标率;万元产值工业废水排放量;工业废水处理率;工业废水处理达标率;工业固体废物综合利用率;工业固体废物处理处置率;城市气化率;城市热化率;民用型煤普及率;城市污水处理率;生活垃圾清运率和城市人均绿地面积。在21项指标中:大气方面的有八项,满分值35分;水方面六项,满分值30分;固体废物方面三项,满分值15分;噪声方面三项,满分值15分;绿化方面一项,满分值5分。

(六)污染集中控制

在环境管理的实践中认识到,污染治理必须以改善环境质量为目的,以提高经济效益为原则。也就是说,治理污染的根本目的不是追求单个污染源的处理率和达标率,而应是谋求整体环境质量的改善。同时讲求经济效益,以尽可能小的投入获取尽可能大的效益。

污染集中控制是在一个特定的范围内,为保护环境所建立的集中治理设施和采用的管理措施,是强化环境管理的一种重要手段。污染集中控制,以改善流域、区域等控制单元的环境质量为目标,依据污染防治规划,按废水、废气、固体废物等污染物的性质、种类和所处的地理位置,采取集中治理措施,达到用尽可能小的投入获取尽可能大的环境、经济、社会效益。

实践证明,污染集中控制在环境管理上具有方向性的战略意义,特别是在污染防治战略和投资战略上带来重大转变。实行污染集中控制有利于集中人力、物力、财力解决重点污染问题;有利于采用新技术提高污染治理效果;有利于提高资源利用率加速废物资源化;有利于节省防治污染的总投入,加速改善和提高环境质量。

该制度的实行,应以规划为先导,划分不同区域的功能,突出重点,分别整治。在具体形式上,应根据实际情况因地制宜,不可千篇一律,以追求最佳经济效益和环境效益为宗旨。

(七)排污申报登记与排污许可证制度

排污申报登记制度是环境行政管理的一项特别制度。凡是排放污染物的单位,须按规定向环境保护管理部门申报登记所拥有的污染物排放设施,污染物处理设施和正常作业条件下排放污染物的种类、数量和浓度。

排放许可证制度以改善环境质量为目标,以污染物总量控制为基础,规定排污单位许可排放什么污染物、污染物的排放量和排放去向等,是一项具有法律含义的行政管理制度。

排污申报登记与排污许可证制度是两个不同的制度,这两个制度既有区别,又有联系。排污申报登记是实行排污许可证制度的基础,排污许可证是对排污者排污的定量化。排污申报登记制度的实施具有普遍性,要求每个排污单位均应申报登记。排污许可证制度只对重点区域、重点污染源单位的主要污染物排放实行定量化管理。

在以往的环境管理中,对污染源管理着重于是否达到排放标准。随着经济的发展,就某个污染源或某个地区而言，虽然污染源的排放浓度达到排放标准的要求，但污染物的排放总量却有增无减。实行排污许可证制度，力求从污染物总量控制出发，注重于整个区域环境质量的改善。针对不同地区的环境质量要求，确定不同污染源削减其污染物的排放量。这样既有利于节约治理资金，也有利于环境质量目标的实现。

（八）限期治理污染制度

限期治理污染是强化环境管理的一项重要制度。限期治理是以污染源调查、评价为基础，以环境保护规划为依据，突出重点，分期、分批地对污染危害严重、群众反映强烈的污染源、污染物、污染区域采取的限定治理时间、治理内容及治理效果的强制性措施，是政府为了保护人民的利益对排污单位采取的法律手段。被限期治理的企业事业单位必须依法按期完成治理任务。

限期治理不是随便哪个污染严重就限期治理哪个污染源，限期治理的对象要经过科学的调查，评价污染源及污染物的性质、排放地点、排放状况、污染物迁移规律、对周围环境的影响等各种因素，并在总体规划的指导下确定。对被确定为限期治理的对象，要限定其治理时间、治理内容、治理目标和治理效果。

在环境管理中执行限期治理污染制度，有助于提高各级领导的环境保护意识，推动污染治理工作。可以迫使地方、部门、单位把防治污染列入议事日程，纳入计划，在人、财、物方面做出安排。可以集中有限的资金解决突出的环境污染问题，做到投资少，见效快，有较好的环境效益与社会效益。

四、公路环境管理

（一）环境管理机构及其职责

公路项目环境保护工作的相关机构可分为：管理机构、监督执行机构。

1. 管理机构

由公路项目所在的省（市）及自治区交通厅（局）总负责项目的环保工作管理。负责组织项目建设的可行性研究；制订项目环保工作计划，协调各主管部门及建设单位之间的环境管理工作；指导建设单位执行各项管理措施。具体分工：交通运输厅（局）负责项目前期工作的部门负责环境保护计划制订和设计阶段的环境管理，并负责施工阶段环境行动计划的实施与管理；省高管局或公司负责营运期的实施与管理，鉴于各省市管理体制的差别，此处只列一般情况，各省可自行调整。

2. 监督机构

监督机构见图9-2，将分阶段实施。

(1)可行性研究阶段。由国家环境保护总局，交通运输部环境保护办公室，省（市）、自治区的环境保护局，世行、亚行及交通运输厅（局）负责。

国家环境保护总局：是对全国日常环境保护工作实施统一监督管理的最高环境行政主管部门。全面负责项目环境管理工作，审批环境影响评价大纲，审批环境影响报告书，指导省环境保护局执行各项法规，负责环境保护设施的竣工验收。

省（市）自治区的环境保护局：负责对项目环境保护工作实施监督管理；组织和协调有关机构为项目环境保护工作服务；审查环境影响报告书或受国家环境保护总局委托审查环境

影响评价大纲和审批环境影响评价报告书;监督项目环境行动计划的实施;负责项目环境保护设施的竣工验收;确认项目应执行的环境管理法规和标准;指导市、县环境保护局对项目建设期和运营期的环境监督管理。

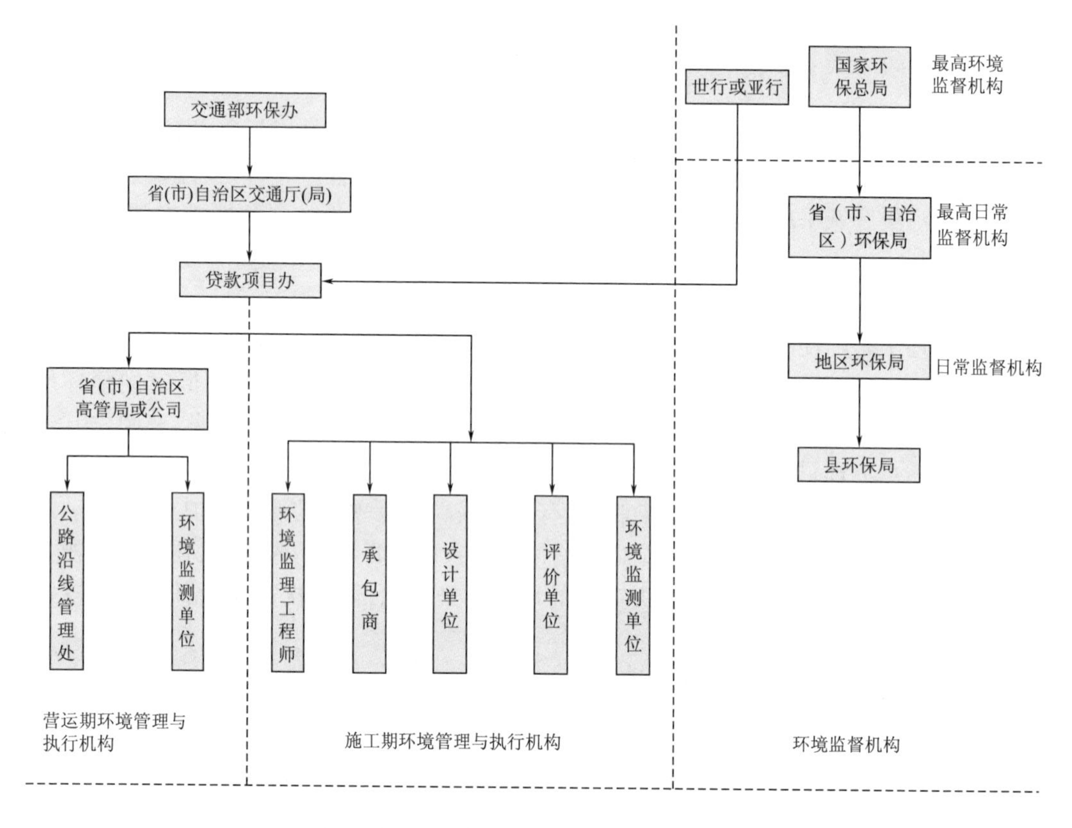

图9-2　公路项目环保组织机构图

(2)设计阶段:由交通运输厅(局)项目办或前期工作部门负责(编制2人)。

(3)施工阶段:由交通运输厅环保办、交通运输厅项目办(编制2人)和省(市)自治区环境保护局负责。

地区、县环境保护局:接受自治区环境保护局的工作指导,监督建设单位实施环境行动计划,执行有关环境管理的法规、标准;协调各部门之间做好环境保护工作;负责行政管辖区内项目环境保护设施的施工、竣工、运行情况的检查、监督管理。

(4)营运阶段:由省(市)自治区高等级公路管理局或公司和省(市)自治区环保局负责。

(5)施工期及营运期的环境监测由省环保监测单位和沿线地、市环境监测站执行。也可以由公路建设的业主单位委托有监测资质的单位承担。

在项目施工期间,交通运输厅项目办拟配置两名环保监理工程师,负责项目的环保监理,对受指派执行EAP和招标文件中规定的环境保护措施进行监理。

项目竣工后,公路所在地区交通运输局将设立相应专职人员分管所辖路段内的环保工作。消防及救护人员由县政府协调管理。

(二)环境管理及监督计划

公路项目环境管理及监督计划如表9-1及表9-2所示。

项目环境管理计划　　表9-1

环境问题			减缓措施	实施机构	负责机构
A设计阶段	1	选线	路线方案选择和具体位置确定应考虑尽可能减少占地拆迁、空气污染和交通噪声对环境造成的影响，并尽可能考虑避免减少对山体切削，减少植被破坏对景观的影响。 确定路线将尽可能避让城市、乡镇和其他环境敏感目标	设计单位 环评单位	交通运输厅（局）项目办
	2	土壤侵蚀	公路设计应考虑在路旁植树，在山岭区采用多种边坡防治技术稳定边坡，防止水土流失，如大面积切坡处应考虑增设截水沟，有组织的排除雨水，避免暴雨来临时径流从坡顶一些土体的节理和裂隙渗蚀而引起滑坡	设计单位 环评单位	交通运输厅（局）项目办或指挥部
	3	空气污染	在确定取弃土点，采石场、废弃物堆置场和搅拌站位置时，应考虑到尘埃和其他问题对环境敏感地区（如居民区）的影响	设计单位 环评单位	交通运输厅（局）项目办或指挥部
	4	噪声	根据具体情况，应分别对噪声超标的环境敏感点采取拆迁再安置，建噪声墙、绿化带、双层窗等措施，减少营运近期和中期交通噪声影响	设计单位 环评单位	交通运输厅（局）项目办或指挥部
	5	文物古迹	应进行文物踏勘调查，了解公路沿线涉及的文物，应采取保护措施	考古队	交通运输厅(局)
	6	征地、拆迁安置	制订征地拆迁安置行动计划	项目征地拆迁办公室	交通运输厅（局）项目办
	7	景观保护	(1)选线应精心研究，减少对山体的切削点数、石方量和面积。在初步设计阶段，将进一步努力减少对山区景观的影响。 (2)对所有的切山点应设计恢复植被与景观的措施	设计单位 环评单位	项目办或指挥部
	8	社会干扰	通道和公路交叉口的设计应方便当地群众及车辆通过	设计单位	项目办指挥部
	9	水污染	服务区和收费站应做污水处理设计	设计单位 环评单位	项目办指挥部
B施工期	1	尘埃、空气污染	(1)在干旱季节应采用洒水措施，以降低施工期大气污染浓度，特别是靠近居民点的地方。 (2)料堆和储料场离居民区200m以外，料堆和储料场须遮盖或洒水以防止尘埃污染。运送建筑材料的货车须用帆布遮盖，以减少跑漏。 (3)搅拌设备需良好密封并使安装除尘装置操作者注意劳动保护。 (4)施工现场及主要运料公路在无雨的天气定期洒水，防止尘土飞扬	承包商	交通运输厅（局）项目办或指挥部
	2	噪声	(1)应严格执行工业企业噪声标准以防止建筑工人受噪声侵害，靠近强声源的工人应戴上耳塞和头盔，并限制工作时间。 (2)150m内有居民区的施工场所，噪声大的施工工作应不在夜间（22:00～6:00）进行。 (3)应加强对机械和车辆的维修以使它们保持较低的噪声。 (4)在学校路段施工时和校方商议，调整高噪声机械施工时间	承包商	交通运输厅（局）项目办或指挥部

续上表

环境问题			减缓措施	实施机构	负责机构
B施工期	3	土壤侵蚀水污染	(1)路基完工三个月内在边坡和拟建公路沿路合适处须植树种草。如现有的灌溉或排水系统已损坏,要采取适当的措施修复或重建。 (2)应采取所有必要的措施,防止泥土和石块阻塞河流、水渠或现有的灌溉和排水系统。 (3)在建造永久性的排水系统时须建造用于灌溉和排水的临时性沟渠或水管。 (4)须采取所有合理措施,如沉淀池可防止向河流和灌溉水渠直接排放建筑污水。 (5)用沉井施工方法防止桥梁施工污染河水,以及施工垃圾等掉入河中对水质的污染。 (6)施工管理区生活污水、生活垃圾要集中处理,不得直接排入水体。生活污水设干厕设置后用于农灌及用作农田肥料,生活垃圾设集中堆放场。 (7)机械油料的泄漏,施工船只油料物泄漏或废油料的倾倒进入水体后将会引起水污染,所以应加强环境管理,开展环保教育,防患于未然。 (8)施工材料如沥青、油料、化学品不宜堆放在民用水井及河流水体附近,应远离河流,并应备有临时遮挡的帆布,防止大风暴雨冲刷而进入水体	承包商	交通运输厅(局)项目办或指挥部
	4	生态资源保护	(1)施工过程中,在能产生雨水地面径流处开挖路基时,应设置临时性的土沉淀池,以拦截泥沙。待路建成涵管铺设完毕,将土沉淀池堆平,绿化或还耕。 (2)在高地取土时,应做到边开采,边平整,边绿化,尽量做到计划取土,及时复垦。平原公路两侧取土,要与当地农田规划相结合,取土之前应与当地群众协商,做好设计,并保持与路基一定的距离,坚决杜绝路边随意取土。 (3)临时占地应尽可能少。 (4)筑路与绿化、护坡、修排水沟应同时施工,同时交工验收。 (5)对施工临时占地,应将原有土地表层耕作的熟土推在一旁堆放,待施工完毕将这些熟土再推平,恢复土地表层以利于生物的多样化。 (6)杜绝任意从路边农田取土,应严格按照设计方案取土。 (7)对工人加强教育,禁止狩猎国家保护的动物和破坏国家保护的植物	承包商	交通运输厅(局)项目办或指挥部
	5	文物古迹	如发现文物古迹须立即停止土方挖掘工程,并把有关情况报告给当地文物保护部门。在主管部门未结束文物鉴定工作及必要的保护措施未采取前,挖掘工程不得继续进行	承包商	交通运输厅(局)项目办或指挥部
	6	施工驻地	在施工住地应设置垃圾箱和卫生处理设施。箱内的垃圾和卫生处理坑的粪水、生活污水、施工机械产生的油污水不可直接排放到水体中,设污水处理设施,应集中定期处理,达标排放。饮用水须满足国家饮用水标准,防止生活污水和固体废弃物污染水体	承包商	交通运输厅(局)项目办或指挥部

续上表

环境问题			减缓措施	实施机构	负责机构
B施工期	7	运输管理	(1)建筑材料的运送路线须仔细选定,避免长途运输并应尽量避免影响现有的交通设施,减少尘埃和噪声污染。 (2)应咨询交通和公安部门,指导交通运行,施工期间防止交通阻塞或降低其运输效率。 (3)应合适地铺设横穿现有公路的临时施工道路。 (4)应制订合适的建筑材料运输计划,避开现有公路交通高峰	承包商	交通运输厅(局)项目办或指挥部
C营运期	1	地方规划	从长远考虑,拟建公路沿线两侧区域规划中,距路40m以内不建村庄,80m以内不修建学校、医院等对环境要求较高的建筑及单位	地方政府	
	2	噪声	(1)学校路段设禁止鸣笛标志。 (2)在噪声超标处应修建隔声设施。 (3)加强交通管理,公路出入口设噪声监控站,禁止噪声过大的旧车上路。 (4)根据监测结果,在噪声超标的敏感点应采用声屏障或其他合适的设施,减缓影响。 采用必要的防护设施后,村庄的超标量可以控制在5dB以下,学校昼间超标量可控制在3dB以下	公路管理处	高管局或公司
	3	空气污染	(1)根据当地气候和土壤特点在靠近公路两侧,特别是敏感区附近多种植乔、灌木,净化吸收车辆尾气中的污染物和大气中总悬浮颗粒物。 (2)严格执行汽车排放车检制度,利用收费站对汽车排放状况进行抽查,限制尾气排放严重超标车辆上路	公路管理处	高管局或公司
	4	车辆管理	(1)应加强车辆保养管理,使其处于良好技术状态。应加强车辆噪声和废气排放检查,如果车辆的噪声和排气不符合标准,车辆牌照应不予发放。车辆检查部门应不允许低速、大噪声和大耗油量的旧车在拟建公路上运行。设固定检查点和流动检查站对过往车辆进行抽查,不合格者,予以停驶。 (2)应对公民加强教育,使他们认识到车辆将产生大气和噪声污染的问题,并了解有关的法规	公路管理处、公路交通管理部门	高管局或公司
	5	危险品溢出危险	(1)由高管局和环境保护局有关部门组成的一个应急领导小组专门处理危险品溢出事故。此小组应同时负责全省高等级公路的危险品运输管理。 (2)运输危险品须持有公安部门颁发的三张证书,即运输许可证、驾驶员执照及保安员证书。危险品标志应置放在运输危险品的车辆上。 (3)公安局应给运输危险品的车辆指定专门的行车路线和停车点。 (4)如发生危险品意外溢出事件,应按照应急计划,立即通知有关部门,采取应急行动。还应成立一个监控组处理类似事故	公路管理处公路交通管理部门	高管局或公司
	6	水质污染	收费管理区和服务区的生活污水设化粪池处理,处理后用于灌溉农田及施肥,生活垃圾集中处置	公路管理处	高管局或公司

续上表

环境问题		减 缓 措 施	实施机构	负责机构
D	环境监测	按照环境监测技术规范及国家环保总局颁布的监测标准、方法执行	环境监测站	高管局或公司

环境保护监督计划 表9-2

阶段	机 构	监 督 内 容	监 督 目 的
可行性研究阶段	国家环保总局、交通运输部环办、省(市)区环保局、亚行或世行、交通运输厅(局)	1. 审批环评大纲、环评报告书。 2. 预审批环境影响报告书。 3. 审核 EAP	1. 保证环评内容全面、专题设置得当,重点突出。 2. 保证本项目可能产生的重大的、潜在的问题都已得到了反映。 3. 保证减缓环境影响的措施有具体可靠的实施计划
设计和建设阶段	国家环保、总局交通运输部、环办省(市)、区环保局省、(市)区交通运输厅(局)、地、市环保局、省(市)区文物局	1. 审核环保初步设计和 EAP。 2. 核查环保投资是否落实。 3. 检查料场和沥青搅拌站、灰土搅拌站场所是否合适。 4. 检查粉尘和噪声污染控制决定施工时间。 5. 检查有毒、有害物质装卸堆放的管理,检查大气污染物的排放。 6. 检查施工场所生活废水及废机油的排放和处理。 7. 取弃土场地恢复和处理。 8. 检查环保设施三同时,确定最终完成期限。 9. 检查环保设施是否达到标准要求。 10. 检查景观设计和施工质量。 11. 检查是否有地下文物	1. 严格执行三同时和 EAP。 2. 确保环保投资。 3. 确保这些场所满足环保要求。 4. 减少建设对周围环境的影响,执行相关环保法规和标准。 5. 减少建设对周围环境的影响,执行相关环保法规和标准。 6. 确保地表水不被污染。 7. 确保景观和土地资源不被严重破坏。 8. 确保三同时。 9. 验收环保设施。 10. 保护沿线景观资源。 11. 保护文物资源不受破坏
营运阶段	高管局或公司市、县交通运输局、公安消防部门	1. 检查营运期 EAP 的实施。 2. 核查监测计划的实施。 3. 检查有必要采取进一步的环保措施(可能出现原未估计到的环境问题)的敏感点。 4. 检查环境敏感区(点)的环境质量是否满足其相应质量标准要求。 5. 检查公路管理区、服务区污水处理。 6. 加强监督,防止突发事故,消除事故隐患,预先制定紧急事故应付方案,一旦发生事故能及时消除危险、剧毒材料的泄漏。 7. 检查景观质量	1. 落实 EAP。 2. 落实监测计划。 3. 切实保护环境。 4. 加强环境管理,切实保护人群健康。 5. 确保其污水排放满足排放标准。 6. 消除事故隐患,避免发生恶性污染环境事件。 7. 根据需要增补保护景观的措施

1. 什么是环境管理？其分类是怎样的？
2. 环境管理的内容有哪些？
3. 什么是“三同时”制度？其内容和要求是什么？
4. 什么是环境影响评价制度？
5. 公路项目环境保护工作的管理机构有哪些？工作内容是什么？
6. 公路项目环境保护工作的监督机构有哪些？工作内容是什么？

任务二　公路交通环境管理

一、公路交通环境管理的任务与工作要求

（一）环境管理任务

公路交通部门环境管理以建设项目环境管理为主。其主要任务是执行国家有关的环境管理、环境保护的法规和制度，制定公路交通行业相应的规范、规定和细则，对因公路建设、营运给周围环境造成的污染、损害和影响采取环保对策，使公路交通建设与环境建设实现可持续发展。

（二）环境管理工作与要求

依据《交通部建设项目环境管理办法》规定的精神，公路交通环境管理的主要工作和要求如下：

（1）对环境有影响的交通行业大、中型建设项目，执行环境影响报告书（或报告表）审批制度和“三同时”制度；改（扩）建和进行技术改造的工程建设项目，在改（扩）建和技术改造的同时，对原有的污染进行综合治理；建设项目投产后，其污染物的排放不得超过国家和地方规定的排放标准。

（2）建设单位在安排工程可行性研究工作的同时，委托持有相应环境影响评价资格证书的单位承担环境影响评价工作。交通行业大、中型建设项目和限额以上的技术改造项目，原则上应编制环境影响报告书。但对环境影响较小的建设项目，经主管环境保护部门同意，报省级以上政府环境保护部门确认后，可以只填写环境影响报告表。

（3）大、中型交通建设项目和限额以上技术改造项目的环境影响报告书（或报告表），由建设单位报国家环保总局或项目所在省级政府环境保护部门审批。小型建设项目和限额以下改造项目的环境影响报告书（或表），按各地区政府规定的审批权限办理。

（4）承担项目环境保护设计单位，应持有建设项目环境保护设计资格证书或项目设计资格证书，应按照国家计委、国务院环境保护委员会颁发的《建设项目环境保护设计规定》和交通运输部颁发的《公路环境保护设计规范》（JTG B04—2010）的要求，完成经过审批的环境影响报告书（或表）所确定的环境保护设施的设计任务。

(5)施工期必须保护施工现场周围环境。应尽可能采取有效的环境保护措施,防止和减轻施工过程中产生的粉尘、噪声、废水、废料等对周围环境的污染和危害。加强水土保持措施和公路绿化,保护生态环境。工程竣工后,应尽快、尽可能地恢复因施工受到破坏的环境原貌。

(6)建设项目竣工验收前,建设单位应向项目主管的政府部门和交通环境保护部门提交"建设项目环境保护设施施工验收报告",说明环境保护设施及其效果、试运转情况等。建设项目竣工验收时,应有政府和交通环境保护部门参加。

我国建设项目的环境管理程序与基建程序的工作关系如图9-3所示,图中表示了项目建设各个阶段所对应的环境管理工作。

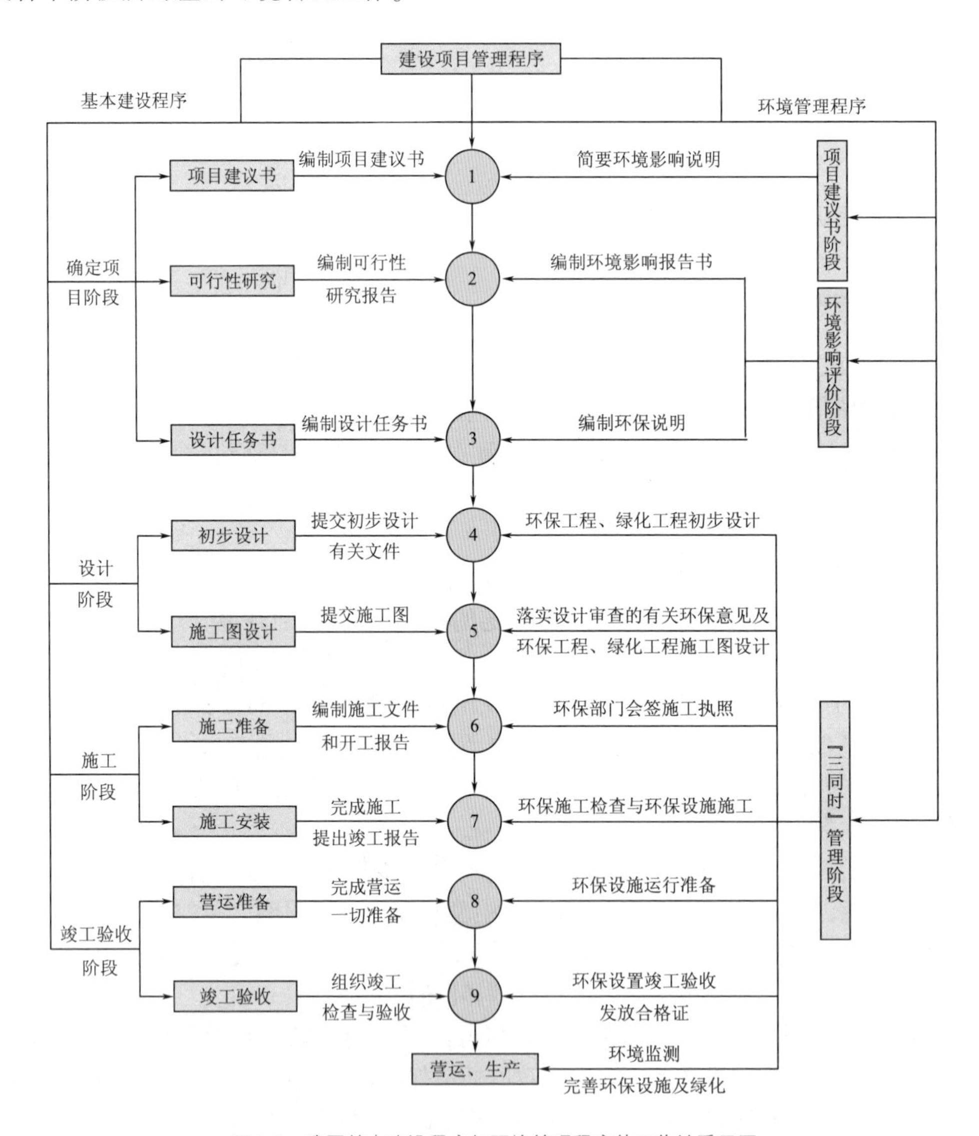

图9-3　我国基本建设程序与环境管理程序的工作关系示图

二、公路交通环境管理机构及职能

公路交通环境保护工作除受国家政府相应环保部门的管理外,还受交通行业各级环保部门的管理。一般来说,政府系统的环保部门为监督检查机构,交通行业系统的环保部门为执行机构。我国现行两个环保系统的工作关系见图9-4。

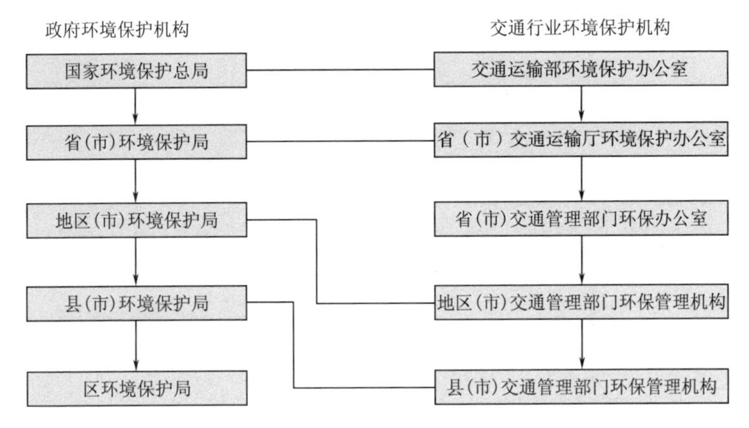

图9-4 政府环保机构与交通行业环保机构工作关系示图

注:交通管理部门指公路局、交通运输局、高管局等。

(一)公路交通环境管理机构及职能

目前我国各省(市)交通厅及其下属部门的环境管理机构框图见图9-5。各级机构的职能如下:

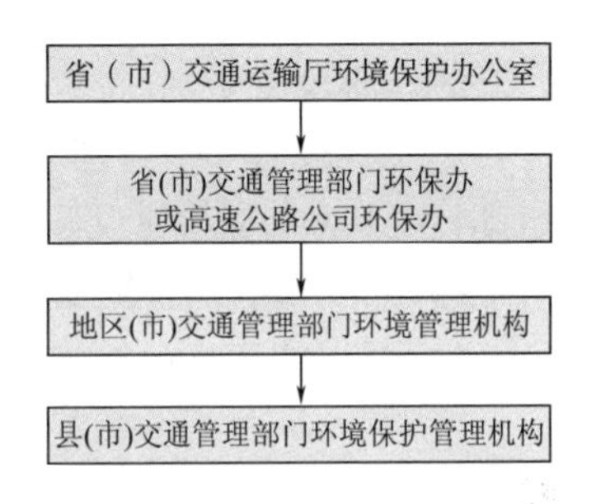

图9-5 交通行业环境管理机构框图

1. 省(市)交通运输厅环境保护办公室

负责全省(市)公路交通环境保护管理,制定公路交通环境保护有关条例、规章,编制环境保护规划,制订年度环境监测计划、环境设施实施计划等。

2. 省(市)公路交通管理部门环境保护办公室

该层机构包括公路局、交通局、高等级公路管理局或高速公路公司等环保办公室,他们直接负责环境保护工作的管理与环保计划的实施,协助交通运输厅环保办公室完成定期环境监测,并行使建设项目环境管理职责。

3. 地区(市)、县(市)交通管理部门

目前,我国地区(市)、县(市)公路交通管理部门(包括公路局、交通局等)的环保工作由领导及工作人员兼管,一般不设专门的环保机构。他们负责辖区内的公路交通环境保护工作,执行并完成省(市)交通环保规划及计划,协助完成环境监测等。

(二)公路交通施工期环境管理机构及职能

根据公路交通项目施工实践及具体工作的需要,特别是国际金融组织贷款建设项目环保工作的要求,施工期应有健全的环境管理机构。目前,施工期环境保护管理机构与施工组织机构合一,各级机构中设有专职或兼职人员负责环境保护工作。由于各地的施工组织机构不一致,图9-6中以实线、虚线给出了两种组织机构。

1. 总监理工程师办公室(或省项目建设指挥部)

一般总监办由一名副总监(或指挥部副总指挥)负责施工期的环境保护工作决策,并领导环保工作。一名工程师负责对施工单位的环保工作监督,环保措施的实施,组织环境监测及数据、资料汇总上报等。总监办的环保工作直接向省交通运输厅环境保护办公室负责。

2. 建设项目驻地办公室(或地区、市建设指挥部)

一般有一名领导及一名工程师负责施工期环境监理、环境监测工作,直接处理施工中的环境保护工作等。

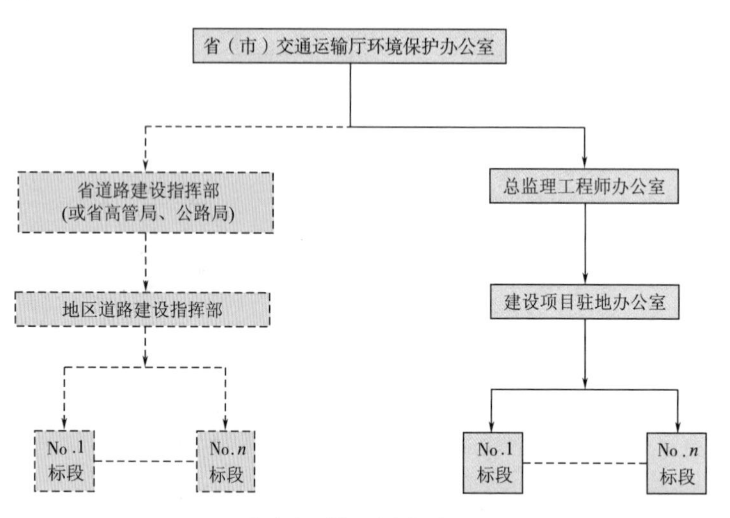

图 9-6　公路施工期环境保护管理机构框图

3. 施工标段

各施工标段有一名监理工程师负责施工全过程的环境监理,保证施工标书或施工期环境行动计划(对于贷款建设项目)的环保措施得到实施,同时对噪声、降尘进行监测。

应指出,目前我国公路交通环境管理的组织机构还不够健全,公路交通的环境管理需要进一步加强,以使环境保护工作与我国公路建设的形势相适应。

巩固练习

1. 公路交通环境管理的主要任务是什么?
2. 公路交通环境管理的主要工作和要求是什么?
3. 公路交通环境管理机构有哪些? 其职能是什么?

项目10 公路环境建设经济分析

学习目标

1. 了解环境经济学研究的主要内容；
2. 能辨析工程项目建设不同阶段中有哪些费用属于环境费用；
3. 了解分析环境经济的方法；
4. 掌握环境保护经济的手段；
5. 掌握费用效益分析的定义及特点；
6. 掌握环境经济费用效益分析方法、费用效益分析的条件。

传统经济学在计算财富增长时，仅以生产成本计算通过市场交换的产品价值，忽略了对环境的损益成本计算，从而形成一个虚幻的国民收入记录。以环境质量下降为代价的经济增长不能真实地提高国民福利和生活质量，而有可能出现经济零增长甚至负增长，因此必须计算国民经济环境质量成本。环境经济学主要研究经济活动、社会发展与环境之间的关系，以达到环境经济与社会的协调发展。

本章通过对环境费用与环境效益的研究，环境经济费用效益分析，对公路建设项目在环境保护方面的投入与改善环境质量对社会经济产生的损益分析，达到经济效益、社会效益和环境效益的统一，为交通环保决策部门提供合理地环境保护的决策依据。环境保护部门采取的鼓励与限制性的经济手段，达到了以最小的经济代价获得所需的环境效果。

任务一　环境经济概述

一、环境经济问题与环境经济学

环境经济是一门学科，是环境科学和经济科学发展到一定阶段相互交叉的产物。环境经济是通过研究环境系统和经济系统相互作用而形成的复合系统的运动规律，以人类经济活动为中心，探索经济活动、社会发展与环境之间的关系，以达到环境、经济与社会的协调发展。

环境经济这门学科所研究的对象是环境经济问题。所谓环境经济问题是由于人类社会的生存发展活动所引起的次生环境问题，这类问题是伴随着经济发展而出现的。人类活动对环境造成的影响以及环境条件的改变,对人类社会与经济的影响产生了一系列环境经济问题。

环境经济问题可以分为两类:一类是自然环境的破坏。由于开发利用资源和进行大规模的工程建设,使自然环境和资源遭受到破坏,从而引起一系列环境问题,如水土流失、生态平衡失调、资源枯竭等。环境破坏造成的后果往往需要很长时间才能恢复,有的甚至是不可恢复的。另一类是环境污染。由于人类的经济活动、生活活动和其他社会活动把大量的污染物排入环境,造成环境污染,使环境质量下降,以致影响和危害人体的健康,损害人类的生存条件,影响正常的经济活动等。

环境经济学就是针对上述问题,运用经济科学和环境科学的原理和方法,分析经济发展和环境保护的矛盾,以及经济再生产、人口再生产和自然再生产之间的关系,选择经济、合理的物质变换方式,使用最小的劳动消耗为人类创造清洁、舒适、优美的生活和工作环境。

环境经济学研究的内容主要有四个方面:一是环境保护的经济效果,即研究如何用准确的、定量的方式方法确定防治污染、保护环境的经济效果;二是生产力的合理规划和组织,即从保护环境的角度出发,研究自然资源的合理利用和社会发展所需投入生产力的合理规划和优化组织;三是环境经济管理,即研究如何运用经济手段进行环境管理,如何将环境保护纳入长期的社会经济发展计划和规划中;四是环境经济学的基本理论和方法的研究。

二、环境费用与环境效益

(一)环境费用

防治环境污染,减轻或防止环境质量下降,维护与发展环境的某些机能,以及为创建舒适优美的新环境所付出的费用,都属于环境费用。环境费用可按以下几个方面分类。

1. 按环境费用的性质分类

(1)损害费用。即污染本身的直接费用,如污染引起的农作物减产,污染引起人群发生疾病而支出的医疗费用等。

(2)防护费用。即为防止污染而采取的防护措施费用,如防治噪声污染的声屏障,防止污染水体流进农田的截水沟及有关设备的费用等。

(3)清除费用。即为防治经常性出现的污染,采取的清除及净化措施的费用等。

(4)管理费用。指环境保护和管理工作中发生的其他一些费用,如监测费、环保科研费、环保管理费、环保培训费、环保机构建设费和事业费等。

在上述费用中,防护费用、清除费用和管理费用称为环境保护费用,是保护和改善人类环境所付出的费用。

2. 按工程项目建设的不同阶段分类

工程项目的建设以及竣工后的生产和营运,对环境产生不同程度的影响,所以在项目建设和投入使用的各个阶段,环境保护工作始终是一项重要的工作。按照项目建设的各个阶段,其相应的环保费用如下:

(1)建设前期

主要包括环境影响评价费用、环境设计费用、拆迁安置费用以及其他有关费用。

(2)建设期

对于公路建设项目,主要有以下环境费用:

①生态环保措施费用。主要有防止坡体滑坡而采取的截水沟及其他有组织的排水措施,在易形成水土流失的施工地点设置沉淀池、土工布围栏,对切割面进行护坡处理,路堤边坡及周围区域的植草绿化,施工临时占地的熟土回填,恢复耕地表层以及其他环保措施费用。

②大气污染防治措施费用。主要有对施工现场、施工材料、运输公路采取的洒水降尘措施,沥青烟雾防治措施等费用。

③噪声防治措施费用。主要有减少施工工作人员接触高噪声而采取的措施,为减少施工区域附近人群受施工噪声影响而采取的措施等费用。

④水污染防治措施费用。主要有施工现场及施工管理区人员的生活污水、生活垃圾、粪便的处理设施,一些施工材料如沥青、油料及化学品的防雨设施等费用。

⑤社会环境设施费用。如通道、跨线天桥费用等。

⑥施工期环境监测费用以及其他环保措施费用。

(3)营运期

对于公路建设项目来说,营运期的环保费用主要有:

①公路绿化及其环境综合绿化措施费用。

②在需要地段设置噪声防治措施费用,如声屏障、高围墙、建筑物增设封闭外走廊或双层窗等费用。

③防止土地、农作物被污染的措施费用。

④营运期环境监测费用。

其他环境费用项目有环保人员的培训、文物古迹和景观的保护工作等。

(二)环境效益

环境效益是指开发利用自然资源活动和经济生产活动引起的环境质量变化的效果。这种效果可表现为损失和收益,即环境效益有正效益(收益)和负效益(损失)之分。人类的活动,有些使环境质量改善,此时的环境效益为正效益,如植树造林等;有些活动则使环境质量下降,则环境效益为负,如向环境中排放废弃物等。讲求环境效益,就是要提倡有助于环境质量不断提高的经济活动,减少或限制产生环境负效益的经济活动。对于对环境产生不良影响,但必须进行的经济活动,则需要采取相应的环境保护措施加以防治。

环境保护措施取得的环境效益表现为环境状况的改善,具体表现为大气、水和土壤中污染物数量和有害物浓度的减少,可用土地面积的增加,生态平衡的保持,自然保护区的维护,噪声和振动及其他不利影响水平的降低等。

对环境进行保护所产生的环境社会效益表现为居民发病率降低、体质增强、寿命延长,劳动和休息条件改善,劳动生产率提高,就业增加,人文与自然景观的维护、文化条件改善和社会安定等。

环境效益的确定要比环境费用的确定更加复杂,大致可分为货币效益和非货币效益两种。

(1)货币效益。指可以根据市场价格用货币直接估值的效益,也称为有形效益。货币效益又可分为直接货币效益和间接货币效益。

直接货币效益:如某区域水环境状况好,水质优良,使各种用途的水的处理费用降低,产品质量提高等。

间接货币效益：如对受污染的水体进行治理，使农作物增产，灌溉面积增加等。

（2）非货币效益。指不能或难以用货币衡量的效益，也称为无形效益。如经过治理，消除了噪声污染所产生的效益；大气环境的改善，使人的健康水平提高等。

三、环境经济分析方法

环境经济分析具体方法有多种，根据环境经济分析的对象和目的不同，以及对具体环境经济工作的要求，选择合适的方法进行环境经济分析。其中主要的有环境经济的预测方法、投入产出分析、数学规划方法和费用效益分析等。

（一）环境经济预测

环境经济预测就是运用预测方法对环境和经济两个子系统中每个要素的变化过程和趋势进行预测，并对环境经济复合系统的组成因子和整体状况进行分析，为环境经济系统的规划和决策提供可靠的依据。

对环境经济系统进行预测，首先要确定预测目的和预测对象，即通过预测要了解什么问题，要解决什么问题；第二要收集、整理和分析预测资料，资料是进行预测的基础，收集资料要做到真实、准确、质量高，资料的质量关系到预测的精度；第三要选择合适的预测方法，常用于环境经济预测的方法有两大类，即定量分析预测法和经验推断预测法，其具体的方法又比较多，根据具体情况选择合适的预测方法直接影响到预测结果的质量；第四要进行预测结果的分析、评价和鉴别，分析估计预测结果的误差大小，分析产生误差的原因，进行合理的补充和修改；第五提出预测对策，提交预测报告。

（二）环境经济的投入产出分析

投入产出分析是研究经济活动的一种方法。就一般经济活动而言，投入产出分析的投入是指产品生产所消耗原材料、燃料、动力、固定资产折旧和劳动力；产出是指产品生产出来后所分配的去向、流向，即使用方向和数量。通过投入产出分析，综合分析和确定经济活动中错综复杂的联系和重要因素的比例关系，用于制订经济综合平衡计划、研究经济结构和经济预测。

为了解决经济发展和环境保护相协调的问题，投入产出分析被应用于环境经济系统的研究。其主要内容是编制环境经济投入产出表，建立环境经济投入产出模型。在宏观环境经济分析中，投入产出分析用于剖析工业结构与环境污染的关系，分析环境治理对经济发展的影响等。在环境管理中，投入产出分析用于环境的平衡统计，掌握环境信息，制订与调整环境管理计划等。同时投入产出分析也是一个主要的环境经济预测方法。

（三）环境经济的数学规划方法

数学规划是根据预定的目的或目标函数，找出一个或一组决策的最优解，以便最好地应用有限的资源。在环境经济系统规划中，由于准确数据资料的缺乏以及获取资料的费用等问题，往往根据研究对象的特点，把复杂问题予以简化，同时给出一些合理的经验假设，然后采用数学规划的方法分析计算，得出结果。数学规划方法有线性规划、非线性规划和动态规划等，其中线性规划是最简单和应用最广泛的一种规划技术。

线性规划方法在环境经济方面的应用，主要是保证环境质量控制、污染物治理等项目中费用的合理使用问题。虽然各污染源的污染物种类、排放量、排放方式,对环境造成的影响程度各不相同,而地理状况、气象条件等自然因素又对不同的污染源有不同的影响,但它们一般都有同样基本结构的线性规划模型。应用线性规划模型可以合理地规划产业结构,从而控制环境质量,减少环境污染,获得最佳的经济效益、社会效益和环境效益。

(四)环境经济的费用效益分析

费用效益分析是经济评价的一种特殊形式,主要用于建设项目的经济评价。其特点是对拟建项目对环境质量的全部影响进行分析,包括那些间接的、无形的和难以计量的影响。对能够定量的并能以货币表示的尽量将其数量化,对不能定量的或无法用货币计量的则应进行客观合理的定性描述。然后对各方案的全部费用与全部效益加以比较,并结合定性分析,从中选择出净效益最大的方案,作为实施方案。

四、环境保护的经济手段

环境保护经济手段是环境管理的一个主要方式。我国的环境管理先后经历了行政管理、法制管理和经济管理以及综合应用几个阶段。由于经济手段在环境管理中可以弥补行政与法律手段的一些不足,能够促使管理系统以最小的经济代价来获得所需要的环境效果,所以经济手段在环境管理实践中的应用日益广泛,发挥了重要作用。

环境保护的经济手段按照作用的不同可分为两类:一类是鼓励性手段,如实行税收、信贷和价格优惠等;另一类是限制性手段,如征收排污费、经济赔偿等。按照形式不同,其经济手段又可分为收费、补赔和奖励、押金制度、市场机制的运用和财政上的强制手段等类型。

(一)鼓励性经济手段

1. 补贴

补贴是指各种财政的补助,其目的是促使污染者改变不利于环境的活动。国家提供财政资助,不仅可以为企业或个人进行污染治理带来好处,同时也为他们和社会开展污染综合防治提供必要的资金来源,其改善环境的效果是明显的。

补贴的形式一般有以下几种:

(1)补助金,指污染者采取一定措施降低污染而得到的不需返回的财政补助。

(2)长期低息贷款,指提供给采用防治污染措施的生产者低于市场利率的贷款。

(3)减免税收办法,即通过加快折旧、免征或回扣税金等手段,对采取防治污染措施的生产者给予支持。

2. 综合利用奖励

综合利用资源、能源和“三废”,对合理利用资源,保护自然环境,提高经济效益,都有着重要的意义,也是治理污染的根本途径。综合利用,实现废物资源化有两个意义:一是提高原料及能源的利用率,减少废物产量;二是把排出的废物进行加工处理、循环利用。

综合利用废弃物比综合利用天然资源要困难得多,但实际的环境、经济与社会的意义很大。为了鼓励综合利用的发展,我国专门制订了有关规定和奖励办法。如对开展综合利用的生产建设项目实行奖励和优惠,对开展综合利用生产的产品实行优惠等。

3. 其他经济优惠政策

对环境保护实行经济优惠可以有多种方法和途径。适宜于在我国实行的环境保护经济优惠的主要方式有以下几种：

(1)税收优惠

适用于能认真执行“三同时”的新建企业；对防治污染而需要搬迁另建的企业；以“三废”为主要原料综合利用的企业。这些企业的活动有助于保护环境、防治污染、维护生态平衡，可以在产品税、增值税、营业税、所得税、建筑税等税种上给予税收优惠。

(2)价格优惠

为鼓励企业生产有利于环境保护的产品，可采用统一价格、浮动价格、议定价格、地区差价、季节差价和质量差价等价格杠杆调节。

(3)贷款优惠

对于防治污染、综合利用、保护环境的项目，银行可予以低息或无息贷款，实行优惠利率，延长还贷期限。同时允许贷款企业在缴纳所得税前，以新增收益归还贷款等。

(4)折旧优惠

折旧优惠包括调整环境保护设备的折旧率或改变折旧方法，对环保设备加速折旧。在折旧基金的分配上，提高留厂比例，用于环境保护等。

(二)限制性经济手段

1. 征收排污费

对排入环境中的污染物征收排污费，是国内外比较普遍采用的一种经济手段。我国的排污收费为超标排污费，它是广义排污费的一部分。排污费是我国环境管理的重要经济手段。排污收费制度为发展生产、保护环境发挥了重要作用。其主要作用有：对降低污染，改善环境质量起到了经济刺激作用；调动了企、事业单位治理污染的积极性；有利于提高污染治理的技术和水平；有利于促进环保事业的发展。

2. 罚款与赔偿

罚款与经济赔偿是对违反环境保护法，随意排放污染物并造成严重后果的单位和个人所做的经济惩罚。我国环境保护法规定，对污染单位的罚款与经济赔偿，由环境部门报经同级人民政府批准后执行。

3. 征收生态环境补偿费

在资源开发和大中型工程项目建设的过程中，一般都会对生态环境产生不同程度的影响和破坏。生态环境补偿费主要用于生态环境的恢复和整治。如生态环境破坏调查费，生态环境恢复整治工程费，生态环境科学或生态示范工程研究费等。

巩固练习

1. 环境经济学研究的主要内容有哪些？
2. 什么是环境费用？在工程项目建设不同阶段中有哪些费用属于环境费用？
3. 什么是环境效益？其分类是怎样的？
4. 分析环境经济的方法有哪几种？
5. 环境保护的经济手段有哪几种？

任务二　环境经济费用效益分析

费用效益分析的雏形始于17世纪英国为防治瘟疫的公共卫生事业中，在20世纪初费用效益分析形成了基本方法，并在美国的有关法规中取得了法定地位。20世纪60年代至今，费用效益分析逐步构筑了较为完整的理论和实用的方法，其应用范围和领域相当广阔。

费用效益分析是经济评价的一种形式，主要用于公共工程项目的经济评价，如公路、铁路、桥梁、港口、机场、水库和环保等项目，特别适合于公共工程项目对环境和社会影响做出一定的经济评价。

费用效益分析也是环境经济分析的一种重要方法。费用效益分析把自生环境看作是生产的一种资源，环境资源对维持人类生存起着极为重要的作用。费用效益分析对于保证环境资源的合理使用是非常重要的。为了确定环境政策和对使用环境的决策，就要考虑环境和社会经济目标，这就需要有一套合适的方法来权衡在物质生产中环境改善的效益和相应所花费的费用。费用效益分析正是这样一种分析方法。

实施费用效益分析的关键在于如何用货币的形式衡量一个项目的环境与社会的损益。其费用的量化问题较易计算，而环境和社会的效益有些是可以用货币量化的，有些则需要采用技术措施间接货币量化。但还有一些效益是难以用货币量化的，这些效益称为无形效益，对于无形效益可通过综合评价，用多目标决策方法来解决。

一、基于市场价格的方法

环境资源和环境质量没有直接的市场价格，但是环境资源的生产性、消费性和环境质量的优劣与包括人们经济活动在内的各项活动均有着密切的联系，这就使得我们对一些环境资源和环境质量的货币化计量成为可能。基于市场价格的方法主要是通过污染物对自然系统或人工系统生产率的影响，对使用该系统生产并进入市场交易的产品产量的变化及其价格来评估环境质量影响的币值。基于市场价格的方法主要有以下几种。

（一）市场价值法

市场价值法也称生产率法。它是把环境要素作为一种生产要素，利用因环境质量变化引起的产值和利润变化来计量环境质量的变化。环境质量的变化导致生产率和生产成本的变化，从而导致产值和利润变化，而产品的价值和利润则是可以用市场价格来计量的，根据产值和利润变化与市场价格可以计算出环境质量变化所产生的经济效益和经济损失。

例如，在工程建设中，特别强调要做好水土保持工作，改善、防止或减少水土流失。水土流失的减少可提高农作物的产量，那么工程建设中进行水土保持的经济效益可用所提高的农作物产量乘以农作物产品的价格而得到。除进行经济效益的币值计算外，市场价值法也可用于计算环境质量受到损害而在经济方面带来损失的货币量。

市场价值法适用于对水土流失、耕地破坏、灌溉引起的农田污染、大气污染以及这几个方面环境质量改善的经济分析。

(二)机会成本法

机会成本是经济分析中的一个重要概念。如果将一笔资金,投资于某一环保项目,那么就意味着必须放弃这笔资金的其他投资机会,或者说放弃其他取得效益的机会,由于放弃其他投资机会而付出的代价称为这笔资金的机会成本。

机会成本法也称社会收入损失法,它是在决定环境资源某一特定用途方案时,不直接估算该方案可能获得的效益,而是从被放弃的其他用途方案的损益中间接求得的方法。

例如,在工程建设中,固体废弃物堆放而占用农田会造成农业的损失,其损失量可根据堆放固体废弃物占用的耕地与每亩耕地的机会成本的乘积求得。同样采取了有效措施,防止或减少了固体废弃物堆放占用农田,其产生的经济效益也可计算出来。

机会成本法适用于固体废弃物占用农田,水资源短缺对工业造成的损失,以及相应情况改善的经济分析。

(三)修正人力资本法

修正人力资本法也称工资损失法,是在人力资本法的基础上形成的一种对环境质量变化而进行的一种费用效益分析方法。

人力资本法是用环境污染对人体健康的损害,来估计环境污染造成的经济损失的一种方法。人力资本法认为环境质量的变化对人体健康影响很大,其损失主要有三个方面:一是过早死亡、疾病或病休造成的收入损失;二是医疗费开支的增加;三是精神及心理上的代价。其经济损失包括直接经济损失和间接经济损失两部分:直接经济损失包括预防和医疗费用、死亡丧葬费;间接经济损失包括病人耽误工作造成的经济损失,非医务人员护理病人而影响工作造成的经济损失。此外还有一些难以用货币来度量的损失,如精神损失等。人力资本法实质上是通过市场价格和工资率来确定个人对社会的潜在贡献,并以此估算环境对人体健康的损益。要说明的是人力资本法不是对人的生命价值评价,而是在不同环境质量条件下,人因为生病或死亡而对社会贡献的差异作为环境污染对人体健康影响的经济损失的评估。人力资本法也可用于环境质量改善,人的健康状况提高的经济效益评价。

修正人力资本法是对人体健康损失的一种简单估算。它认为污染引起的健康损失等于损失的劳动日所创造的净产值(按污染地区人均国民收入计算)和医疗费用的总计。

(四)环境保护投入费用评价

环境保护投入的费用评价即环境质量费用评价。在许多情况下,对环境质量变化的经济意义做出评价是困难的,特别是难以做到币值量化。但从另一个方面说,分析环境保护所需费用却是较为方便的,由此可以得到所分析环境的质量状况。由于采用环保措施而得到了环境改善的费用信息,故可根据环境保护费用的多少估计环境资源的经济价值。

1. 防护费用法

防护费用法是指个人或集体对其所处环境质量合适性的经济估计,也就是个人或集体为消除或减少所处环境有害影响而愿意承担的费用。如公路旁的居民或单位为控制和减少车辆噪声对其生活和工作的影响而愿意采取的隔声措施(如声屏障、双层窗等)的费用。

由于防护性设施的费用比较容易计算，而且防护性措施的效益与所付出的防护费用具有统一性，因此为保护环境所投入的费用可以间接度量所得到的效益。确切地说，所得到的效益是防护性措施所产生的效益的一部分，防护性措施还可产生出其他一些波及效益。

2. 恢复费用法

恢复费用是指由于环境受到破坏而使生产性资产和其他财富受到损失，通过恢复或更新所需的费用。例如公路施工需要大量取土，在农田取土就必须做好造地还田、恢复耕地，其所需投资就是恢复费用。这个恢复费用也就是由于修建公路而产生的环境破坏引起的经济损失的最低估计。

3. 影子工程法

影子工程法是恢复费用法的一种特殊形式。它是在环境被破坏以后，人工建造一个环境来代替原来环境的功能，用建造新工程的费用来估计环境污染或破坏所造成的经济损失的一种方法。例如地下水受到污染使水源遭到破坏，需另找一个水源来替代，那么原水源污染的损失至少是新水源工程的投资费用。

二、替代市场价值法

环境质量的变化，有时并不会导致商品和劳务产出量的变化，但有可能影响商品其他替代物或补充物与劳务的市场价格和数量，这样就可以利用市场信息间接估计环境质量变化的价值和效益。替代市场价值法主要有以下几种方法。

（一）资产价值法

资产价值法是把环境质量看作影响资产价值的一个因素。如果影响资产价值的其他因素不变，则可用资产价值法对环境质量变化引起资产价值的变化量来估算环境污染和破坏或环境改善所造成的经济损失或带来的经济收益。

资产价值法多用于环境污染或改善对土地、房屋等固定价值的影响。资产价值法也称舒适性价格法，它认为舒适性是资产的主要使用特性，其价格就是资产隐价值的反映。

在运用这种方法进行分析时，主要考虑三个方面的内容：一是建立资产（土地、房屋）的舒适性价值方程，其变量包括资产的价格、资产的特征、环境条件等；二是住户收入的分析；三是建立支付愿望方法，确定对环境改善的支付愿望。

（二）工资差额法

工资差额法是利用不同环境质量条件下劳动者工资的差异来估算环境质量变化造成的经济损失或经济效益的方法。影响工资差额的因素很多，一般都可以识别，如工作性质、技术水平、风险程度等，而环境质量（如工作条件、生活条件等）也是一个主要的因素。

对环境质量状况与个人收入之间权衡其价值的确具有一定的难度，但可利用提高工资来补偿在环境污染区工作的劳动者，所以工资差异的水平可以用来估计环境质量变化带来的经济损失或经济收益。

需要说明的是，运用工资差额法应该有一个基本条件，就是存在一个完全竞争的劳动力市场。但这只是一个假设，所以只能根据不同情况，来确定工资与周围环境质量之间的相关模式。

（三）旅行费用法

旅行费用法是一种评价无价格商品的方法，用于估算消费者使用环境资源所得到的效益。旅行费用法主要用于评价户外环境商品（包括自然的和人文的）。

旅行费用法有一个基本假设，就是要确定旅游消费者对某一环境商品的暗含价值。这种暗含价值主要从旅游者来回旅行的费用来体现对某环境商品的需求，而不包括参观或游览这些环境商品的入场费或门票费等。所以住处离某旅游点较远的游客可能会较少使用这个环境商品，而住处较近的游客则会较多地消费这种环境商品。

在实际工作中，旅游费用法是用来估算某一特定的游览场所效益的。在所要分析的游览场所确定后，通过调查确定一些旅行特征，如旅行费用、个人收入、旅游率以及其他社会经济特征，建立旅游率与旅游费用以及其他有关社会经济变量的相关函数，用以估算该游览场所的效益。

三、调查评价法

在缺乏价格数据时，不能应用市场价值法。这时可以通过对有关专家的调查，了解对环境资源拟定的价格，取得评估环境损益币值的信息。同时可对环境使用者进行调查，了解他们为改善环境质量而可能的支付愿望或对商品与劳务数量的选择愿望。常用的方法有：德尔斐法、投标博弈法等。

德尔斐法是一种定性的预测方法。其主要做法是：向所调查的专家发放调查表，了解专家对所研究问题的看法，然后根据收集到的预测意见进行综合，再把综合的意见反馈给这些专家，请专家根据综合意见再次提出预测意见。经过多次反复循环，使专家的意见趋向一致，即作为预测的结果。这种方法的优点是参加预测的专家互不见面，又是匿名，可以使专家根据自己的知识和经验不受干扰地发表个人意见。同时，又可根据反馈的专家综合意见修正自己的预测意见，防止了片面性。

投标博弈法是指被询问者参加某项投标过程确定支付要求或补偿愿望的方法。投标博弈法通过对环境资源使用者和环境污染受害者的调查访问，反复应用投标过程，以获得个人对该环境的支付愿望。如愿支付的最大金额，或同意接受的最小赔偿数，以此作为评估环境质量的量度。

例如某地区的公路基础设施落后，交通欠发达，现拟在该地区建设一条高等级公路。该公路的建成营运会给该地区的社会经济发展提供有力的基础保证。但对公路沿线的民众会带来一些环境影响，如汽车噪声和大气污染等。为此需对该公路沿线居民进行调查，调查其对环境舒适度的支付愿望。除调查每户的家庭人口、居住条件和收入水平外，还应包括一些具体问题，如：

（1）该公路对你家庭有无影响？影响程度如何？

（2）为避免这些影响，你是否有搬迁的愿望？

（3）如果有条件相同而无这些影响的住房，你是否愿意购买它或多付房租？

（4）你是否愿意在你认为环境条件可以的地方重新盖房？

（5）为避免这些影响，你是否愿意采取一些保护设施？你是否愿意支付这些保护设施的费用？

调查评价法的主要困难在于它对于损益的量度不是依据实物量的测量或市场价格，所以评定出的价格可能出现各种偏差。在采用调查评价法时，要特别注意调查的方式、内容的恰当、原始资料的完整以及被调查人反映意愿的真实等方面的问题。此外采用调查评价法需花费较多的人力和时间。

四、费用效果分析

在环境经济分析方法中，费用效益分析是一种主要的方法。但费用效益分析要求对各种环境质量变化带来的损益进行币值量化，然后根据效益的币值量和费用的币值量对环境质量变化带来的损益进行经济评价。所以实施费用效益分析的关键在于如何用货币的形式来衡量这种损益。在对实际的环境问题进行经济分析中，有些损益是可以用货币量化的，有些则需要采用技术措施间接货币量化，但还有一些损益（即无形效果）是难以用货币量化的。这就使得对于一些环境经济问题，费用效益分析难以适用，例如对环境噪声、空气污染和绿化效果等货币估值，国内外还没有成熟的方法可循。在这种情况下，费用效果分析方法则有较大的实用价值和现实意义。

（一）费用效果分析的基本原理

费用效果分析也称作费用有效性分析。它是用一些特定的目标或某种物理参数来表示效果，如污染物的排放量、环境质量指标的可选性等。这样就可以把注意力集中到如何以最小控制费用或如何在相同费用前提下寻求最佳的污染控制效果上，而不需着重寻求控制效果的货币量化。费用效果分析避开了费用效益分析中环境效益进行币值量化的困难，从而在环境经济分析中有较大的灵活性和实用性，是一种有效的环境经济分析决策手段。

1. 费用效果分析条件

（1）有共同的、明确的并可达到的目的或目标。共同的目的或目标是进行环保措施和方案比较的一个基础。如要求将某种环境污染量降到国家规定的污染物排放标准以下等。

（2）有达到这些目的或目标的多种措施和方案。如在公路建设中，对公路沿线附近的学校、住户、单位等采取防治噪声的各种措施（如声屏障、高围墙、双层窗等）。

（3）对问题有一个限制的范围。对问题的界限应有所限制，如费用、时间和要求达到的功能等，使考虑的措施和方案限制在一定的范围内。

2. 费用效果分析类别

（1）最佳效果法

最佳效果法也称固定费用法，是指在费用相同的条件下比较方案的效果，从中选择出效果最佳方案的方法。运用最佳效果法要注意在比较方案效果时，各个方案的效果要满足有关标准的要求。

（2）最小费用法

最小费用法也称固定效果法，是指在达到规定效果的条件下，比较方案费用的大小，从中选择费用最小方案的方法。运用最小费用法，要作充分分析。如果一种方案的费用比另一种方案稍高些，而它的环保效果明显提高，则可考虑这种方案。最佳效果法和最小费用法的前提是“费用相同”或“效果相同”，但在实际中，有时评价方案很难满足这两种前提条件。在这种情况下，可采用费用效果比作为评价方案的判据。

如表10-1、图10-1所示的费用效果分析问题：方案1与方案2的费用相同，即$A=B$，但方案 2 的效果比方案 1 的大，即 $X_B > X_A$，显然应选择方案 2；对于方案 2 和方案 3，其效果相同，即 $X_B = X_C$，但方案 2 的费用比方案 3 的小，显然方案 2 为优；对于方案 3 和方案 4，要作进一步分析，如果方案 3 和方案 4 的效果都达到要求(如两种环保措施都可将某种排污量降到国家环境标准以下)，可选择第 3 方案，因为它所需的费用少；但如果方案 4 的费用稍大于方案 3 的费用，而其产生的环保效果明显大于方案 3，则可考虑选择方案 4，因为方案 4 与方案 3 的效果增量显著高于其费用增量，它所产生的环境经济效果更加良好。

环保费用效果分析　　表 10-1

环保方案	费　用	效　果
1	A	X_A
2	B	X_B
3	C	X_C
4	D	X_D

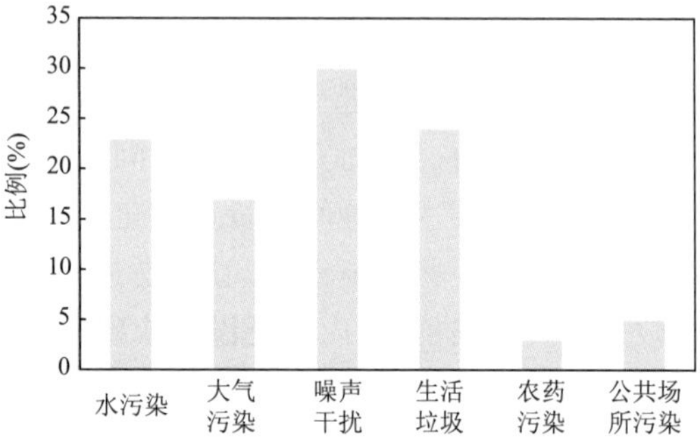

图 10-1　环保费用效果分析

环保措施的效果确定可从两个方面综合考虑：一是处理排污量的多少和保护环境空间的大小；二是采取的环保措施能够达到(或符合)国家环境标准的程度。

(二)常用的费用效果分析方法

1. 搜索法费用效果分析

搜索法费用效果分析就是对防治环境污染的备选方案采用最小费用、最佳效果或费用效果比进行搜索对应分析评价，找出最佳方案。在环境污染控制规划中，虽然最终目标是满足特定的环境质量目标，但对工业部门来讲，他们关心的则是满足特定目标所需要的污染控制费用。一般来说，污染物的控制可通过多种技术方案将其消除或减弱，但如何寻求最优的污染控制方案，搜索法费用效果分析通过对各种污染控制方案的对比，将为我们提供最经济可行的方案。

2. 多目标费用效果分析

多目标费用效果分析就是建立环保费用与环境目标的函数关系，并与实际的环保技术力量与水平和投资能力等对比分析，评价实际的技术水平和投资能力对环境质量最低要求的保证程度。进行环境污染控制规划，在最终决策时，不能只寻求经济最优，还要对经济效果、环境影响以及技术和经济可行性方面进行多目标分析。只有这样，才能做到经济效益、社会效益和环境效益的统一。

3. 费用效果灵敏度分析

灵敏度分析一般是指对一个多变量的函数式，在其他因素不变的情况下，提高或降低某方面的值，借以分析其对函数式计算量的影响。对环境污染控制规划来说，某项污染控制措施，其经济效果如何，一般受到许多因素的影响。特别是污染控制要达到目标，对污染控制费用影响最为明显。因此需要对它们进行灵敏度分析，以便在多种污染控制方案中，寻求一种既达到目标又使污染控制费用最少的方案。

费用效果分析本身不是一种费用估值技术，但它含有对费用估值的要求，费用效果分析避开了费用效益分析的难点,即效益或损失的货币量化,因而操作较为简便,符合实际工作的要求。

对于环境保护的宏观决策分析(如整个交通环保决策)也可采用费用效果分析方法,如目标逼近环保费用决策分析。对环保投资进行多目标决策分析,不但要考虑国民经济的支付能力、环境质量保护目标、人们对环境质量的起码要求,还要考虑到实际具备的工程技术力量和材料、设备等条件,这对环境保护宏观决策分析具有现实意义。

巩固练习

1. 什么是费用效益分析?其特点是什么?
2. 环境经济费用效益分析方法有哪些?
3. 费用效益分析的条件是什么?
4. 常用的费用效果分析方法有哪些?

参 考 文 献

[1] 刘朝辉,张映雪.公路线形与环境设计[M].北京:人民交通出版社,2003.
[2] 中华人民共和国行业标准.JTG B03—2006 公路建设项目环境影响评价规范[S].北京:中国标准出版社,2006.
[3] 中华人民共和国行业标准.JTG B04—2010 公路环境保护设计规范[S].北京:人民交通出版社,2010.
[4] 中华人民共和国行业标准.CJJ 75—1997 城市道路绿化规划与设计规范[S].北京:中国建筑出版社,1997.
[5] 中华人民共和国行业标准.JTG D20—2006 公路路线设计规范[S].北京:人民交通出版社,2006.
[6] 中华人民共和国国家标准.GB 18352.3—2005 轻型汽车污染物排放限值及测量方法[S].北京:中国标准出版社,2005.
[7] 中华人民共和国国家标准.GB 5048—2005 农田灌溉水质标准[S].北京:中国标准出版社,2005.
[8] 杨金泉.公路建设项目环境保护法规汇编 [1982—1999][G].北京:人民交通出版社,2000.
[9] 高速公路丛书编委会.高速公路环境保护与绿化[M].北京:人民交通出版社,2001.
[10] 戴明新.公路环境保护设计手册[M].北京:人民交通出版社,2005.
[11] 董小林.公路建设项目社会环境评价[M].北京:人民交通出版社,2000.
[12] 单福庆.公路建设环境保护研究[M].哈尔滨:东北林业大学出版社,1997.
[13] 张玉芬.道路交通环境工程[M].北京:人民交通出版社,2001.
[14] 刘天齐.环境保护[M].北京:化学工业出版社,1996.
[15] 中华人民共和国国务院.中国21世纪议程——中国21世纪人口、环境与发展白皮书[M].北京:中国环境科学出版社,1994.
[16] 钱义.汽车发动机排气污染与控制[M].北京:人民交通出版社,1987.
[17] 任文堂.交通噪声及其控制[M].北京:人民交通出版社,1984.
[18] 徐兀.汽车振动和噪声控制[M].北京:人民交通出版社,1987.
[19] 张玉芬.低噪声路面材料构造吸声性能试验研究[J].西安:西安公路交通大学学报,1993.3.
[20] 刘滨谊.风景景观工程体系化[M].北京:人民交通出版社,1998.
[21] 韦鹤平.环境系统工程[M].上海:同济大学出版社,1993.
[22] 刘书套,熊焕荣.多孔隙沥青混凝土减噪路面声学性能的试验研究、2000年道路工程学会学术交流会议论文集[M].北京:人民交通出版社,2000.
[23] 戴明新.交通工程环境监理指南[M].北京:人民交通出版社,2004.
[24] 曲格平.中国环境问题与对策[M].北京:中国环境科学出版社,1989.
[25] 蒋展鹏,祝万鹏.环境工程监测[M].北京:清华大学出版社,1990.

[26] 叶文虎,栾胜基.环境质量评价学[M].北京:高等教育出版社,1994.
[27] 马倩如,程声通.环境质量评价[M].北京:中国环境科学出版社,1990.
[28] 王华东,薛纪瑜.环境影响评价[M].北京:高等教育出版社,1989.
[29] 唐云梯,刘人和.环境管理概论[M].北京:中国环境科学出版社,1992.
[30] 刘常海,张明顺.环境管理[M].北京:中国环境科学出版社,1994.
[31] 奚旦立,刘秀英.环境监测[M].北京:高等教育出版社,1987.
[32] 史宝忠.建设项目环境影响评价[M].北京:中国环境科学出版社,1993.
[33] 郦桂芬.环境质量评价[M].北京:中国环境科学出版社,1994.
[34] 张惠勤,过孝民.环境经济系统分析[M].北京:清华大学出版社,1993.
[35] 熊焕荣.公路路基路面施工监理指南(修订版)[M].北京:人民交通出版社,1999.
[36] 刘书套.论公路建设与管理中的环境保护、中国公路学会2000学术交流论文集[M].北京:中国公路杂志社,2000.
[37] 沈毅,李聚轩.高速公路声屏障设计(工程力学)[M].北京:清华大学出版社,1999.
[38] 李克国.环境经济学[M].北京:科学技术文献出版社,1993.
[39] 第二届亚太可持续发展交通与环境技术大会组委会.第二届亚太可持续发展交通与环境技术大会论文集[M].北京:人民交通出版社,2000.
[40] 第一届全国公路科技创新高层论坛组委会论文集编辑工作委员会.第一届全国公路科技创新高层论坛组委会论文集[M].北京:外文出版社,2002.
[41] 蔡成祥.公路工程经济分析[M].北京:人民交通出版社,1998.
[42] 梁富权.道路工程[M].北京:人民交通出版社,1998.
[43] 孙家驷.道路勘测设计[M].北京:人民交通出版社,2001.
[44] 李文不.公路工程施工监理基础[M].北京:人民交通出版社,2002.
[45] 金桃.公路工程检测技术[M].北京:人民交通出版社,2002.
[46] 王连威.城市道路设计[M].北京:人民交通出版社,2002.
[47] 金仲秋,夏连学.公路设计[M].北京:人民交通出版社,2002.
[48] 余高明.公路施工技术[M].北京:人民交通出版社,2002.
[49] 王常才.桥涵施工技术[M].北京:人民交通出版社,2002.
[50] 刘健新.监理概论[M].北京:人民交通出版社,2001.
[51] 李宇峙.工程质量监理[M].北京:人民交通出版社,2001.
[52] 熊焕荣.公路路基路面施工监理指南(修订版)[M].北京:人民交通出版社,2001.
[53] 刘吉士.公路工程施工监理实务(修订版)[M].北京:人民交通出版社,2000.
[54] 张雨化.道路勘测设计[M].北京:人民交通出版社,1991.
[55] 中华人民共和国全国人民代表大会常务委员会.中华人民共和国公路法[M].北京:人民交通出版社,2002.
[56] 中华人民共和国国家标准.GB 3095—2012 环境空气质量标准[S].北京:中国环境科学出版社,2012.
[57] 中华人民共和国国家标准.GB 14622—2007 摩托车污染物排放限值及测量方法[S].北京:中国环境科学出版社,2007.

[58] 中华人民共和国国家标准. GB 10071—1988 城市区域环境振动测量方法[S]. 北京:中国标准出版社,1988.
[59] 中华人民共和国国家标准. GB 10070—1988 城市区域环境振动标准[S]. 北京:中国标准出版社,1988.
[60] 中华人民共和国国家标准. GB 3097—1997 海水水质标准[S]. 北京:中国环境科学出版社,1997.